Powerline

SCHRIFTEN
zum internationalen und zum öffentlichen RECHT

Herausgegeben von Gilbert Gornig

Band 52

Frankfurt am Main · Berlin · Bern · Bruxelles · New York · Oxford · Wien

Frank Reinhardt

Powerline
Verfassungs-, verwaltungs-
und telekommunikationsrechtliche Probleme

PETER LANG
Europäischer Verlag der Wissenschaften

Bibliografische Information Der Deutschen Bibliothek
Die Deutsche Bibliothek verzeichnet diese Publikation in der
Deutschen Nationalbibliografie; detaillierte bibliografische
Daten sind im Internet über <http://dnb.ddb.de> abrufbar.

Zugl.: Marburg, Univ., Diss., 2003

D 4
ISSN 0943-173X
ISBN 3-631-51180-9

© Peter Lang GmbH
Europäischer Verlag der Wissenschaften
Frankfurt am Main 2003
Alle Rechte vorbehalten.

Das Werk einschließlich aller seiner Teile ist urheberrechtlich
geschützt. Jede Verwertung außerhalb der engen Grenzen des
Urheberrechtsgesetzes ist ohne Zustimmung des Verlages
unzulässig und strafbar. Das gilt insbesondere für
Vervielfältigungen, Übersetzungen, Mikroverfilmungen und die
Einspeicherung und Verarbeitung in elektronischen Systemen.

www.peterlang.de

Meinen Eltern

und Dani

in Liebe und Dankbarkeit gewidmet

Vorwort

Die vorliegende Arbeit wurde im Dezember 2002 abgeschlossen und im Frühjahr 2003 vom Fachbereich Rechtswissenschaften der Philipps-Universität Marburg als Dissertation angenommen. Alle Literaturangaben und Internetadressen sind auf dem Stand von Dezember 2002.

Auf die Idee, die rechtlich relevanten Aspekte der Powerline-Technologie zu erforschen, brachte mich mein Doktorvater Prof. Dr. Dr. hc. Gilbert Gornig im Mai 2000. Das Potential dieser Technik wird leider noch verkannt. Nicht der breite Massenmarkt und die direkte Konkurrenz zu schnellen Zugangstechniken wie ADSL ist das Marktsegment, auf das Powerline abzielt. Es sind vielmehr die daneben bestehenden vielfältigen Nischen als Backup- oder Ersatzlösung, aber auch der Einsatz in Entwicklungs- und Schwellenländern, die Powerline noch auf Jahre hinweg wirtschaftlich, technisch und damit auch rechtlich interessant erscheinen lassen werden. Powerline ist nicht die Technik von gestern, sondern die Alternative von morgen.

Durch die hohe Aktualität, den äußerst komplexen technisch-physikalischen Hintergrund und die bisherige relative Bedeutungslosigkeit der Powerline-Technik in der Rechtswissenschaft war die Recherche nach Literatur und anderen Informationsquellen die größte Herausforderung dieser Arbeit. Ohne das Internet wäre sie nicht machbar gewesen. Ich danke daher der Alma Mater Philippina für die Möglichkeit der Nutzung des breitbandigen Internetzugangs.

Mein vorrangiger Dank gilt jedoch meinem hochverehrten Doktorvater Prof. Dr. Dr. hc. Gilbert Gornig. Niemals zuvor in meinem Leben habe ich einen Menschen kennengelernt, der so seltene Eigenschaften wie Loyalität, Zuverlässigkeit, Streßfestigkeit, Arbeitswut und Improvisationsvermögen mit so bewundernswerten Eigenschaften wie einem unschlagbaren Allgemeinwissen, juristischer Fachkenntnis und jeder Menge Humor zu kombinieren wußte. Er stand mir in jeder Lebenslage mit Rat und Tat zur Seite, wobei er den Schwerpunkt seiner Funktion als Doktorvater stets auch in der zweiten Hälfte dieses Wortes sah. Ich danke ihm von ganzem Herzen für die Ermöglichung meiner Promotion, für die hervorragende Zusammenarbeit mit ihm an seinem Lehrstuhl und nicht zuletzt auch für seine Nachtschichten bei der Durchsicht dieses Manuskripts.

Daneben möchte ich es aber auch nicht versäumen, meinen Eltern für ihre jahrelange Unterstützung zu danken. Sie haben mich schon früh auf einen Weg gebracht, der mir die Erreichung meiner Ziele überhaupt erst ermöglichte. Dabei haben sie mir genau diejenigen Dinge mitgegeben, auf die es wirklich ankam.

Meine Lebensgefährtin Dani hat innigen Dank dafür verdient, daß sie mir während Studium, Examen, Promotion und meinen Tätigkeiten als Repetitor und Lehrstuhl-Assistent stets den Rücken freigehalten und mich außerdem noch tatkräftig bei meinen Vorhaben unterstützt hat. Ohne sie hätte ich das alles sicher nicht bewältigen können. Oft hat sie dabei zu meinen Gunsten sowohl ihre Freizeit als auch ihre eigene Examensvorbereitung zurückgestellt. Auf ihr Konto gehen auch das mühselige Korrekturlesen des Manuskripts dieser Arbeit, das eine Einarbeitung in die komplette Materie erforderte, sowie zahlreiche Verbesserungsvorschläge inhaltlicher und redaktioneller Art.

Zum Schluß möchte ich mich bei Herrn Norbert Kramer und Herrn Armin Saur von der Firma EnBW für die monatelange Überlassung der Prototypen-Geräte und Herrn Ministerialrat Eberhard George und Frau Referentin Angelika Müller von der Regulierungsbehörde für Telekommunikation und Post für die engagierten und hilfreichen Hinweise bezüglich der NB 30 bedanken.

Marburg, 24.12.2002

Frank Reinhardt

Inhaltsverzeichnis

Abkürzungsverzeichnis XVI

KAPITEL 1:
Historische Entwicklung 1

KAPITEL 2:
Heutiger Stand der Technik 3

A. Einleitung 3
B. Wirtschaftliche Situation von Powerline 5
C. Inhouse-Einsatz 6
    I. Funktionsweise 7
    II. Standards für Smart Home Automation 9
    III. Hochbitratige Anwendungsmöglichkeiten im Inhouse-Bereich 10
D. Outdoor-Einsatz und Internet-Zugang (Access-Powerline) 11
E. Sprachtelefonie 12
    I. IP-Telefonie (Voice-over-IP) 13
    II. Powerline-Telefonie 14
F. Zusammenfassung 15

KAPITEL 3:
Technische Grundlagen und Störungswirkungen bei Funkdiensten 16

A. Topologie der Stromversorgungsnetze 16
    I. Hochspannungsebene 18
    II. Mittelspannungsebene 19
    III. Niederspannungsebene 20
B. Modulationsverfahren 23
    I. Chimney-Techniques 24
    II. Spread-Spectrum-Techniques 26
        1. CDMA 27
            a) Direct-Sequence-CDMA 27
            b) Frequency-Hopping-CDMA 28
        2. OFDM 29
C. Störungswirkungen auf Funkdienste 31

I. Betroffene Frequenzbereiche und deren derzeitige Nutzung 31
   1. Betroffene Rundfunkdienste 33
      a) Langwelle 33
      b) Mittelwelle 34
      c) Kurzwelle 34
      d) Ultrakurzwelle 35
      e) Zusammenfassung 36
   2. Betroffenheit des Amateurfunkdienstes 37
      a) Betroffene Frequenzbereiche 37
      b) Zusammenfassung 38
II. Störpotential von Powerline 40
III. Zusammenfassung 42

KAPITEL 4:
Rechtsgrundlagen 44

A. Frequenzverwaltung in der Bundesrepublik Deutschland 44
   I. Frequenzbereichszuweisung und Nutzungsbestimmungen 45
   II. Frequenznutzungsplanung 46
   III. Frequenzzuteilung 47
   IV. Freizügige Nutzung von Frequenzen in und längs von Leitern 48
   V. Nutzungsbestimmung Nr. 30 (NB 30) 50

B. Zukünftige Entwicklung in Hinblick auf Grenzwertregelungen 55

C. Lizenzpflichtigkeit von Powerline-Services 57
   I. Telekommunikationsdienste der Lizenzklasse 3 59
   II. Sprachtelefondienste der Lizenzklasse 4 65
      1. Internet-Telefonie über Computer 66
      2. Internet-Telefonie vom Computer ins Telefonnetz 67
      3. Telefonie anhand von Powerline-Telefonen 68

KAPITEL 5:
Grundrechtsrelevanz der Grenzwertfestsetzung 70

A. Grundrechtsrelevanz hinsichtlich der Rundfunkdienste 71
   I. Grundrechtsrelevanz für die Betreiber 71
      1. Rundfunkfreiheit – Art. 5 Abs. 1 S. 2 GG 71
         a) Schutzbereich 71
            aa) Sachlicher Schutzbereich 71
            bb) Personaler Schutzbereich 74
                (1) Inländische juristische Personen des Privatrechts 75

		(2)	Inländische juristische Personen des öffentlichen Rechts ..	77
		(3)	Ausländische juristische Personen	79
			(a) Ausgangslage in Art. 19 Abs. 3 GG – Wortlaut, Systematik, Telos und Entstehungsgeschichte	80
			(b) Ansatz von Ritter – Analoge Anwendung	83
			(c) Ansatz von Degenhart – Gleichwertige Gewaltunterworfenheit	84
			(d) Ansatz von Vogel – Grundrechtsschutz über das Rechtsstaatsprinzip	85
			(e) Eigene Stellungnahme	86

b) Eingriff ... 91
   aa) Klassischer Eingriffsbegriff ... 91
      (1) Qualität als Rechtsakt ... 92
      (2) Imperativität ... 92
      (3) Finalität ... 92
      (4) Unmittelbarkeit ... 93
      (5) Zwischenergebnis ... 93
   bb) Mittelbar-faktischer Eingriffsbegriff ... 93
      (1) Entwicklung des mittelbar-faktischen Eingriffsbegriffes ... 94
      (2) Grenzwertfestlegung als mittelbar-faktischer Grundrechtseingriff ... 95

c) Schranken ... 96
d) Verhältnismäßigkeit ... 99
   aa) Legitimer Zweck ... 99
   bb) Geeignetheit ... 99
   cc) Erforderlichkeit ... 99
   dd) Verhältnismäßigkeit im engeren Sinne ... 102
      (1) Wechselwirkungslehre ... 102
      (2) Von der NB 30 betroffene Rechtsgutsträger und Rechtsgüter ... 104
         (a) Rechtsgutsträger ... 104
         (b) Rechtsgüter ... 104
            (aa) Rundfunkbetreiber ... 104
            (bb) Powerline-Betreiber ... 104
               (α) Recht am Gewerbebetrieb – Art. 14 Abs. 1 GG ... 105
               (β) Berufsfreiheit – Art. 12 Abs. 1 GG ... 106
               (χ) Rundfunkfreiheit – Art. 5 Abs. 1 S. 2 GG .. 107
               (δ) Wirtschaftliche Handlungsfreiheit – Art. 2 Abs. 1 GG ... 107
               (ε) Zwischenergebnis ... 108

	(3)	Abwägung der kollidierenden Rechtsgüter	108
	(4)	Zwischenergebnis	111
ee)		Ergebnis	112
2.		Berufsfreiheit – Art. 12 Abs. 1 GG	112
	a)	Personaler und sachlicher Schutzbereich	112
		aa) Private Rundfunkbetreiber	113
		bb) Juristische Personen	114
		cc) Öffentlich-rechtliche Rundfunkanstalten	115
	b)	Eingriff	115
	c)	Schranken	117
	d)	Verhältnismäßigkeit	117
	e)	Ergebnis	118
3.		Eigentumsfreiheit – Art. 14 Abs. 1 GG	118
	a)	Schutzbereich	118
	b)	Ergebnis	121
4.		Recht auf freie Entfaltung der Persönlichkeit – Art. 2 Abs. 1 GG	121

II. Grundrechtsrelevanz für die Empfänger ... 121
   1. Rundfunkfreiheit – Art. 5 Abs. 1 S. 2 GG ... 122
   2. Informationsfreiheit – Art. 5 Abs. 1 S. 1 GG ... 122
      a) Schutzbereich ... 122
      b) Eingriff ... 124
      c) Schranken ... 124
      d) Verhältnismäßigkeit ... 125
   3. Recht auf freie Entfaltung der Persönlichkeit – Art. 2 Abs. 1 GG ... 126

B. Grundrechtsrelevanz hinsichtlich des Amateurfunkdienstes ... 126
  I. Einleitung ... 126
  II. Grundrechtsrelevanz für Amateurfunksender ... 128
   1. Rundfunkfreiheit – Art. 5 Abs. 1 S. 2 GG ... 128
      a) Personaler Schutzbereich ... 128
      b) Sachlicher Schutzbereich ... 129
      c) Ergebnis ... 131
   2. Meinungsäußerungsfreiheit – Art. 5 Abs. 1 S. 1 GG ... 131
      a) Schutzbereich ... 131
      b) Eingriff ... 132
      c) Schranken und Verhältnismäßigkeit ... 132
      d) Ergebnis ... 133
   3. Recht auf freie Entfaltung der Persönlichkeit – Art. 2 Abs. 1 GG ... 133
  III. Grundrechtsrelevanz für Amateurfunkempfänger ... 133
   1. Informationsfreiheit – Art. 5 Abs. 1 S. 1 GG ... 134
   2. Recht auf freie Entfaltung der Persönlichkeit – Art. 2 Abs. 1 GG ... 135

	a) Schutzbereich	135
	b) Eingriff	136
	c) Schranken und Verhältnismäßigkeit	136
	d) Ergebnis	137
C.	Gesamtergebnis	137

KAPITEL 6:
Elektromagnetische Verträglichkeit ... 139

A. Einleitung ... 139
B. Regelungen durch die EMV-Richtlinie und das EMVG ... 140
   I. Voraussetzungen der EMV-Richtlinie und des EMVG ... 143
      1. Apparate ... 144
      2. Systeme ... 146
      3. Anlagen ... 148
      4. Elektrische und elektronische Bauteile ... 150
         a) Wortlaut ... 150
         b) Systematik ... 151
         c) Gesetzeszweck ... 152
      5. Netze ... 153
      6. Zwischenergebnis ... 155
   II. Schutzanforderungen von EMV-Richtlinie und EMVG ... 156
      1. Allgemeine Schutzanforderungen ... 156
      2. PLC-Modems ... 157
      3. Powerline-Stromleitungen ... 158
         a) Problematik der Emissionsverursachung ... 158
         b) Vermutung der Konformität ... 160
         c) Abhilfebefugnis der RegTP ... 161
      4. Zusammenfassung ... 162
C. Regelungen der R&TTE-Richtlinie und des FTEG ... 162
   I. Anwendungsbereich der R&TTE-Richtlinie und des FTEG ... 162
   II. PLC-Modems ... 163
   III. Stromleitungen ... 164
   IV. Grundlegende Anforderungen von R&TTE-Richtlinie und FTEG ... 165
      1. Personenbezogene Schutzziele ... 165
      2. Gerätebezogene Schutzziele ... 168
      3. Zusammenfassung ... 169
D. Regelungen durch das UVPG ... 169
E. Regelungen durch die 26. BimSchV ... 171

I.	Hochfrequenzanlagen	171
II.	Niederfrequenzanlagen	172
III.	Zusammenfassung	173
F.	Verhältnis der NB 30 zu den genannten Normen	173

KAPITEL 7:
Auswirkungen elektromagnetischer Strahlung auf den Menschen 175

- A. Ionisierende Strahlung 175
- B. Nicht-ionisierende Strahlung 176
  - I. Thermische Effekte 177
    1. Wirkungen 177
    2. Grenzwerte 179
    3. Anwendung der Grenzwerte auf Powerline 179
    4. Zwischenergebnis 181
  - II. Athermische Effekte 181

KAPITEL 8:
Internationale und europäische Regelungen 184

- A. Frequenzplanung und –zuweisung 185
  - I. Weltweite Verwaltung von Frequenzen 186
  - II. Europäische Frequenzverwaltung 188
    1. Frequenzverwaltung im geographischen Europa 188
    2. Frequenzverwaltung im Rahmen der Europäischen Union 191
  - III. Frequenzverwaltung in der Bundesrepublik Deutschland 192
- B. Standardisierung 193
  - I. Weltweite Standardisierung 194
    1. Standardisierung im Bereich Telekommunikation 194
    2. Standardisierung im Bereich Elektrotechnik 196
  - II. Standardisierung in Europa 200
    1. Bereich Telekommunikation 200
    2. Bereich Elektrotechnik 203
  - III. Standardisierung in der Bundesrepublik Deutschland 207
- C. Schutz des Menschen vor schädlichen Strahlungswirkungen 209
  - I. Weltweite Grenzwertfestlegungen 209
  - II. Grenzwertfestlegung in Europa 210
  - III. Grenzwertfestlegung in der Bundesrepublik Deutschland 210
    1. Bundesamt für Strahlenschutz 211

2. Strahlenschutzkommission 212

KAPITEL 9:
Zusammenfassung und Ausblick 215

A. Zusammenfassung 215
    I. Historische Entwicklung 215
   II. Heutiger Stand 215
  III. Technische Grundlagen und Störungswirkungen 216
  IV. Rechtsgrundlagen 218
   V. Grundrechtsrelevanz der Grenzwertfestsetzung 219
  VI. Elektromagnetische Verträglichkeit 222
 VII. Strahlungswirkungen auf den Menschen 224
VIII. Internationale und europäische Regelungen 225

B. Schlußbewertung 228

Literaturverzeichnis 231

Abkürzungsverzeichnis

µV/m	Mikrovolt pro Meter
Abb.	Abbildung
ABl.	Amtsblatt
ABl. EG	Amtsblatt der Europäischen Gemeinschaften
ABlKR	Amtsblatt des Kontrollrates in Deutschland
Abs.	Absatz
ADSL	Asymmetric Digital Subscriber Line
AEG	Allgemeine Elektricitäts-Gesellschaft
AFuG	Amateurfunkgesetz
AFuV	Amateurfunkverordnung
AG	Aktiengesellschaft
AG	General Assembly
AGP	Accelerated Graphics Port
AGZ	Arbeitsgemeinschaft Zukunft Amateurfunkdienst
AK	Alternativkommentar
AM	Amplitudenmodulation
Anm.	Anmerkung(en)
AöR	Archiv des öffentlichen Rechts
Archiv PF	Archiv für das Post- und Fernmeldewesen
ARD	Arbeitsgemeinschaft de öffentlich-rechtlichen Rundfunkanstalten der Bundesrepublik Deutschland
ARPANET	Advanced Research Projects Agency Network
Art.	Artikel
AS	Angewandter Strahlenschutz (BfS)
ATV	Amateurfunk-Television
AVollzOW	Allgemeine Vollzugsordnung zum Weltfunkvertrag
BA	Administrative Board
BayVBl.	Bayerische Verwaltungsblätter
BB	Der Betriebs-Berater (Zeitschrift)
BCI	BatiBUS Club International
Bd.	Band
BfS	Bundesamt für Strahlenschutz
BGB	Bürgerliches Gesetzbuch
BGBl.	Bundesgesetzblatt
BGHZ	Entscheidungen des Bundesgerichtshofs in Zivilsachen (Amtliche Sammlung)

BImSchG	Bundesimmissionsschutzgesetz
BImSchV	Bundesimmissionsschutzverordnung
Bit/s	Bit pro Sekunde
BMWA	Bundesministerium für Wirtschaft und Arbeit
BMWI	Bundesministerium für Wirtschaft und Technologie
BoK	Bonner Kommentar
BOS	Behörden und Organisationen mit Sicherheitsaufgaben
BPSK	Binary Phase Shift Keying
BT	Technical Board
BT-Drucks.	Bundestagsdrucksache
BTTF	Technical Board Task Force
BTWG	Technical Board Working Group
BVerfGE	Entscheidungen des Bundesverfassungsgerichts (Amtliche Sammlung)
BVerwGE	Entscheidungen des Bundesverwaltungsgerichts (Amtliche Sammlung)
c't	Magazin für Computertechnik
CB-Funk	Citizen Band-Funk
CCAF	CENELEC Conformity Assessment Forum
CCITT	International Telegraph and Telephone Consultative Committee
CDMA	Code Division Multiple Access
CeBIT	Centrum für Büro- und Informationstechnik
CEBus	Consumer Electronics Bus
CEN	Comité Européen de Normalisation
CENELEC	Comité Européen de Normalisation Electrotechnique
CEPT	Conference Européenne des Administration des Postes et des Télécommunications
CERP	Comité Européen des Régulateurs Postaux
CETECOM	Certification and Testing in Communications GmbH
CISPR	Comité international spécial des perturbations radio-électrique
cm	Zentimeter
COM	Commission
CR	Computer und Recht (Zeitschrift)
CS	Central Secretariat
DAB	Digital Audio Broadcasting
DARC	Deutscher Amateur-Radio-Club
DAS	Distributed Automation Systems
DASD	Deutscher Amateur-Sender und Empfangsdienst e. V.

dB	Dezibel
dBμV	Dezibel Mikrovolt
dBpW	Dezibel Pikowatt
DECT	Digital Enhanced Cordless Telecommunications (früher Digital European Cordless Telecommunications)
DIN	Deutsches Institut für Normung e. V.
Diss.	Dissertation
DKE	Deutsche Kommission Elektrotechnik, Elektronik, Informationstechnik im DIN & VDE
DPL	Digital Powerline
Drucks.	Drucksache
DS-CDMA	Direct Sequence Code Division Multiple Access
DSL	Digital Subscriber Line
DStJG	Deutsche Steuerjuristische Gesellschaft
DV-AFuG	Durchführungsverordnung zum Amateurfunkgesetz
DVB	Digital Video Broadcasting
DVBl.	Deutsches Verwaltungsblatt (Zeitschrift)
e. V.	eingetragener Verein
ECC	Electronic Communications Committee
ECTRA	European Committee for Telecommunications Regulatory Affairs
EDF	Electricité de France
EEG	Elektroencephalograph
EG	Europäische Gemeinschaft(en)
EHS	European Home Systems
EHSA	European Home Systems Association
EIB	European Installation Bus
EIBA	European Installation Bus Association
EIRP	Equivalent Isotropically Radiated Power
E-Mail	Electronic Mail
EMC	Electromagnetic Compatibility
EMV	Elektromagnetische Verträglichkeit
EMVG	Gesetz über die elektromagnetische Verträglichkeit von Geräten
EN	Europäische Norm
EnBW	Energie Baden-Württemberg AG
EP	ETSI Project
EPP	ETSI Partnership Project
ERC	European Radiocommunications Committee

Erg.-Bl.	Ergänzungsblatt
ERMES	European Radio Message Service
ERO	European Radiocommunications Office
ET	Nukleare Endlagerung und Transport (BfS)
ETI	Extend The Internet
ETO	European Telecommunications Office
ETSI	European Telecommunications Standards Institute
ETSI-EG	ETSI Guide
ETSI-EN	ETSI European Standard Telecommunications Series
ETSI-ES	ETSI-Standard
ETSI-SR	ETSI Special Report
ETSI-TR	ETSI Technical Report
ETSI-TS	ETSI Technical Specification
EU	Europäische Union
EuGRZ	Europäische Grundrechte-Zeitschrift
EuZW	Europäische Zeitschrift für Wirtschaftsrecht
EWG	Europäische Wirtschaftsgemeinschaft
f	Frequenz
f.	folgende Seite
ff.	folgende Seiten
FH-CDMA	Frequency Hopping Code Division Multiple Access
FM	Frequenzmodulation
Fn.	Fußnote
FreqBZPV	Frequenzbereichszuweisungsplanverordnung
FreqNPAV	Frequenznutzungsplanaufstellungsverordnung
FreqZutVO	Frequenzzuteilungsverordnung
FTEG	Gesetz über Funkanlagen und Telekommunikationsendeinrichtungen
GA	General Assembly
GG	Grundgesetz
GHz	Gigahertz
GmbH	Gesellschaft mit beschränkter Haftung
GSGV	Verordnung zum Gerätesicherheitsgesetz
GSM	Global System for Mobile Communications
Hs.	Halbsatz
HStR	Handbuch des Staatsrechts der Bundesrepublik Deutschland
Hz	Hertz
i. d. F.	in der Fassung

ICI	Inter Channel Interference
ICNIRP	International Commission on Non-Ionizing Radiation Protection
IEC	International Electrotechnical Commission
IFV	Internationaler Fernmeldevertrag
IJCLP	International Journal of Communications Law and Policy
IP	Internet Protocol
IRT	Institut für Rundfunktechnik GmbH
ISDN	Integrated Services Digital Network
ISI	Inter Symbol Interference
ISO	International Organization for Standardization
ISO-OSI	International Organization for Standardization - Open Systems Interconnection
IT	Informationstechnologie
ITE	Information Technology Equipment
ITU	International Telecommunication Union
ITU-D	International Telecommunication Union - Sector Telecom Development
ITU-R	International Telecommunication Union - Sector Radiocommunication
ITU-T	International Telecommunication Union - Sector Telecom Standardization
JINI	Eigenname ohne Bedeutung (Jini Is Not Initial)
JöR	Jahrbuch für öffentliches Recht
JurPC	Internet-Zeitschrift für Rechtsinformatik (http://www.jurpc.de)
JZ	Juristenzeitung
K&R	Kommunikation und Recht (Zeitschrift)
Kap.	Kapitel
KBit/s	Kilobit pro Sekunde
kg	Kilogramm
kHz	Kilohertz
KJ	Kritische Justiz (Zeitschrift)
km	Kilometer
KNX	Konnex-Standard
KT	Kerntechnische Sicherheit (BfS)
kV	Kilovolt
LAN	Local Area Network
LCL	Longitudinal Conversion Loss

lfd.	laufend(e)
lit.	littera (Buchstabe)
LWL	Lichtwellenleiter
m	Meter
m.	mit
m. w. Nachw.	mit weiteren Nachweisen
mbH	mit beschränkter Haftung
MBit	Megabit
MBit/s	Megabit pro Sekunde
MD	Maunz-Dürig (Grundgesetz-Kommentar)
MHz	Megahertz
MMR	Multimedia und Recht (Zeitschrift)
MV	Meßvorschrift
mV	Millivolt
MVV	Mannheimer Versorgungs- und Verkehrsgesellschaft Energie AG
mW	Milliwatt
NADI	Normenausschuß der deutschen Industrie
NB	Nutzungsbestimmung
NDR	Norddeutscher Rundfunk
NF	Neue Folge
NJW	Neue Juristische Wochenschrift
Nr.	Nummer
Nrn.	Nummern
OFDM	Orthogonal Frequency Division Multiplexing
OSGI	Open Services Gateway Initiative
OSI	Open Systems Interconnection
PALAS	Powerline as an Alternative Local Access
Parl. Rat	Parlamentarischer Rat
PB	Präsidialbereich (BfS)
PC	Personal Computer
PCI	Peripheral Component Interconnect
PG-GZ	Projektgruppe Genehmigung dezentraler Zwischenlager (BfS)
PHz	Petahertz
PLC	Powerline Communications
PLT	Powerline Transmission bzw. Powerline Technology
PostG	Postgesetz
R&TTE	Radio and Telecommunications Terminal Equipment

RegTP	Regulierungsbehörde für Telekommunikation und Post
RGBl.	Reichsgesetzblatt
RIW	Recht der internationalen Wirtschaft (Zeitschrift)
Rn.	Randnummer
RR	Radio Regulations
RTA	Runder Tisch Amateurfunk
RTL	Radio Television Luxemburg
S.	Satz, Seite, siehe
SAR	Spezifische Absorptionsrate
Sat	Satellit
SC	Subcommittee
SchweizZGB	Schweizerisches Zivilgesetzbuch
SE	Spectrum Engineering
SH	Strahlenhygiene (BfS)
S-PCS	Satellite Personal Communications Services
SSK	Strahlenschutzkommission
StaatsR	Staatsrecht
STF	Specialist Task Force
TB	Technical Body
TC	Technical Committee
TC ERM	Technical Committee Electromagnetic Compatibility and Radio Spectrum Matters
TCP	Transport Control Protocol
TCP/IP	Transport Control Protocol/Internet Protocol
TE	Technische Empfehlung
Telnet	Terminal Network
TFH	Trägerfrequenztechnik auf Hochspannungsleitungen
TK	Telekommunikation
TKG	Telekommunikationsgesetz
TMR	Telekommunikations- und Medienrecht (Zeitschrift)
Trafo	Transformator
TRT	Tonfrequenzrundsteuertechnik
TU	Technische Universität
TV	Television
Tz.	Teilziffer
UAbs.	Unterabsatz
UKW	Ultrakurzwelle
UMTS	Universal Mobile Telecommunications System

UPNP	Universal Plug and Play
UPR	Umwelt- und Planungsrecht (Zeitschrift)
US	United States
USA	United States of America
USB	Universal Serial Bus
UVPG	Gesetz über die Umweltverträglichkeitsprüfung
V	Volt
v.	von/vom
VDE	Verband der Elektrotechnik, Elektronik und Informationstechnik
VDI	Verein Deutscher Ingenieure
VDN	Verband der Netzbetreiber e. V.
VerwArch	Verwaltungsarchiv (Zeitschrift)
Vgl.	Vergleiche
VOFunk	Vollzugsordnung für den Funkdienst
VoIP	Voice over Internet Protocol
Vol.	Volume
VVDStRL	Veröffentlichungen der Vereinigung der Deutschen Staatsrechtslehrer
VwGrds-FreqN	Verwaltungsgrundsätze Frequenznutzungen
VwVfG	Verwaltungsverfahrensgesetz
W	Watt
WARC	World Administrative Radio Conference
Web-Dok.	Web-Dokument (bei reinen Internetzeitschriften)
WG	Working Group
WHO	World Health Organization
W-LAN	Wireless Local Area Network
WRC	World Radiocommunication Conference
WRV	Weimarer Reichsverfassung
WWW	World Wide Web
Z	Zentralabteilung (BfS)
z. B.	zum Beispiel
ZDF	Zweites Deutsches Fernsehen
ZUM	Zeitschrift für Urheber- und Medienrecht

KAPITEL 1
Historische Entwicklung

Die Idee ist so einfach wie genial. Statt elektrische Leitungen nur zum Transport von Elektrizität einzusetzen, nutzt man sie zusätzlich auch zur Übermittlung von elektrischen Signalen. Die Idee ist allerdings nicht neu, sie stammt aus der Zeit des Aufbaus der ersten Stromversorgungsnetze.[1] Bereits seit dem Jahre 1920 nutzen die Energieversorgungsunternehmen Stromleitungen zur Unterstützung der Betriebsführung. Mittels der sogenannten Trägerfrequenztechnik auf Hochspannungsleitungen (TFH)[2] wurde auf der Hochspannungsebene die Kommunikation zwischen verschiedenen Punkten des Elektrizitätsnetzes ermöglicht. Der Schwerpunkt lag zu dieser Zeit in den Bereichen Sprachkommunikation, Betriebsüberwachung und Störungseingrenzung beziehungsweise -beseitigung.[3]

In den 1930er Jahren wurde die Powerline-Technik über die sogenannte Tonfrequenzrundsteuertechnik (TRT) auch in der Mittel- und Niederspannungsebene nutzbar gemacht. Dieses Verfahren war bereits 1898 von César René Loubery in Paris erfunden worden, der dafür am 15. März 1901 ein Patent erhielt.[4] In den von ihm eingereichten Unterlagen waren bereits alle grundsätzlichen Elemente enthalten, die für ein TRT-Verfahren notwendig waren. Bei der Tonfrequenzrundsteuertechnik werden die zu übertragenden Signale zentral erzeugt und zur Steuerung von Empfängern im gesamten angeschlossenen Energienetz verteilt, wobei die Übertragungsfrequenzen bis etwa 1,6 MHz reichen und somit im Bereich der Tonfrequenzen liegen.[5]

Eine praktisch brauchbare technische Umsetzung konnte jedoch zu diesem Zeitpunkt noch nicht erfolgen. Erst im Jahre 1930 entwickelte die Firma Siemens das sogenannte Telenerg-Verfahren, welches erstmalig eine praktisch nutzbare Datenübertragung über Niederspannungsleitungen ermöglichte. Fünf Jahre später konterte die Firma AEG mit dem technisch etwas abgewandelten, jedoch im Ergebnis ebenso gut funktionierenden sogenannten Transkommandoverfahren. Hauptanwendungsgebiet dieser beiden TRT-Verfahren war die Fernan- und

---

[1] Paessler, Rundsteuertechnik, S. 39.
[2] Zu den einzelnen technischen Übertragungsverfahren siehe Kap. 3.
[3] Dostert, Powerline Kommunikation, S. 55.
[4] Deutsches Reichspatent Nr. 118717 aus dem Jahr 1898.
[5] Paessler, Rundsteuertechnik, S. 41.

-abschaltung von elektrischen Verbrauchern[6] wie beispielsweise öffentlichen Straßenlaternen[7] und die elektrische Lastverteilung beziehungsweise die Glättung der Lastkurve innerhalb des Stromnetzes.[8] Außerdem konnte mittels der Tonfrequenzrundsteuertechnik die Steuerung von Tarifumschaltungen in Verbrauchszählern sowie die Synchronisation von Uhren durchgeführt werden. Noch heute ist diese Technik für einige der genannten Verwendungszwecke, insbesondere für die lastoptimierte Steuerung von Großverbrauchern, dem sogenannten Lastabwurf, im Einsatz. Der genutzte Frequenzbereich liegt dabei zwischen 167 Hz und 1,35 MHz, wobei die Datenübertragungsrate aber nur bei etwa 1 Bit/s liegt, was lediglich für sehr einfache Ein- und Ausschaltkommandos ausreicht.[9] Für die Übertragung größerer Datenmengen ist die Rundsteuertechnik somit völlig ungeeignet.

Während die technischen Grundlagen weiterentwickelt und verfeinert wurden, blieben die genannten Anwendungsbereiche über viele Jahre hinweg weitgehend unverändert bestehen. Erst in den vergangenen 15 bis 20 Jahren ist der Signaltransport über die Elektrizitätsleitungen nach und nach immer mehr in den Blickpunkt interessierter Kreise gerückt. Für die an sich bereits recht betagte Technik ergaben sich durch den unaufhaltsamen Fortschritt der technologischen Entwicklung auf einmal völlig neue Anwendungsmöglichkeiten, die vor allem auch in wirtschaftlicher Hinsicht interessant erschienen.

---

[6] Sietmann, Funkschau 04/1999, S. 78.
[7] Dostert, Powerline Kommunikation, S. 74.
[8] Dostert, Powerline Kommunikation, S. 66; Stamm, Entwicklungsstand und Perspektiven von Powerline Communication, S. 64 f.
[9] Stamm, Entwicklungsstand und Perspektiven von Powerline Communication, S. 6.

KAPITEL 2
Heutiger Stand der Technik

A. Einleitung

Seit einiger Zeit ist die Signalübertragung über Stromleitungen unter neuartigen und - wie bei vielen technischen Neuerungen leider genauso üblichen wie sinnlosen - englischen Begrifflichkeiten wie Powerline, Powerline Communications (PLC), Digital Powerline (DPL) oder Powerline Transmission (PLT) wieder ins Gespräch gekommen. Im Zeitalter der zunehmenden Vernetzung und Globalisierung sowie des Einzugs moderner elektronischer Massenkommunikationsmittel auch in normalen Haushalten ergeben sich völlig neue Anwendungsbereiche für die an sich nicht mehr ganz neue Technik.

Durch konsequente Forschung und Weiterentwicklung ist es mittlerweile möglich geworden, Daten über Stromleitungen bidirektional zu übertragen. Bei der bidirektionalen Kommunikation ist jedes Ende einer Verbindung in der Lage, Signale sowohl zu senden als auch zu empfangen. Durch die Nutzbarmachung höherer Frequenzbereiche und die Ausschöpfung größerer Bandbreiten wurde so schließlich auch die Übertragung komplexer und umfangreicher Daten- und Sprachsignale über Stromleitungen möglich. Hinzu kommt, daß das Stromnetz weltweit das am weitesten verbreitete homogene Kabelfestnetz darstellt. In den industrialisierten Ländern beträgt die Netzabdeckung durch Elektrizitätsleitungen annähernd 100 Prozent.[10] Stromleitungen liegen also fast überall. Aber auch in den Schwellen- und Entwicklungsländern ist kein anderes Leitungsnetz weiter verbreitet als das elektrische Netz. Vor diesem Hintergrund eröffnen sich für Powerline eine Vielzahl von Anwendungsmöglichkeiten sowohl im Inhouse- als auch im Outdoor-Bereich.

Die mit den derzeit verfügbaren PLC-Systemen zu erzielenden Datenübertragungsraten liegen bei etwa 2 MBit/s. In den nächsten Jahren werden jedoch noch weitaus höhere Übertragungsraten möglich sein.[11] Die theoretische maxi-

---

[10] Dostert, Powerline Kommunikation, S. 257.
[11] VDI-Vortrag von Bodo Kleinevoß, MVV Energie AG, „Powerline - Kommunikation über die Steckdose", am 28.02.2001 im Mannheimer Landesmuseum für Technik und Arbeit.

male Kapazitätsgrenze liegt sogar bei mehreren hundert MBit/s.[12] Doch auch die derzeit teilweise bereits verfügbaren Powerline-Geräte und -modems könnten schon mit höheren Übertragungsraten aufwarten, wenn sie nicht durch die Hersteller künstlich gedrosselt wären. Hauptgrund für die derzeitige Begrenzung dieser Werte ist vor allem die Problematik der Störemissionen; die Störabstrahlungen der PLC-genutzten Stromleitungen, deren rechtliche Relevanz der Kerngegenstand der nachfolgenden Betrachtungen sein wird, erhöht sich zusammen mit der effektiven Datenrate. Dennoch ist Powerline schon heute eine enorm schnelle und somit interessante Technik, vor allem auch für den durchschnittlichen Nicht-High-Tech-Haushalt. Abb. 1 zeigt die Datenübertragungsraten aktueller Zugangsmöglichkeiten im Vergleich.

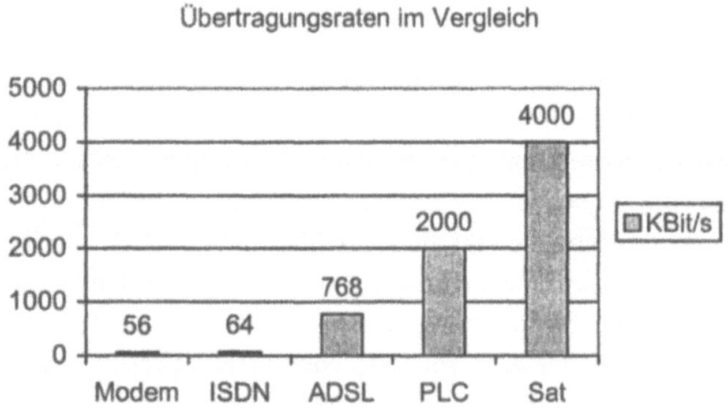

Übertragungsraten im Vergleich

	KBit/s
Modem	56
ISDN	64
ADSL	768
PLC	2000
Sat	4000

Abb. 1: Übertragungsraten im Vergleich

Die Angaben in Abb. 1 betreffen jedoch nur den sogenannten Downstream, also die maximal verfügbare effektive Datenübertragungsrate beim Verkehr von Daten hin zum Nutzer. Der Upstream der vom Nutzer gesendeten Daten ist oftmals erheblich geringer als der Downstream, bei ADSL beträgt er beispielsweise lediglich 128 KBit/s. Powerline bietet die volle verfügbare Datenübertragungsrate sowohl beim Up- als auch beim Downstream an. Allerdings ist PLC eine sogenannte Shared-Medium-Technik. Das bedeutet, daß sich alle angeschlossenen Nutzer die insgesamt zur Verfügung stehende Bandbreite teilen müssen. Je mehr

---

[12] Dostert, Powerline Kommunikation, S. 14.

Personen also dieselbe Leitung gleichzeitig nutzen, um so geringer wird für jeden einzelnen die maximal erzielte Übertragungsgeschwindigkeit. Shared-Medium bedeutet daneben jedoch auch, daß alle Daten relativ gleichzeitig alle angeschlossenen Nutzer erreichen und der Computer des jeweiligen Nutzers die für ihn relevanten Datenpakete aus dem gemeinsamen Datenstrom herausfiltern muß. Diese bringt in datenschutzrechtlicher Hinsicht mögliche Nachteile, sofern der Datenverkehr nicht ausreichend abgesichert wird, was bestenfalls durch eine Verschlüsselung erreicht werden kann.

B. Wirtschaftliche Situation von Powerline

Für Powerline bietet sich ein nahezu weltweiter Absatzmarkt an, sofern die derzeit bestehenden technischen und regulatorischen Probleme gelöst werden. Die größte Bereitschaft, in die neue Technik zu investieren, besteht bei den Energieversorgungsunternehmen. Für sie bedeutet Powerline den Gewinn eines enormen wirtschaftlichen Mehrwerts zusätzlich zu ihrer bereits bestehenden Leitungsinfrastruktur. Als mögliche Zielgruppen zukünftiger Powerline-User wurden private Haushalte mit gehobenem Bedarf, Telearbeiter, Selbständige in kreativen Berufen sowie kleine und mittlere Unternehmen ausgemacht.[13] Investitionen in Powerline sind daher - zumindest in der Anfangsphase, dem sogenannten Roll-Out - vor allem im Bereich städtischer Wohngebiete und dem näheren Stadtumland zu erwarten.

Die Liberalisierung des Telekommunikationsmarktes gibt auch neuen, kleineren Unternehmen die Möglichkeit, sich mit ihren Produkten und Dienstleistungen auf dem Telekommunikationsmarkt zu etablieren.[14] In dem Netzabschnitt zwischen Ortsvermittlungsstelle und Nutzer, dem sogenannten Local Loop, herrscht noch immer wenig Wettbewerb. Die Kosten für das Verlegen neuer Kabel zum Angebot eigener Dienste, mit denen die neuen Anbieter gegen die noch immer faktisch marktbeherrschende Deutsche Telekom AG[15] antreten könnten, ist zusammen mit denen für das Aufreißen von Straßen und Wegen so hoch, daß sich

---

[13] Stamm, Entwicklungsstand und Perspektiven von Powerline Communication, S. VII.
[14] Zur Wettbewerbssituation der Energieversorgungsunternehmen im Telekommunikationsmarkt im Hinblick auf Powerline vgl. Dietrich/Longo, KJ 2001, S. 175 ff.
[15] Vgl. die Sondergutachten der Monopolkommission der RegTP gem. §§ 81 Abs. 3 TKG, 44 PostG vom November 1999, Tz. 71 sowie vom Dezember 2001, Tz. 60 und Tz. 143; Koenen, Powerline lebt als Nischenprodukt, in: Handelsblatt vom 04.04.2002, S. 15.

dieser Aufwand nur über Jahre hinweg wieder amortisiert und somit die neuen Unternehmen vor kaum zu lösende finanzielle Probleme stellt.[16] Dennoch: Powerline ist für die Unternehmen der Branche mehr als attraktiv, bietet es doch die Möglichkeit, dem zahlungskräftigen Endkunden breitbandige Datendienste über bereits bestehende Infrastrukturen anzubieten.[17] Führende US-Marktforschungsunternehmen prophezeien der Powerline-Technologie in einer aktuellen Studie ein rasantes Wachstum. Allein der Umsatz mit der Powerline-Technik soll von 18 Millionen US-Dollar im Jahre 2001 und 190 Millionen US-Dollar im Jahre 2002 bis Ende 2006 auf 706 Millionen US-Dollar ansteigen.[18] Mutige Prognosen reichen gar bis zu 87 Milliarden Euro im Jahre 2010.[19]

C. Inhouse-Einsatz

Im Inhouse-Bereich liegt die maßgebliche Bedeutung von Powerline insbesondere in der Ermöglichung sogenannter Smart Home Automation. Ausgereift und bereits seit einiger Zeit verfügbar sind Inhouse-PLC-Systeme, die mit relativ niedrigen Datenübertragungsraten von etwa 1 bis 2 KBit/s arbeiten. Diese Systeme benutzen meist das sogenannte CENELEC-B-Band gemäß der europäischen Norm EN 50065.[20] Dieses Band umfaßt Frequenzen im Bereich von 95 bis 125 kHz.[21] Die EN 50065 stellt die bisher einzige europäische Regelung im Hinblick auf Powerline dar.[22] Systeme, die die Voraussetzungen dieser Norm erfüllen, sind nach der Intention der Norm somit auch im Hinblick auf ihre elektromagnetische Verträglichkeit unbedenklich.[23] Im Inhouse-Bereich ist ab-

---

[16] Vgl. Stamm, Entwicklungsstand und Perspektiven von Powerline Communication, S. 1, S. 29 ff.
[17] Eine ausführliche Betrachtung der Wirtschaftlichkeit von Powerline-Systemen findet sich bei Stamm, Entwicklungsstand und Perspektiven von Powerline Communication, S. 52 ff.
[18] Hildebrand, Daten flitzen über das Stromkabel, in: Handelsblatt vom 04.09.2002, S. 17.
[19] Hnida, Eine Datenautobahn via Stromkabel ist reizvoll, aber nicht unumstritten, in: Handelsblatt vom 31.05.2000, S. B06.
[20] Zum CENELEC-Band sowie zu den damit zusammenhängenden europäischen und deutschen Normen siehe Kap. 8.
[21] Vgl. Dostert, Powerline Kommunikation, S. 86 ff., 107 ff.; Stamm, Entwicklungsstand und Perspektiven von Powerline Communication, S. 26.
[22] Zu weiteren Regelungen auf europäischer und internationaler Ebene vgl. Kap. 8; zu den national einschlägigen Normen vgl. außerdem Kap. 4.
[23] Zur elektromagnetischen Verträglichkeit von hochbitratigen PLC-Systemen vgl. Kap. 6.

hängig vom Anwendungsfall grundsätzlich sowohl CENELEC- als auch hochbitratiges Powerline denkbar. Insbesondere wenn nicht nur Home Automation, sondern auch die Übertragung von Daten realisiert werden soll, wird man ein hochbitratiges PLC-System installieren, welches dann neben der Datenübertragung auch die Aufgaben der Smart Home Automation quasi nebenbei mit übernehmen kann.

Neben den europäischen und nationalen Regelungen sind auch Industriestandards denkbar, also per Konsens erzielte gemeinsame Festlegungen der Hersteller zur Erreichung eines einheitlichen Produkt-Standards. Jedoch existiert auch in dieser Hinsicht für hochbitratige PLC-Systeme noch kein einheitlicher Konsens.[24]

I. Funktionsweise

Grundprinzip der Smart Home Automation ist die Schaffung einer Möglichkeit, unterschiedliche Geräte innerhalb eines Gebäudes oder einer Wohnung fernzusteuern, zu überwachen und untereinander zu verbinden, um so eine intelligente, bequeme und zentral kontrollierbare Wohnumgebung zu realisieren. Die hierzu notwendigen Kommunikationsverbindungen könnten auch durch Funktechniken oder Datenkabel geschaffen werden, wobei die Funktechnik aufgrund des hohen technischen Realisierungsaufwands und ihrer Störanfälligkeit derzeit noch keine echte Alternative zur kabelgebundenen Kommunikation darstellt. Setzt man Stromleitungen als Signalübertragungsmedien ein, so ist Smart Home Automation auch ohne zusätzliche Verlegung von Leitungen realisierbar. Eine Powerline-Lösung bietet sich sogar geradezu an, weil davon auszugehen ist, daß die zu vernetzenden Geräte ohnehin einen Stromanschluß benötigen. Über dieselbe Leitung können dann sowohl elektrische Energie als auch Steuerimpulse zugeführt werden. Störanfällige, aufwendige und kostenintensive Zusatzverkabelungen zum Datentransport werden somit überflüssig. Bei entsprechend hohen Produktionsstückzahlen könnte der Einbau von PLC-Elektronik in viele Hausgeräte zu einem sehr geringen Preis realisiert werden.

Ein praktisches und schon heute weit verbreitetes Anwendungsbeispiel für Powerline im Inhouse-Einsatz ist eine Ein- oder Mehrweg-Sprechanlage, die unter der gebräuchlichen Bezeichnung „Babyphone" in vielen Elektrogeschäften zu

---

[24] Vgl. Stamm, Entwicklungsstand und Perspektiven von Powerline Communication, S. 31.

finden ist. Die Sprechanlage dient im Regelfall zur akustischen Überwachung von Kleinkindern oder auch nur entfernten Räumen und besteht aus einem Sender und einem Empfänger. Es existieren seit vielen Jahren auch Modelle, mit denen man zwischen verschiedenen Räumen wie mit einer Gegensprechanlage kommunizieren kann. Der Sender überträgt hierbei die von einem angeschlossenen Mikrofon aufgezeichneten Töne über das Stromnetz an den Empfänger, wo eine Wiedergabe über einen Lautsprecher erfolgt. Die Anlage ist funktionsfähig, solange die zu überbrückenden Entfernungen nicht zu groß und beide Geräte innerhalb desselben Stromkreises angeschlossen sind. Allerdings ist aufgrund der hierbei verwendeten analogen Übertragungsverfahren die Sprachqualität relativ niedrig, für die Datenübertragung würden sich die Geräte jedenfalls nicht eignen.[25]

Über ein Inhouse-Powerline-Netzwerk können jedoch auch eine Vielzahl weiterer Aufgaben wahrgenommen werden. Vor allem die Steuerung, Schaltung und Betriebsüberwachung elektrischer Geräte steht hierbei im Vordergrund. Alarmanlagen, Rauchmelder, Rolladen, Türen und Fenster sowie Haushaltsgeräte wie Waschmaschinen, Fernseher und Beleuchtungseinrichtungen[26] können von jedem beliebigen Punkt eines Hauses aus geschaltet und auf ihren Betriebszustand hin kontrolliert werden, sofern sie für die Verwendung in einem Powerline-Netzwerk herstellerseitig entsprechend vorbereitet wurden, also über eine entsprechende Datenschnittstelle verfügen. Auch die Fernauslesung von Stromzählern wird möglich. Diese Anwendungsmöglichkeit wird jedoch dadurch erheblich erschwert, daß die meisten heute in Privatgebäuden installierten Stromzähler nur ein mechanisches Rollenzählwerk besitzen und damit nicht elektronisch lesbar sind.[27]

Es existieren bereits Prototypen von Häusern, die intern vollständig mit Powerline vernetzt sind. Hierbei wurde versucht, möglichst viele haushaltsübliche Geräte mit Powerline zu verbinden und zu kontrollieren. Die Resultate sprechen für sich und bescheinigen den Entwicklern die Funktionsfähigkeit und Effizienz der neuen Technik. Daneben experimentieren etliche Hersteller derzeit bereits mit

---

[25] Stamm, Entwicklungsstand und Perspektiven von Powerline Communication, S. 7.
[26] Speziell zu lichttechnischen Powerline-Anwendungen vgl. Hnida, Eine Datenautobahn via Stromkabel ist reizvoll, aber nicht unumstritten, in: Handelsblatt vom 31.05.2000, S. B06.
[27] Dostert, Powerline Kommunikation, S. 246; Stamm, Entwicklungsstand und Perspektiven von Powerline Communication, S. 66 f.

der Implementation von elektronischen Bauteilen in ihre Produkte, die eine spätere Vernetzung ermöglichen sollen.[28]

Die genannten energienahen Anwendungsbeispiele benötigen fast durchgängig keine große Datenübertragungsrate. Da zumeist nur Steuerungs- und Kommandosequenzen an die angeschlossenen Geräte übermittelt werden müssen und somit ein permanenter Datenstrom nicht notwendig ist, läßt sich ein solches System mit sehr niedrigen Datentransferraten betreiben.

Im Endeffekt wird die zukünftige Entwicklung und Verbreitung intelligenter Haushaltsgeräte davon abhängen, wie viele Interessenten sich auf Hersteller- und Nutzerseite hierfür finden, wie hoch der Preis für die Produkte sein wird und wie es um die Ausfallsicherheit und Zuverlässigkeit der Systeme bestellt ist. Solange aber die Zahl der Endverbraucher, die solche intelligenten Geräte nutzen, noch nicht diejenige kritische Masse überschritten hat, die stets jeder neuen Technik zum endgültigen Durchbruch verhilft, solange muß die weitere Entwicklung abgewartet werden.

Fest steht jedoch bereits heute, daß intelligente Geräte, Häuser und Wohnungen eines Tages einmal fester Bestandteil unseres Lebens sein werden.[29]

II. Standards für Smart Home Automation

Derzeit existiert kein einheitlicher, für alle Hardwarehersteller geltender Powerline-Standard. Viele Hersteller haben statt dessen angepaßte Verfahren für ihre eigenen Produktpaletten entwickelt. Die Folge hiervon ist eine größere Anzahl singulärer Quasi-Standards[30] mit teilweise sehr unterschiedlichen Übertragungsprotokollen. Die vielfältigen Insellösungen erschweren eine einheitliche und

---

[28] Vgl. Merloni schließt Waschmaschine ans Internet an, in: Handelsblatt vom 01.12.1999, S. 18; Waschmaschine und Trockner werden über das Hausnetz gesteuert, in: Handelsblatt vom 19.02.2001, S. 23; Oberhäuser, Powerline vernetztes Haus: PLC verbindet auch Waschmaschine und TV, in: Handelsblatt vom 04.12.2000, S. N11.
[29] Vgl. Stamm, Entwicklungsstand und Perspektiven von Powerline Communication, S. 62.
[30] Nur einige dieser Quasi-Standards können hier Erwähnung finden: CEBus [http://www.cebus.org]; EHS [http://www.ehsa.com]; ETI [http://www.emware.com]; HomePlug [http://www.homeplug.org], vgl. dazu Geräte im Haus vernetzen, in: Handelsblatt vom 12.04.2000, S. 29; JINI [http://www.jini.org]; OSGI [http://www.osgi.org]; UPNP [http://www.upnp.org]; LonWorks [http://www.echelon.com]; X10 [http://www.x10wti.com]; vgl. dazu auch Stamm, Entwicklungsstand und Perspektiven von Powerline Communication, S. 33.

geordnete Weiterentwicklung der Technik bisher ungemein. Insbesondere der gleichzeitige Betrieb von Geräten unterschiedlicher Hersteller innerhalb eines Powerline-Netzwerkes war somit kaum möglich.

Am 14.04.1999 haben sich Vertreter einiger europäischer Industrieunternehmen und Serviceprovider[31] zur Konnex-Association zusammengeschlossen und auf den sogenannten Konnex-Standard 1.0 (KNX 1.0) geeinigt und die Konnex Association[32] gegründet. Konnex 1.0 vereinigt drei der bisher existierenden Quasi-Standards für den Inhouse-Einsatz, nämlich BatiBUS (BCI)[33], EIB[34] und EHSA[35]. Der neue Standard findet neben der Powerline-Vernetzung auch Anwendung auf drahtlose Verbindungen sowie die Übertragung über spezielle Datenkabel. Er orientiert sich eng an den Vorgaben und Empfehlungen der internationalen Standardisierungsorganisationen CENELEC, CEN und ETSI.[36] Auf Basis dieses Übereinkommens wird ein gemeinsamer Signalübertragungs- und Steuerungsstandard geschaffen, der es in Zukunft ermöglichen soll, Geräte verschiedener Hersteller innerhalb desselben Powerline-Systems zu betreiben und mit einer einheitlichen Steuerungseinheit zu bedienen. Später angeschaffte Geräte können damit einfach an eine freie Steckdose angeschlossen werden und fügen sich nahtlos in eine bereits bestehende Powerline-Umgebung ein.[37] Der Konnex-Standard stellt damit einen wichtigen Schritt in Richtung Marktfähigkeit und Endkundentauglichkeit dar und ermöglicht die branchenweite Entwicklung Powerline-tauglicher Geräte sowie die effektivere Weiterentwicklung von Anwendungen im Bereich Smart Home Automation.

III. Hochbitratige Anwendungsmöglichkeiten im Inhouse-Bereich

Die heute üblicherweise innerhalb eines Hauses verlegten Niederspannungsleitungen sind durchaus dazu geeignet, auch höhere Datentransfervolumen zufriedenstellend zu bewältigen. Hierdurch eignen sie sich nicht nur für proprietäre

---

[31] Maßgeblich beteiligt waren hieran die Firmen Siemens, Bosch, Electrolux und der französische Stromversorger Electricité de France (EDF).
[32] [http://www.konnex-knx.com].
[33] [http://www.batibus.org].
[34] [http://www.eiba.com].
[35] [http://www.ehsa.com].
[36] Zu internationalen Standardisierungsfragen im Zusammenhang mit Powerline sowie zu den einzelnen Standards vgl. Kap. 8.
[37] Entsprechende Haushaltsgeräte nach dem Konnex-Standard wurden auf der Fachmesse Domotechnica 2001 in Köln bereits vorgestellt.

Aufgaben im Bereich niederbitratiger und energienaher Smart Home Automation, sondern auch für die hochbitratige PLC-Datenübertragung. Daraus ergeben sich auch höherwertigere Anwendungsmöglichkeiten für Powerline im Inhouse-Bereich.

Allen voran ist hierbei an den Datenaustausch moderner Kommunikationsmittel zu denken. So können über ein Inhouse-Powerlinenetzwerk bei Einsatz einer geeigneten Modulationstechnik ohne weiteres auch Computerdaten in der Form übertragen werden, wie dies heute vielerorts über sogenannte Local Area Networks (LAN) erfolgt. Bei Verwendung von entsprechender Hardware können damit über die Niederspannungsleitungen Computer untereinander vernetzt werden. Insbesondere im gewerblichen Bereich, wo Datennetzwerke heute üblich und betriebsnotwendig sind, ergibt sich ein enormes Kosteneinsparungspotential. Die ansonsten notwendigen gesonderten Datenleitungen[38] entfallen, wenn die vorhandenen Stromleitungen auch zum hausinternen Datentransfer genutzt werden.[39] Alternativ kann ein Powerline-Netzwerk auch als Backup-Konzept eingesetzt werden. Für den Fall, daß die Datenverbindungen innerhalb eines Betriebes ausfallen, kann somit auf ein zweites Netzwerk ausgewichen werden. Leistungseinbußen, die dadurch entstehen, daß Powerline-Netzwerke immer Shared-Medium-Verteilnetze sind, können für die Dauer der Nutzung der Backup-Lösung vernachlässigt werden.

D. Outdoor-Einsatz und Internet-Zugang (Access-Powerline)

Powerline kann neben der Inhouse-Verwendung auch dazu benutzt werden, ein Gebäude mit der Außenwelt zu verbinden und beispielsweise an das Internet anzuschließen. Bei Verwendung eines geeigneten Modulationsverfahrens mit einer Signalfrequenz im Bereich von 1 bis 30 MHz lassen sich die dafür notwendigen hohen Datentransferraten problemlos erreichen. Damit wird das Stromnetz bei der Suche nach Alternativen zum Telefonkabelfestnetz der Deut-

---

[38] Üblicherweise wird hierbei Ethernet-Koaxialkabel, zunehmend aber auch Twisted-Pair-Kabel verwendet.
[39] Als echte weitere Alternative zu Kabelnetzwerken kommen auch drahtlose Funknetzwerke, sogenannte Wireless LANs (W-LAN) in Frage. Diese werfen jedoch in der Praxis nicht unbedeutende Sicherheitsfragen auf, da sie bei falscher Konfiguration leicht abgehört werden können. W-LANs sorgen weiterhin für eine stark erhöhte elektromagnetische Belastung der Umgebung.

schen Telekom AG als derzeit am weitesten verbreiteten Zugangsweg zum Internet zur ersten Wahl. Energieversorgungsunternehmen und Elektronikhersteller betreiben einen hohen technischen Entwicklungsaufwand, um das Stromnetz für ihre Zwecke nutzbar zu machen. Der Einstieg in den Telekommunikationsmarkt, der den Energieversorgungsunternehmen mangels eigener Kommunikationsleitungen im Last-Mile-Bereich, also der für PLC vor allem relevanten Niederspannungsebene, bisher nahezu vollständig versperrt war, verspricht hohe Wachstums- und Gewinnmargen und wird daher entsprechend forciert.

Verteilt man die über eine externe Powerline-Anbindung an das Gebäude herangeführten Daten mittels eines oben beschriebenen Inhouse-Powerline-Netzwerkes innerhalb des Gebäudes weiter, so steht an jeder Steckdose ein potentieller Zugang zum Internet zur Verfügung. Die Internet-Daten werden also in einem ersten Schritt auf der Mittel- oder Niederspannungsebene über Powerline an das Gebäude herangeführt, in einem zweiten Schritt über die hausinternen Niederspannungsleitungen im gesamten Haus verteilt und somit an jede einzelne Steckdose geführt. Ein solches Zwei-Schritt-Verfahren ist aus technischen Gründen unumgänglich, da der Stromzähler am Stromübergabepunkt eines jeden Hauses als unüberwindliche Barriere für die aufmodulierten Daten wirkt.[40]

Längst sind vielfältige Beweise dafür erbracht, daß die Powerline-Technik funktioniert. Feldversuche außerhalb der Labors und unter realen Bedingungen laufen und sind teilweise schon erfolgreich abgeschlossen worden. Mehrere hundert Haushalte wurden und werden von verschiedenen Energieversorgern unabhängig voneinander mit dem „Internet aus der Steckdose" versorgt.[41] Derzeit bieten zwei Energieversorger einen allerdings regional begrenzten Internetzugang via Powerline für ihre Endkunden an.[42]

E. Sprachtelefonie

Neben Gebäudeautomation und internem sowie externem Datenverkehr eignen sich Powerline-Netzwerke auch für Telefoniedienste. Die Sprachtelefonie ist heute derjenige Telekommunikationsdienst mit der höchsten Marktpenetration

---

[40] Zu Detailfragen der Datenübertragung, Ankopplung und Modulation vgl. Kap. 3.
[41] Feldversuche liefen unter anderem in Mannheim, Herrenberg, Essen und Budapest.
[42] Dies sind die Energie Baden-Württemberg AG (EnBW) und die Mannheimer Versorgungs- und Verkehrsgesellschaft Energie AG (MVV).

überhaupt.[43] Indem jedoch bereits die Mehrzahl der Haushalte mit einem Telefonanschluß versorgt ist, es also nur eine verhältnismäßig geringe Zahl an zu akquirierenden Neukunden gibt, ist die wirtschaftliche Bedeutung von Powerline-Telefonie derzeit noch nicht überragend. Dennoch ist sie aus Sicht der Energieversorger ein interessantes zusätzliches Feature, das eine Abrundung des Produktportfolios für die Kunden ermöglicht.

In technischer Hinsicht ist hierbei zum einen die bereits heute über das Internet Verwendung findende IP-Telefonie, zum anderen ein spezielles Powerline-Telefonie-Verfahren denkbar.

I. IP-Telefonie (Voice-over-IP)

Bereits heute können Telefongespräche über das Internet abgewickelt werden. Hierbei kommt die sogenannte Voice-over-IP-Technik (VoIP) zur Anwendung. IP steht hierbei für „Internet Protocol" und ist das unverzichtbar gewordene Übertragungsprotokoll für jegliche Art von Datenverkehr zwischen Computern im Internet.[44] Bei VoIP wird ein Mikrofon an den Eingangskanal der Soundkarte eines Computers angeschlossen. Ein auf dem Computer laufendes spezielles Programm[45] moduliert die Sprachsignale in computerverständliche Daten um. Diese Daten werden dann in eine Vielzahl etwa gleich großer Datenpakete zerteilt und über das Internet an den Empfänger verschickt. Dort angekommen werden sie auf dem Rechner des Empfängers von einem gleichartigen VoIP-Programm wieder in Sprachsignale umgewandelt und über den Audio-Ausgang der Soundkarte auf einem Lautsprecher wiedergegeben.

Da jeder mit dem Internet verbundene Computer eine - zumindest für die Dauer seiner Online-Sitzung - weltweit einmalige sogenannte IP-Adresse[46] hat, ist eine eindeutige Adressierung von Daten zwischen den Gesprächsteilnehmern

---

[43] Vgl. Stamm, Entwicklungsstand und Perspektiven von Powerline Communication, S. 57.
[44] Näher zum IP und dem sogenannten Schichtenmodell vgl. Kap. 4 sowie Kerner, Rechnernetze nach OSI, 1995.
[45] Es existieren heute bereits mehrere leistungsfähige und preiswerte Programme dieser Art, die auf Wunsch auch Bildtelefonie ermöglichen. Das auf vielen Computern vorhandene Betriebssystem Windows der Firma Microsoft verfügt bereits seit einigen Jahren über das Programm NetMeeting, das ebenfalls über derartige Audio- und Videofunktionen verfügt.
[46] Eine IP-Adresse besteht aus vier bis zu dreistelligen Zahlenkombinationen, die untereinander durch Punkte getrennt sind, beispielsweise 192.168.100.100.

problemlos möglich. Der große Vorteil von VoIP-Systemen ist die kostengünstige Möglichkeit zur Führung von Ferngesprächen. Jeder Gesprächspartner muß nur eine im Vergleich zu einer Telefonfernverbindung sehr preiswerte Internetverbindung zu seinem lokalen Internetserviceprovider aufbauen. Sobald bei beiden Gesprächspartnern eine solche lokale Internetverbindung besteht ist es unerheblich, wie weit die von den digitalisierten Sprachdaten zurückgelegten Entfernungen zwischen den Gesprächspartnern sind. Die VoIP-Technik funktioniert bereits heute mit annehmbarer Sprachqualität, hierfür ist nur eine Übertragungskapazität von etwa 6 bis 8 KBit/s notwendig. Sie ist für jedermann benutzbar, der über einen Internetanschluß und einen Computer mit Soundkarte verfügt und steht somit in keinem direkten Zusammenhang zur Powerline-Technik. Wird der für VoIP notwendige Internetzugang jedoch über Powerline realisiert, so kann damit auch über das Stromnetz telefoniert werden, und zwar sowohl innerhalb eines Gebäudes als auch nach außen.

II. Powerline-Telefonie

Neben der bereits heute möglichen und im Vordringen begriffenen IP-Telefonie ist auch ein spezielles Powerline-Telefonie-Protokoll denkbar. Hierbei wird ein spezielles Telefon an eine Steckdose angeschlossen, die mit einem Powerline-System verbunden ist. Das Telefon bezieht dann über die Steckdose seine Energie, sendet und empfängt aber gleichzeitig auch Sprachinformationen. Die Sprache wird hierbei - ähnlich wie bei VoIP - digitalisiert, in Pakete zerlegt und versandt. Der Powerline-Anbieter leitet die Daten dann an einen außerhalb des Hauses gelegenen Übergabepunkt in das normale öffentliche Telefonnetz weiter und stellt so den Kontakt zwischen Powerline-Telefonkunden und normalen Telefonkunden her. Derartige Sprachübertragungsverfahren werden bereits in Netzen mit sogenanntem asynchronen Transfermodus und den digitalen Mobilfunknetzen eingesetzt. Um eine gute Sprachqualität sicherzustellen, muß das Powerline-System so konfiguriert sein, daß Sprachdaten gegenüber anderen Daten Priorität haben. Die hierfür insgesamt benötigten Datenübertragungsraten liegen bei etwa 10 bis 13 KBit/s, so daß dies grundsätzlich auch bei hohem gleichzeitigen Telefonieaufkommen mehrerer Nutzer in Shared-Medium-Netzen keine Probleme bereiten dürfte.[47]

---

[47] Vgl. zum Ganzen Stamm, Entwicklungsstand und Perspektiven von Powerline Communication, S. 24.

F. Zusammenfassung

Die Powerline-Technik bietet heute ein breites Spektrum an Anwendungsmöglichkeiten, die sowohl für Anbieter, Provider und Hersteller als auch für den Endkunden interessant sind. Die Wachstumsprognosen im In- und Ausland sind durchweg positiv, fallen vermutlich aber noch etwas zu optimistisch aus. Dennoch ist auch in den kommenden Jahren mit einem steigenden Marktanteil der Powerline-Technologie in verschiedenen Bereichen zu rechnen.

Die Verteilung von Daten über PLC-Systeme innerhalb eines Hauses ist bereits heute problemlos in jedem Haushalt durchführbar. Entsprechende Geräte sind vereinzelt bereits auf dem Markt, industrielle Standards existieren und werden nach internationalen Vorgaben stetig angepaßt und weiterentwickelt. Die Smart Home Automation als weiteres Inhouse-Anwendungsfeld wird ohne Zweifel in den kommenden Jahren immer interessanter werden. Mittel- oder langfristig werden in jedem Haushalt intelligente Geräte Einzug halten, die untereinander kommunizieren können. Die Entwicklung intelligenter und vernetzter Haushalte läuft dabei unabhängig von der technischen Entwicklung im Bereich des nutzergebundenen Powerline-Datenverkehrs.

Im Outdoor-Bereich ist Access-Powerline sicherlich das interessanteste Anwendungsfeld für die PLC-Technik. Als echte Last-Mile-Alternative zur marktbeherrschenden Deutschen Telekom AG sollte sie unbedingt weiterentwickelt und gefördert werden. Der so entstehende Wettbewerb kommt in jedem Fall auch dem Endkunden zugute.

Die erzielbaren Datenübertragungsraten liegen derzeit bei rund 2 MBit/s, werden aber in den kommenden Jahren noch stark erhöht werden. Hierdurch verliert auch der derzeit noch oft zitierte Nachteil von PLC-Systemen als Shared-Medium-Verteilnetzen seine Nachhaltigkeit. Die zusätzlich innerhalb und außerhalb des Hauses über Powerline mögliche Telefonie - gleich wie sie im Einzelfall realisiert werden mag - erhöht die Attraktivität der neuen Technologie erheblich.

KAPITEL 3
Technische Grundlagen und Störungswirkungen bei Funkdiensten

Die nachfolgenden Ausführungen sollen als technische Einführung dienen und das Verständnis der komplizierten technischen Grundlagen erleichtern. Dieses technische Grundverständnis ist eine zwingend notwendige Voraussetzung, um die später zu erörternden juristischen Folgeprobleme im Zusammenhang mit Powerline nachvollziehen und beurteilen zu können. Zunächst wird die Aufbaustruktur, die sogenannte Topologie, des Stromnetzes dargestellt. Im Anschluß daran werden die verschiedenen fernmeldetechnischen Modulationsverfahren der Powerline-Technologie erklärt und schließlich die Störungswirkungen bei verschiedenen Funkdiensten durch elektromagnetische Abstrahlungen erörtert.

A. Topologie der Stromversorgungsnetze

In Mitteleuropa - und hierauf soll sich die Betrachtung zunächst konzentrieren - existiert ein weitverzweigtes Energieversorgungsnetz. Um bei der Energieverteilung einen möglichst günstigen Wirkungsgrad bei niedrigen Energieverlusten zu erzielen, wurde das Stromnetz in mehrere Spannungsebenen unterteilt. Es existieren drei Netzebenen, die sich voneinander vor allem in der Länge der mit einer Netzebene üblicherweise zu überbrückenden Strecke und der Stromspannung, die innerhalb einer Ebene herrscht, unterscheiden. Grundsätzlich gilt, daß über weite Strecken große Mengen an Elektrizität mit hoher Spannung übertragen werden, während die Übertragung geringer Energiemengen nur über möglichst kurze Strecken erfolgt.[48]

---

[48] Vgl. dazu auch Stamm, Entwicklungsstand und Perspektiven von Powerline Communication, S. 3.

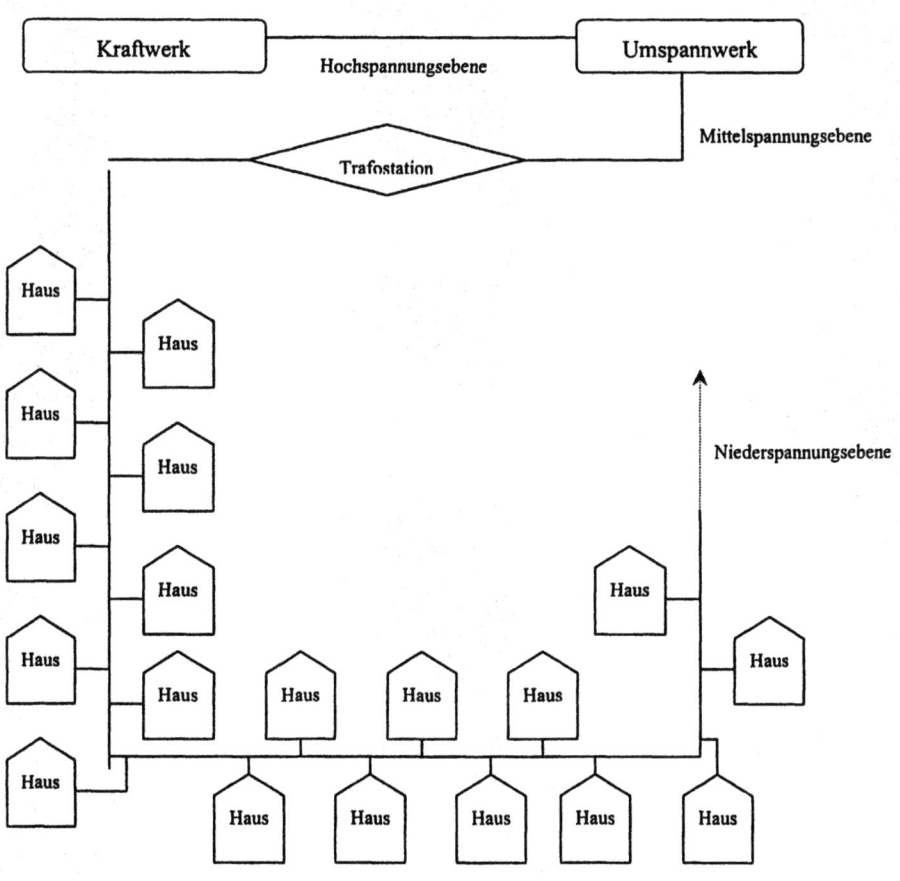

Abb. 2: Topologie des Stromversorgungsnetzes

I. Hochspannungsebene

Die sogenannte Hochspannungsebene führt eine Stromspannung von 110 bis 380 Kilovolt (kV).[49] Sie dient dem Transport von Strom von den Erzeugerkraftwerken zu den Verteilstationen und Umspannwerken. Durch die hohe Betriebsspannung können bei minimalen transportbedingten Leitungsverlusten[50] große Entfernungen überbrückt werden. Im Regelfall werden größere Transportstrecken, die bis zu einigen hundert Kilometern lang sein können,[51] demnach auch durch Hochspannungsfreileitungen überwunden. In Deutschland wird die Gesamtlänge der Hochspannungsfreileitungen auf ca. 108.400 Kilometer beziffert.[52] Hinzu kommen noch etwa 4600 Kilometer unterirdisch verlegte Hochspannungskabel, die sich mehrheitlich im Bereich von größeren Städten befinden.[53]

Neben den Stromleitungen werden von den Energieversorgungsunternehmen mittlerweile auch Lichtwellenleiter (LWL), also insbesondere Glasfaserkabel verlegt. Diese stellen ein nahezu optimales Transportmedium für Datenübertragungen dar. Auf der Hochspannungs- und Weitverkehrsebene besitzen die Energieversorger sogar mehr Kapazitäten an Datenleitungen als sie selbst derzeit benötigen; diese Leitungen werden daher von anderen Telekommunikationsunternehmen für deren Zwecke genutzt.[54]

Powerline auf der Hochspannungsebene macht überall dort wenig Sinn, wo bereits neben den Stromleitungen andere, schnellere und besser geeignete Leitungsarten wie Glasfaserleitungen vorhanden sind, die dann natürlich vorrangig für die Datenübertragung genutzt werden.

---

[49] Dostert, Powerline Kommunikation, S. 15.
[50] Diese bestehen hauptsächlich aus Stromabwärmeverlusten aufgrund des ohmschen Widerstandes, aus Ableitungsverlusten durch Kriechströme an Isolatoren und aus Koronaverlusten durch Entladung in die Umgebungsluft der Leitungen; vgl. Dostert, Powerline Kommunikation, S. 17 f.
[51] Dostert, Powerline Kommunikation, S.16.
[52] Jahresbericht 2001 des Verbands der Netzbetreiber e.V. (VDN), S. 21, dort aufgeteilt in Hoch- und Höchstspannungsnetz.
[53] Jahresbericht 2001 des Verbands der Netzbetreiber e.V. (VDN), S. 21, dort aufgeteilt in Hoch- und Höchstspannungsnetz.
[54] Stamm, Entwicklungsstand und Perspektiven von Powerline Communication, S. 3.

II. Mittelspannungsebene

Die sogenannte Mittelspannungsebene transportiert Strom mit einer Spannung von unter 110 kV; im Regelfall beträgt die Nennspannung in dieser Netzebene zwischen 10-30 kV.[55] Der Übergang von der Hoch- zur Mittelspannungsebene befindet sich in Form von Umspannwerken zumeist in der Nähe von Städten. In diesen Umspannwerken werden hohe Betriebsspannungen auf niedrigere heruntertransformiert. Da die Überbrückung größerer Entfernungen durch die niedrigere Stromspannung zu höheren Verlusten führt, wird die Länge der Mittelspannungsebene möglichst gering gehalten und der Strom so lange wie möglich auf der Hochspannungsebene transportiert. In Deutschland existieren auf dieser Netzebene etwa 164.500 Kilometer Freileitungen sowie etwa 307.800 Kilometer Erdkabel.[56] Die typische Länge einer Mittelspannungsfreileitung liegt zwischen fünf und 25 Kilometer, wobei sich die meisten Freileitungen im ländlichen Raum und zur Versorgung entfernterer Ortschaften befinden.[57]

Die Mittelspannungsebene beliefert größere Industriebetriebe und andere Stromgroßabnehmer direkt mit Energie und bildet ansonsten die Brücke zu den Niederspannungsnetzen.

Mittelspannungsnetze haben häufig eine redundante Struktur, das bedeutet, daß die nachfolgende Niederspannungsebene auf mehreren Wegen mit Strom versorgt werden kann, so daß bei Ausfall einer Stromleitungsstrecke auf der nachfolgenden Netzebene noch kein Stromausfall auftritt.[58] Auch entlang der Mittelspannungsebene liegen teilweise bereits Lichtwellenleiter oder Koaxialkabel für die Datenübertragung mit bis zu 100 MBit/s.

Ein flächendeckender Ausbau von Powerline auf der Mittelspannungsebene ist wirtschaftlich nicht sinnvoll, und zwar insbesondere deswegen, weil auf dieser Ebene immer noch relativ große Entfernungen überbrückt werden müssen, die erzielbare Reichweite für Powerline auf dieser Ebene aber ohne zusätzliche Signalverstärker, sogenannte Repeater, nur bei etwa 500 Metern liegt. Für einzelne Anwendungszwecke, beispielsweise den PLC-Anschluß von industriellen Stromgroßverbrauchern, die direkt an das Mittelspannungsnetz angeschlossen

---

[55] Dostert, Powerline Kommunikation, S. 16, 29.
[56] Jahresbericht 2001 des Verbands der Netzbetreiber e.V. (VDN), S. 21.
[57] Dostert, Powerline Kommunikation, S. 29.
[58] Stamm, Entwicklungsstand und Perspektiven von Powerline Communication, S. 4.

und intern mit einer eigenen Trafostation ausgestattet sind, eignet sich PLC jedoch auch auf dieser Netzebene.[59]

III. Niederspannungsebene

Die Mittelspannungsebene reicht bis zu den Transformatorstationen der einzelnen Ortsnetze. Von einem solchen Ortsnetztrafo gehen in der Regel drei bis maximal zehn Versorgungsstränge ab, an denen jeweils bis zu etwa 40 Hausanschlüsse angeschlossen sind. Diese Ebene wird Niederspannungsebene genannt. Ein Ortsnetztrafo kann einige zehn bis hin zu einigen hundert Haushalten versorgen. Die Zahl der im Endeffekt angeschlossenen Haushalte hängt stark von der Art der Bebauung ab, also davon, ob überwiegend Ein- oder Mehrfamilienhäuser angeschlossen sind. Durchschnittlich sind etwa 150 Haushalte an einen Niederspannungsstrang angeschlossen.[60] Die Länge der von den Ortsnetztrafostationen ausgehenden Leiterstränge beträgt selten mehr als einige hundert Meter, maximal jedoch etwa einen Kilometer.[61] Insgesamt umfaßt die Niederspannungsebene in Deutschland rund 184.900 Kilometer Freileitungen und 760.700 Kilometer Erdkabel.[62]

Die Ortsnetzzellen des Stromverteilernetzes sind somit - im Gegensatz zu den linear betriebenen Hochspannungsebenen - sternförmig aufgebaut. Den Mittelpunkt des Sternes stellt dabei der Ortsnetztrafo als Bindeglied zur Mittelspannungsebene dar, die Strahlen des Sternes werden durch die Anschlußstränge gebildet, von denen wiederum die einzelnen Hausanschlüsse abzweigen.

Am Hausanschlußpunkt endet - zumindest aus der Sicht des jeweils lieferverpflichteten Energieversorgungsunternehmens - die Stromlieferung und damit die Zuständigkeit des Versorgers. Innerhalb von Gebäuden bilden die elektrischen Kabel - vor allem bei Mehrfamilienhäusern - verschiedene Stromkreise, die regelmäßig in Form einer Baumstruktur angelegt sind.

---

[59] Stamm, Entwicklungsstand und Perspektiven von Powerline Communication, S. 8.
[60] Stamm, Entwicklungsstand und Perspektiven von Powerline Communication, S. 5.
[61] Stamm, Entwicklungsstand und Perspektiven von Powerline Communication, S. 4.
[62] Jahresbericht 2001 des Verbands der Netzbetreiber e.V. (VDN), S. 21.

Abb. 3 zeigt die Stromnetztopographie sowie den Weg eines Powerline-Signales vom Telekommunikationsnetz zum Empfänger:

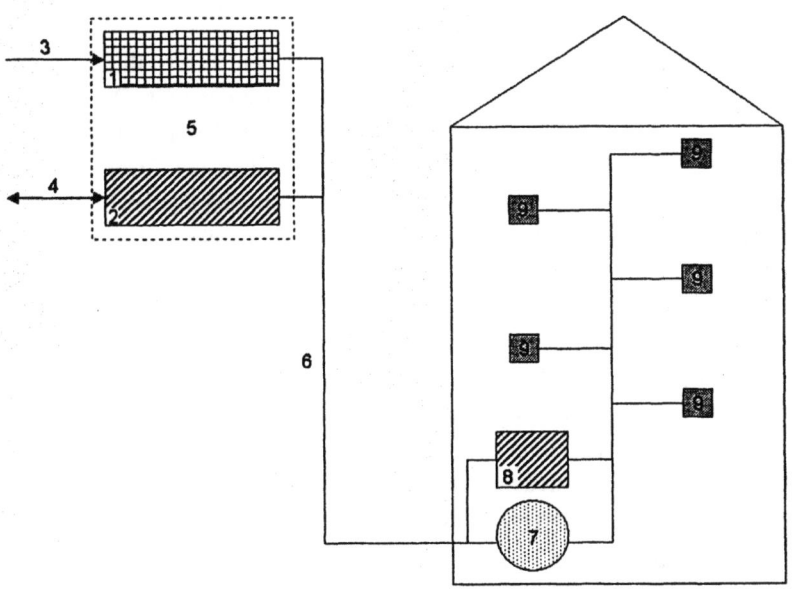

Abb. 3: Powerline-Signalweg

Erläuterung: (1) Trafo; (2) PLC-Koppler; (3) Strom 380 V; (4) TK-Netz (Internet/Telefon); (5) Transformatorstation; (6) Strom 220 V und Daten; (7) Stromzähler/Übergabepunkt; (8) PLC-Koppler; (9) Steckdosen.

Von der Mittelspannungsebene her wird dem Transformator Strom zugeführt, den dieser in 220 Volt Wechselstrom transformiert und in Richtung der Hausanschlüsse weiterleitet. Im Gehäuse des Transformators wird zusätzlich ein PLC-Koppler installiert. Er ist auf der einen Seite mit dem Telekommunikationsnetz verbunden, wandelt die dort zur Verfügung stehenden Daten so um, daß sie über die Stromleitung zu den Hausanschlüssen weitergeleitet werden können und speist diese Signale anschließend in dieselbe Leitung ein, in die der Transformator die 220-Volt-Spannung einspeist. Ab hier fließen Strom und Daten also zusammen auf derselben Leitung. Der Anschluß des Kopplers an das Telekommunikationsnetz kann dabei entweder direkt per Kabel an den Internet-Backbone oder mittels Richtfunk oder Mittelspannungs-Powerline zu einer Backbone-Anschlußstation erfolgen.

Strom und Daten gelangen beim Hausanschluß an den Stromzähler, der für die PLC-Daten eine unüberwindbare physikalische Sperre darstellt. Die Daten werden daher kurz vor dem Zähler von einer weiteren PLC-Koppeleinheit abgegriffen und in das Stromnetz wieder eingespeist, nachdem der Strom den Zähler durchlaufen hat. Die PLC-Daten werden so quasi um den Zähler herumgeführt. Innerhalb des Hausnetzes fließen Strom und Daten nunmehr wie schon zwischen Transformator und Hausanschluß wieder auf denselben Leitungen und stehen damit parallel an jeder Steckdose gleichzeitig zur Verfügung. Sofern sich innerhalb eines Hauses mehrere durch Zähler getrennte Stromkreise - beispielsweise in Mehrfamilienhäusern - befinden, müssen die PLC-Daten auf jeden einzelnen Stromkreis neu aufgesetzt werden. Regelmäßig werden vor dem Stromzähler auch noch Hochfrequenzfilter eingebaut. Dies erlaubt es, innerhalb und außerhalb eines Hauses verschiedene Frequenzen zu nutzen und somit den Outdoor- vom Indoor-Bereich auch nachrichtentechnisch zu trennen. Innerhalb eines Hauses kann dann beispielsweise unter veränderten Netzkonditionen mit anderen Frequenzen gearbeitet werden als außerhalb, was insbesondere deswegen sinnvoll ist, weil sich die allgemeinen Störszenarien innerhalb und außerhalb von Häusern naturgemäß deutlich unterscheiden. So sind innen verlegte Leitungen beispielsweise wesentlich anfälliger für externe Störungen, beispielsweise durch das Anschalten von Maschinen oder Lampendimmern, als die unterirdisch verlegten Netzstränge außerhalb der Häuser, was unterschiedliche Bedingungen für die Datenübertragung schafft.

Die einzelnen Netzebenen sind durch die Trafostationen in Form der Umspannwerke zwischen Hoch- und Mittelspannungsebene sowie den Ortsnetztrafos zwischen Mittel- und Niederspannungsebene gut voneinander getrennt. Diese Transformatoren sind grundsätzlich darauf ausgelegt, als schonender Mittler zwischen den Netzebenen aufzutreten, was bedeutet, daß ein Trafo grundsätzlich möglichst wenig Energieverlust herbeiführen darf. Wie noch gezeigt werden wird, unterscheiden sich die von dem elektrischen Strom genutzten Netzfrequenzen stark von jenen, die für die Datenübertragung durch Powerline in Betracht kommen. Der Wechselstrom auf der Niederspannungsebene besitzt jeweils nur eine Frequenz von 50 Hz. Er wechselt also 50 mal pro Sekunde die Flußrichtung. Der für hochbitratige Powerline-Übertragungen interessante Frequenzbereich liegt jedoch jenseits von etwa 150 kHz bis hin zu 30 MHz. Für derartig hohe Trägerfrequenzen sind jedoch die Transformatoren zwischen den Netzebenen natürliche Hindernisse, die eine geradezu perfekte - und im Sinne einer kontrollierten Strahlungsausbreitung auch erwünschte - Trennung der Netze voneinander bewirkt.

Die Stromleitungen auf der Niederspannungsebene wurden - wie grundsätzlich jede Stromleitung - für einen möglichst guten, das heißt verlustfreien Stromtransport optimiert, nicht aber für die Übertragung hochfrequenter Signale. Dies führt dazu, daß das Niederspannungsnetz zahlreiche Störsignale, Sprünge im Wellenwiderstand und Reflexionsstellen aufweist. Daneben spielt auch die Dämpfung eine wichtige Rolle, also die Tatsache, daß mit zunehmender Leitungslänge die Stärke des übertragenen Signales stetig, jedoch nicht unbedingt linear abnimmt.[63] Hinzu kommt, daß ein Energieverteilnetz auf der untersten Ebene nicht auf einmal, sondern zu verschiedenen Zeiten entsteht und immer wieder erweitert wird. Dabei kommen die verschiedensten Arten von Kabeln, Verteilern, Hausanschlüssen und anderen technischen Materialien zum Einsatz, was vor allem eine sichere Vorhersage der exakten Störeigenschaften eines Teilnetzes erschwert beziehungsweise unmöglich macht. Verallgemeinernde Aussagen sind also kaum möglich.[64]

B. Modulationsverfahren

Zur Übertragung von Daten über Stromleitungen im Bereich der Niederspannungsnetze sind verschiedene technische Verfahren entwickelt worden. In der Nachrichtentechnik spricht man dabei von Modulationsverfahren. Als Modulation wird bei der Übertragung digitaler Information ein Vorgang bezeichnet, der einen Datenstrom, der aus logischen Einsen und Nullen besteht, in ein für die Übertragung über ein bestimmtes Medium geeignetes Signal umformt.[65] Vereinfacht bedeutet dies, daß ein elektronischer Signalträger, meist in Form einer elektromagnetischen Welle, mit der zu übertragenden Information bestückt wird.

---

[63] Näher hierzu Dostert, Powerline Kommunikation, S. 41 f.
[64] Stamm, Entwicklungsstand und Perspektiven von Powerline Communication, S. 12.
[65] Dostert, Powerline Kommunikation, S. 107.

Das Hauptaugenmerk der Fachleute liegt auf zwei Problemen, die es in diesem Zusammenhang zu lösen gilt. Zum einen verfügen die Stromleitungen auf dieser Netzebene regelmäßig nur über eine relativ schlechte, häufig auch gar keine Abschirmung nach außen. Sie sind im Regelfall nur wenige Zentimeter unter dem Mauerputz verlegt und mit einer dünnen Kunststoffummantelung versehen. Dies führt bereits bei relativ niedrigen Frequenzen dazu, daß durch den Powerline-Betrieb ungewollte elektromagnetische Abstrahlungen erfolgen, die einerseits andere technische Geräte durch Frequenzstörungen beeinflussen können und sich andererseits in Form eines Leitungsverlustes leistungsmindernd auswirken. Zum anderen hat die unzureichende Schirmung umgekehrt zur Folge, daß Powerline auch anfällig für externe Störungen durch fremde Funkstrahlungseinwirkungen wird.

Bei all diesen Überlegungen ist außerdem zu bedenken, daß ein gewisser Abstand der Powerline-Nutzfrequenz zur Netzfrequenz des Wechselstromes von 50 Hz eingehalten werden muß, um eine trennscharfe Datenübertragung überhaupt zu ermöglichen. Im Wesentlichen sind zwei technische Ansätze zur Übertragung von Daten über Stromleitungen denkbar: Die Chimney-Techniques und die Spread-Spectrum-Techniques.

I. Chimney-Techniques

Die sogenannten Chimney-Techniques[66] nutzen einen schmalbandigen Bereich des gesamten Frequenzspektrums, benötigen hierfür jedoch eine relativ hohe Übertragungsleistung zur Erzielung zufriedenstellender Datenübertragungsraten. Es wird also nur ein kleiner, klar begrenzter Frequenzbereich wirklich durch Powerline genutzt und der gesamte Rest des - zumindest theoretisch - zur Verfügung stehenden Frequenzspektrums durch technische Mittel ausgeklammert. Der genutzte Frequenzbereich hingegen wird mit einer relativ hohen Nutzfrequenz belegt. Es existieren also hierbei zwei Trägerfrequenzen auf ein- und derselben Leitung, die des Wechselstromes von 50 Hz und die wesentlich höhere

---

[66] Die Bezeichnung ist englisch und bedeutet übersetzt „Schornstein"; damit wird auf das Bild eines Oszillographen angespielt, auf dem sich das ungenutzte Frequenzspektrum als horizontale, ruhende Linie und der stark frequentierte tatsächlich genutzte Frequenzbereich als ein rechteckiges Signal darstellt, welches im rechten Winkel zur Nullinie absteht und das abstrakt einem Schornstein ähnlich sieht; vgl. auch Stamm, Entwicklungsstand und Perspektiven von Powerline Communication, S. 47.

Powerline-Trägerfrequenz, die quasi als roter Faden Bestandteil des Chimney-Frequenzbereiches ist.

Der Vorteil der Chimney-Techniques liegt auf der Hand: Indem eben nur ein kleiner Frequenzbereich genutzt wird, bleibt der ungenutzte Rest des Frequenzspektrums frei von jeglichen funktechnischen Störungen. Hand in Hand damit gehen jedoch zugleich zwei große Nachteile dieser Lösung. Durch die somit notwendig werdenden hohen Nutzfrequenzen entstehen in Verbindung mit der bereits erwähnten schwachen Leitungsabschirmung des Niederspannungsnetzes schmalbandige, aber hochfrequente Störquellen, die nicht nur eine punktförmige Charakteristik aufweisen, sondern sich durch die Leitungsführung linear, großflächig und nachhaltig auf die Nutzbarkeit des betroffenen Frequenzbandes auswirken. Im Regelfall wird die Nutzfrequenz und damit die Störemission derartig hoch sein, daß der betreffende Powerline-Anbieter eine entsprechende Frequenzzuteilung durch die Regulierungsbehörde für Telekommunikation und Post (RegTP) beantragen muß, da durch die emissionsmäßige Nachhaltigkeit der Frequenznutzung das Merkmal der Freizügigkeit im Sinne der NB 30[67] und damit der zuteilungsfreien Nutzung nicht mehr gegeben sein wird.

Frequenzen sind ein knappes, nicht vermehrbares Gut,[68] das ist spätestens seit der aufsehenerregenden Versteigerung der UMTS-Frequenzen[69] vom 31.07. bis 18.08.2000 und den damit verbundenen milliardenschweren Investitionen für die beteiligten Mobilfunkunternehmen deutlich geworden. Jede Frequenz kann zur gleichen Zeit innerhalb der Reichweite eines Senders oder Empfängers nur einmal genutzt werden. Insofern scheint es bereits aus diesem Blickwinkel heraus fraglich, ob die Chimney-Techniques das geeignete technische Mittel zum Betrieb eines zukunftsorientierten und innovativen Datenübertragungsverfahrens wie Powerline darstellen können.

Zum anderen sind derartige Modulationsverfahren auch in hohem Maße anfällig für Einflüsse durch externe Störquellen. Für den Fall, daß eine externe Störquelle in demselben Frequenzbereich wie die betroffene Powerline-Anlage arbeitet und somit gleichfrequente Störstrahlung emittiert, kann dies dazu führen, daß Datenpakete mehrfach übertragen werden müssen, weil sie durch externe Stör-

---

[67] Zur NB 30 vgl. die ausführliche Darstellung in Kap. 4.
[68] Vgl. Stamm, Entwicklungsstand und Perspektiven von Powerline Communication, S. 35.
[69] Zu UMTS und Elektrosmog vgl. Scherer/Schimanek, Jahrbuch des Umwelt- und Techniκrechts 2002, S. 295 (297 f.).

signale überlagert werden. In diesem Fall sinkt die effektive Übertragungsrate über die Stromleitungen rapide ab, und auch ein Totalausfall des Powerline-Systems bis zur Abschaltung der externen Störquelle ist denkbar.

II. Spread-Spectrum-Techniques

Das technische Gegenstück der Chimney-Techniques sind die Spread-Spectrum-Techniques. Es handelt sich hierbei um bandspreizende Modulationsverfahren, die nicht einen schmalen Bereich mit hoher Leistung beschicken, sondern die gleichzeitig große Teile des zur Verfügung stehenden Frequenzspektrums von etwa 150 kHz bis 30 MHz zur Datenübertragung ausnutzen. Hierbei verwenden sie jedoch meist nur sehr geringe Nutzleistungen. Dies führt dazu, daß die Störstrahlungsemissionen wesentlich geringer ausfallen als bei den Chimney-Techniques, so daß im Ergebnis auch keine Frequenzzuteilung erfolgen muß, da noch von einer freizügigen Nutzung gesprochen werden kann. Zusätzlich kann durch geeignete Steuerungssoftware eine Ausklammerung bestimmter Frequenzbereiche erfolgen. Auf diese Weise könnte man beispielsweise in den Küstenzonen die Frequenzen für den Seefunkverkehr aussparen, diese aber im küstenfernen Inland für PLC-Zwecke nutzen. Außerdem kann die Software jederzeit umprogrammiert werden, wenn beispielsweise regulatorische Änderungen durch den Gesetzgeber erfolgen oder bestimmte Frequenzen lokal einem hohen Einfluß durch externe Störquellen ausgesetzt sind. Auch die Ausfallsicherheit ist durch die Bandspreizung um ein Vielfaches höher als bei den Chimney-Modulationsverfahren. Selbst wenn in einem bestimmten Frequenzbereich schmalbandige Störer auftreten, so können diese Störungen dadurch kompensiert werden, daß der betroffene Frequenzbereich für die Dauer der Störung schlichtweg nicht genutzt wird. Statt dessen werden die zuvor im gestörten Bereich übertragenen Daten in einem anderen Frequenzbereich übertragen. Diese dynamischen Ausweichmöglichkeiten in Verbindung mit einer relativ niedrigen Störstrahlungsemission machen die Spread-Spectrum-Techniques zum Mittel der Wahl für viele Powerline-Anbieter.

Spread-Spectrum-Techniques wurden ursprünglich ausschließlich für den militärischen Gebrauch entwickelt. Durch ihre hohe spektrale Redundanz, also die Ausnutzung eines sehr großen Frequenzbereiches, sollten sie eine große Ausfallsicherheit garantieren.[70] Dieselbe Grundidee der stets in höchstem Maße

---

[70] Dostert, Powerline Kommunikation, S. 312.

sicherheitsbewußten Militärs war es, die schon in den 1960er Jahren zur Entwicklung des sogenannten ARPANET[71] geführt hatte, dem Prototypen und Vorläufer des heutigen Internet. Wieder einmal zeigt sich damit, daß auch teure und geheime militärische Entwicklungen - wenn auch zeitverzögert - im Zivilbereich von hohem Nutzen sein können.

Nachfolgend sollen die beiden wichtigsten Spread-Spectrum-Techniques überblickartig dargestellt werden, da sie die Kernpunkte der Powerline-Diskussion aus technischer Sicht darstellen. Es handelt sich um das CDMA- und das OFDM-Verfahren.[72]

1. CDMA

CDMA steht für Code Division Multiple Access. Eingesetzt wird es heute beispielsweise auch bei der Luftschnittstelle des gleichnamigen amerikanischen Mobilfunkstandards.[73] CDMA war das erste Modulationsverfahren, daß für PLC eingesetzt wurde. Die kanadische Firma Nortel Networks benutzte Anfang der 1990er Jahre amerikanische Mobilfunktelefone, reduzierte deren Sendeleistung und ließ die Geräte statt dessen über das Stromnetz kommunizieren. Später gründete man ein Joint Venture mit dem britischen Energieversorgungsunternehmen United Utilities und entwickelte die neue Technik weiter. Im September 1999 stieg Nortel aus der PLC-Technik aus, NorWeb wurde aufgelöst. Das ursprüngliche CDMA-Verfahren dürfte damit für die Powerline-Zukunft keine allzu bedeutende Rolle mehr spielen.

Das Verfahren existiert heute jedoch in Form von zwei gängigen Unterarten, nämlich als Direct-Sequence-CDMA (DS-CDMA) und als Frequency-Hopping-CDMA (FH-CDMA).

a)   Direct-Sequence-CDMA

Bei DS-CDMA handelt es sich um ein sogenanntes Einträgerverfahren, bei dem durch einen Spreizcode (divison code) verschiedene Sendesignale entlang ein- und desselben Trägersignals geführt werden können. Jeder Teilnehmer des Datenverkehrs auf der genutzten Leitung erhält somit einen eigenen Spreizcode.

---

71   Advanced Research Projects Agency Network des US-Verteidigungsministeriums.
72   Ein Kurzüberblick über die möglichen Übertragungsverfahren findet sich bei Zimmermann/Dostert, Funkschau 04/1998, S. 24.
73   Stamm, Entwicklungsstand und Perspektiven von Powerline Communication, S. 17.

Beim Senden werden die eigentlichen Informationssignale mit dem pseudozufälligen Spreizcode multipliziert und entlang des Trägersignales geführt. Beim Empfänger werden die eingehenden Daten dann wieder mit demselben Spreizcode überlagert, was zu einer Rückgewinnung des originalen Informationssignales führt.[74] Alle Teilnehmer können somit ohne großen Koordinierungsbedarf das gesamte vorhandene Frequenzspektrum nutzen. Allerdings erhöht jeder neu hinzukommende Teilnehmer das funktechnische Hintergrundrauschen für die bereits vorhandenen Teilnehmer. Die Wahrscheinlichkeit gegenseitiger Störungen steigt also mit zunehmender Teilnehmeranzahl. Veranschaulichen läßt sich dies, indem man sich einen Raum mit vielen Gesprächsteilnehmern vorstellt, von denen sich jeweils zwei in einer bestimmten Fremdsprache unterhalten. Ab einer gewissen Teilnehmerzahl wird die Kommunikation schwierig und dann endlich auch unmöglich.[75]

b) Frequency-Hopping-CDMA

Bei FH-CDMA wird der gesamte zur Nutzung vorgesehene Frequenzbereich in Teilbänder zerlegt. Während der Übertragung der Informationen wird in zufälliger Folge innerhalb eines Teilbandes die Frequenz geändert. Auf diese Weise werden mittels Frequency-Hopping zur Datenübertragung nicht nur zwei, sondern beispielsweise fünf oder mehr Frequenzen genutzt. Jedes Datenbit als Nutzinformation ist somit zeitgleich an fünf verschiedenen Stellen im aktuellen Frequenzspektrum präsent. Dies führt zu einer hohen Störresistenz und damit zu enormer Ausfallsicherheit, da selbst vollständige Auslöschungen einzelner Signale durch die zeitgleich übertragenen identischen anderen Signale kompensiert werden können.[76] Auch bei diesem Verfahren ist ein zeitgleicher Vielfachzugriff mehrerer Teilnehmer problemlos möglich, da jeder Teilnehmer sich in einem gesonderten Teilband bewegt und somit keine Störung der anderen mit sich bringt. Die maximale Anzahl der Teilnehmer ist somit im Endeffekt nur begrenzt durch die zur Verfügung stehenden Frequenzbänder und ihre jeweilige Bandbreite.

---

[74] Dostert, Powerline Kommunikation, S. 313; Kistner/Pauler, Funkschau 10/1999, S. 32.
[75] Dostert, Powerline Kommunikation, S. 313.
[76] Zum Frequency Hopping vgl. die ausführliche Darstellung bei Dostert, Powerline Kommunikation, S. 116 ff.; Kistner/Pauler, Funkschau 10/1999, S. 32.

2. OFDM

OFDM steht für Orthogonal Frequency Division Multiplexing. Auf diesem Verfahren basieren beispielsweise der digitale Hörfunkdienst DAB[77] und der digitale Fernsehdienst DVB[78]. OFDM wird unter anderem von dem Schweizer PLC-Modem-Hersteller Ascom und dem deutschen Hersteller Siemens verwendet.[79] Es handelt sich im Gegensatz zu dem soeben beschriebenen CDMA um ein Mehrträgerverfahren, bei dem das gesamte verfügbare Spektrum in zahlreiche, sehr schmale Subkanäle unterteilt wird. Multiplexing bedeutet in diesem Zusammenhang, daß der Datenstrom mit Hilfe einer größeren Anzahl von verschiedenartigen, jedoch relativ nahe zusammenliegenden Trägerfrequenzen parallel, also zeitgleich übertragen wird.[80] Die zu übertragende Information wird dabei aufgesplittet und jeder Teil davon einem bestimmten Träger aufmoduliert.[81] Durch die Schmalbandigkeit der einzelnen Teilkanäle ist sowohl die Signallaufzeit als auch die Dämpfung der Informationssignale annähernd gleich hoch, was die Kanalentzerrung, also die Demodulation beim Empfänger vereinfacht.[82] Durch die Nutzung verschiedener Trägerfrequenzen ähnelt OFDM damit in gewisser Hinsicht dem oben beschriebenen FH-CDMA. Die spektrale Effizienz, also die frequenzmäßig optimale Ausnutzung des genutzten Frequenzbereiches, ist bei OFDM bedingt durch das Multiplexing um den Faktor zwei besser als bei einem Einträgerverfahren.[83] OFDM-Verfahren für die hochbitratige Powerline-Kommunikation sollen im späteren Powerline-Alltag mehrere tausend Träger nutzen können. Ähnliche Frequenznutzungen mit bis zu 8000 Trägern existieren im übrigen auch schon bei ADSL,[84] von der generellen Praktikabilität einer solchen Modulation kann also sicher ausgegangen werden.

OFDM erlaubt es außerdem, die Störungscharakteristika der genutzten Frequenzbereiche in die Übertragungsplanung mit einzubeziehen. So können Teile

---

[77] Digital Audio Broadcasting.
[78] Digital Video Broadcasting; Dostert, Powerline Kommunikation, S. 316.
[79] Siemens hat zur CeBIT 2001 seinen vorläufigen Ausstieg aus der Powerline-Technik bekanntgegeben.
[80] Dostert, Powerline Kommunikation, S. 316 f.; Halldorsson/Dostert, Funkschau 06/1998, S. 56.
[81] Dostert, Powerline Kommunikation, S. 321.
[82] Dostert, Powerline Kommunikation, S. 317.
[83] Dostert, Powerline Kommunikation, S. 318.
[84] Asymmetric Digital Subscriber Line.

des Übertragungsbandes, die als störanfällig bekannt sind oder sich als solche erweisen, jederzeit entweder ganz von der Nutzung ausgenommen[85] oder anhand bestimmter Modulationsverfahren[86] mit geringerer, dafür aber fehlersichererer Datenrate von beispielweise nur einem Bit beschickt werden. Andere Teilbänder wiederum, die sich im praktischen Betrieb als relativ störfest und zuverlässig erweisen, können mit den entsprechenden Modulationsverfahren[87] mit höheren Datenraten von beispielsweise vier Bit genutzt werden.[88]

Die meisten der derzeit für die kommerzielle hochbitratige Powerline-Nutzung angedachten Übertragungskonzepte entsprechen ihrem Grundprinzip nach dem soeben beschriebenen OFDM-Verfahren, insbesondere auch wegen seiner Robustheit gegen impulsförmige Netzstörer.[89] Dennoch ist noch eine Vielzahl technischer Probleme zu lösen, bevor Powerline über OFDM in das Stadium der Marktreife gelangen kann. Insbesondere die gegenseitige Beeinflussung benachbarter Teilkanäle, die sogenannte Inter Channel Interference (ICI), und die Überlagerung nacheinander gesendeter Symbole durch mangelnde beziehungsweise fehlerhafte Synchronisierung des Datenstromes zwischen Sender und Empfänger, die sogenannte Inter Symbol Interference (ISI), stellen die Fachleute derzeit noch vor Probleme. Ein denkbarer Lösungsansatz scheint sich dahingehend anzubieten, daß man zwischen den Informationssignalen Pausen einfügt, die Schutzintervalle genannt werden.[90] Durch Fehlerkorrekturmechanismen auf störbehafteten Systemen verringert sich jedoch stets auch die effektive Datenrate. Auch wenn sich die Minderung nur etwa im Bereich von zehn Prozent bewegt, so widerspricht dies doch dem Bestreben der Techniker nach möglichst optimaler Frequenzeffektivität, sprich möglichst hohem Datendurchsatz.

---

[85] Zur Ausblendung schmalbandiger Störer ausführlich Halldorsson/Dostert, Funkschau 06/1998, S. 61.
[86] Hierfür bietet sich beispielsweise das Modulationsverfahren 16-QAM an; vgl. Dostert, Powerline Kommunikation, S. 321.
[87] Für derartige hochbitratige, jedoch schmalbandige Datenübertragungen hat sich die binäre Phasensprungmodulation BPSK (Binary Phase Shift Keying) als besonders geeignet erwiesen. Vgl. dazu ausführlich Dostert, Powerline Kommunikation, S. 108 ff.
[88] Ausführlich zu den einzelnen Übertragungsverfahren Waldeck, Einzel- und Mehrträgerverfahren für die störresistente Kommunikation auf Energieverteilnetzen, 1999.
[89] Dostert/Halldorsson, Funkschau 06/1998, S. 59.
[90] Dostert, Powerline Kommunikation, S. 329; näher zur Schutzintervall-Technik Dostert/ Halldorsson, Funkschau 06/1998, S. 57 f.

C. Störungswirkungen auf Funkdienste

Nachdem nunmehr im Wege einer Einführung die übliche Topographie des Stromverteilnetzes sowie die zur Verfügung stehenden Übertragungsverfahren für Nutzsignale über das Stromnetz dargelegt worden sind, soll erörtert werden, ob und inwiefern sich die Powerline-Datenübertragung störend auswirken kann. Dazu ist zunächst die Gruppe derjenigen einzugrenzen, die zumindest theoretisch von elektromagnetischen Powerline-Emissionen betroffen werden können. Anschließend soll versucht werden, anhand der bisher durchgeführten technischen Messuntersuchungen ein möglichst genaues Bild des tatsächlichen Störpotentiales der Powerline-Technologie zu zeichnen.

I. Betroffene Frequenzbereiche und deren derzeitige Nutzung

Für die hochbitratige Datenübertragung über Stromleitungen werden Frequenzen im Bereich von knapp unter einem MHz bis hin zu 30 MHz benötigt. Grundsätzlich gilt die Faustregel, daß die effektive Datenübertragungsrate sich mit steigender Frequenz erhöht. Eine höhere Anzahl an Signalschwingungen pro Sekunde führt somit zu einem ebenfalls höheren übertragbaren Datenvolumen in derselben Zeitspanne.

Um einen Überblick über alle funktechnisch verfügbaren Frequenzbereiche und ihre zumindest generell intendierte Nutzung zu erhalten, ist der Frequenzbereichszuweisungsplan ein guter Anhaltspunkt. Der Frequenzbereichszuweisungsplan ist als Anhang A Bestandteil der Frequenzbereichszuweisungsplanverordnung (FreqBZPV), die die Bundesregierung auf Grund der Ermächtigung in § 45 Abs. 1 S. 1 TKG erlassen hat. Er enthält eine nach Frequenzbereichen aufsteigend sortierte Liste mit derzeit 457 voneinander getrennten Bereichen und schreibt fest, welcher Frequenzbereich welchem Funkdienst zugewiesen ist.[91] Der regulierte Frequenzbereich reicht hierbei von 9 kHz bis 275 GHz.

Der für Powerline relevante Bereich oberhalb von 148,5 kHz[92] bis 30 MHz entspricht den laufenden Nummern 18 bis 166 des Frequenzbereichszuweisungsplanes. Indem jeder so numerierte Frequenzbereich mindestens einem Funk-

---

[91] Nähere Erläuterungen zur Frequenzverwaltung und -vergabe in Deutschland finden sich in Kap. 4.
[92] Dies ist die Obergrenze des sogenannten CENELEC-Bandes. Nähere Erläuterungen dazu finden sich in Kap. 2 und 4.

dienst primär zugewiesen ist, kommen mindestens 148 Funkdienste in Betracht, die durch die Kommunikation über Stromleitungen zumindest theoretisch funktechnisch beeinträchtigt werden können. Im wesentlichen sind dies folgende Funkdienste:

- Navigationsfunkdienste (Seenavigation, Flugnavigation)
- nichtnavigatorische Ortungsfunkdienste
- Rundfunkdienste
- mobile See-, Land- und Flugfunkdienste
- feste Funkdienste
- Mobilfunkdienste
- Amateurfunkdienste, Amateurfunkdienste über Satelliten
- Wetterhilfen-, Radioastronomie- und Weltraumforschungsfunkdienste
- Normalfrequenz- und Zeitzeichenfunkdienste

Die Betrachtung konzentriert sich vor allem aus Gründen der praktischen Relevanz zunächst nur auf nicht-mobile Funkdienste. Die Einbeziehung auch mobiler Funkdienste in die Untersuchung erscheint derzeit nicht ratsam, da die funktechnischen Versorgungsbedingungen bei mobilen Funkdiensten stetig veränderlichen Bedingungen unterworfen sind, da die ebenfalls mobilen Endgeräte nicht an einem festen Ort unter gleichbleibenden funktechnischen Bedingungen betrieben werden, so daß bereits aus technischer Sicht kaum klare Aussagen über das tatsächliche elektromagnetische Störszenario gemacht werden können. Im übrigen dürfte es auch an praktischer Relevanz fehlen, denn auf hoher See oder in mehreren Kilometern Höhe sind die Störstrahlungen von Powerline-Anlagen im Niederspannungsnetz - und um sie alleine geht es hier - ohnehin nicht oder kaum mehr meßbar. Gleiches gilt für die Navigations- und Ortungsfunkdienste sowie für die Mobilfunkdienste.[93] Sobald an einem Funkdienst eine mobile Komponente beteiligt ist, sei es als Sender, Empfänger oder beides, führen die steten Schwankungen der funktechnischen Versorgungssituation dazu, daß für eine fundierte juristische Betrachtung keine echte Grundlage mehr besteht. Es

---

[93] Unter Mobilfunkdiensten im Bereich bis 30 MHz sind nicht die bekannten Handy-Netzbetreiber wie T-Mobil oder Vodafone zu verstehen, sondern sonstige mobile Funkdienste wie beispielsweise der sogenannte CB-Funk. Die Handy-Mobilfunkdienste arbeiten im für Powerline ohnehin nicht relevanten Frequenzbereich von rund 900 MHz (D-Netze, sogenannter GSM-900-Standard) beziehungsweise 1800 MHz (E-Netze, sogenannter GSM-1800-Standard). Im amerikanischen Raum arbeiten Mobiltelefone zumeist im Bereich um 1900 MHz, weshalb die üblichen in Deutschland erhältlichen Geräte in den USA nicht funktionieren.

handelt sich also hierbei aufgrund der genannten Unwägbarkeiten eher um für Techniker als für die Juristerei interessante Forschungsgebiete.

Die Untersuchung konzentriert sich daher auf diejenigen Funkdienste, die für jeweils größere Bevölkerungsgruppen besondere Bedeutung haben. Dies sind zum einen die Rundfunkdienste und zum anderen der Amateurfunkdienst.

1. Betroffene Rundfunkdienste

Im Rundfunkbereich existieren vier verschiedene Wellenbereiche, die jeweils unterschiedliche Charakteristika besitzen: Lang-, Mittel-, Kurz- und Ultrakurzwelle.

a) Langwelle

Beginnt man mit der Betrachtung der potentiell durch Powerline gestörten Rundfunkdienste bei den niedrigen Frequenzen, so ist als erstes der Langwellenrundfunk betroffen. Als Langwelle bezeichnet man in der Nachrichten- und Rundfunktechnik den Frequenzbereich von 30 - 300 kHz. Innerhalb dieses Spektrums wiederum befindet sich der dem Langwellenrundfunk zugewiesene Frequenzbereich von 148,5 bis 283,5 kHz.[94] Langwellen breiten sich vor allem tagsüber regelmäßig als Bodenwellen aus, nachts lösen sie sich aber auch aus dem erdnahen Bodenraum und können dann sogar bis in die Ionosphäre gelangen. Durch die enorme Wellenlänge von etwa 5000 km sind sie somit für die Übertragung zwar relativ geringer Informationsmengen, dafür aber über sehr hohe Entfernungen geeignet. Somit kann beispielsweise von einer einzigen Sendestation aus ein ganzes Land versorgt werden.[95] Diese Wellenart kommt daher fast ausschließlich im Bereich Navigations-, See- und Flugfunk zum Einsatz. Als klassischer Rundfunkträger sind Langwellen selten geworden, schwerpunktmäßig findet ein derartiger Einsatz nur noch im Mittelmeerraum, in den ehemaligen Sowjetrepubliken, der Mongolei, Asien und Teilen von Europa

---

[94] Dies entspricht den lfd. Nummern 18 und 19 des Frequenzbereichszuweisungsplanes, der den zitierten Frequenzbereich dem Rundfunkdienst primär zuweist.
[95] Berühmt sind beispielsweise die Langwellensender von RTL mit Standort in Junglinster und Beidweiler (beides Luxemburg). Mit einer Sendeleistung von heute 2000 kW kann der gesamte mitteleuropäische Raum mit dem französischsprachigen Programm von RTL versorgt werden.

statt.[96] Langwellen sind jedoch auch von militärischer Bedeutung, da sie als einzige elektromagnetische Wellen in der Lage sind, in Wasser - wenn auch nur bis zu einer bestimmten Tiefe - einzudringen. Dies macht es beispielsweise möglich, U-Boote via Langwellenfunk mit Informationen zu versorgen, wobei jedoch meist Wellen mit sehr niedriger Frequenz genutzt werden.[97] Als Übertragungsverfahren kommt im Bereich der Langwelle die Amplitudenmodulation (AM) zum Einsatz.

b) Mittelwelle

Das von den sogenannten Mittelwellen genutzte Frequenzband liegt zwischen 300 kHz und 3 MHz. Das dem klassischen Rundfunkdienst innerhalb dieses Bereiches zugewiesene Frequenzfenster reicht gemäß Frequenzbereichszuweisungsplan von 526,5 kHz bis 1,6065 MHz.[98] Auch Mittelwellen breiten sich vorrangig als Bodenwellen, daneben aber auch als Reflexionen an der Ionosphäre aus. Die Wellenlänge von Mittelwellen liegt zwischen 100 und 1000 m. Mittelwellen sind aufgrund ihrer höheren Frequenz für die Übertragung von Musik und Sprache hinlänglich geeignet, zumal sich durch ihre meist bodengebundene Ausbreitungscharakteristik nur wenige Versorgungslücken ergeben. Die Wellen können beispielsweise auch enge Bergtäler erreichen. Für eine qualitativ hochwertige Stereo-Ausstrahlung hat diese Wellenart jedoch nicht genügend Kapazität, so daß Ausstrahlungen nur in Mono möglich sind. Die Reichweite eines Mittelwellensenders beträgt etwa 1500 km, auch hierbei erfolgt die Übertragung mittels AM.

c) Kurzwelle

Als sogenanntes Kurzwellenband wird der Frequenzbereich von 3 bis 30 MHz bezeichnet. Für den Rundfunkdienst stehen in Deutschland folgende Bänder beziehungsweise Frequenzbereiche[99] zur Verfügung:

---

[96] Eine Auflistung von Langwellen-Rundfunksendern mit Senderstandort, Betriebsfrequenz und Sendeleistung findet sich im Internet unter [http://members.aon.at/wabweb/radio/ lw.htm].
[97] Meist unter 30 kHz.
[98] Vgl. auch hier die primäre Zuweisung durch den Frequenzbereichszuweisungsplan, lfd. Nr. 28.
[99] Dies entspricht den lfd. Nummern 58, 74, 75, 81, 82, 89, 90, 100, 101, 102, 110, 111, 112, 120, 121, 127, 128, 135, 143 und 161 des Frequenzbereichszuweisungsplanes.

3950 -	4000 kHz	5900 -	6200 kHz
7100 -	7350 kHz	9400 -	9900 kHz
11600 -	12100 kHz	13570 -	13870 kHz
15100 -	15800 kHz	17480 -	17900 kHz
18900 -	19020 kHz	21450 -	21850 kHz
25670 -	26100 kHz		

Kurzwellen haben eine Wellenlänge von zehn bis 100 m. Sie breiten sich nicht wie die vorgenannten Wellenarten am Boden, sondern als Raumwellen und als Reflexionen an der Ionosphäre aus. Die Kurzwelle ist grundsätzlich für die Überbrückung beliebiger Entfernungen geeignet. Sie ist aufgrund ihrer andersartigen Ausbreitungscharakteristik insoweit nicht mit den oben genannten Lang- und Mittelwellen vergleichbar. Kurzwellenfrequenzen waren früher ein knappes Gut, da im internationalen See- und Flugverkehr viele Funkverbindungen über Kurzwelle abgewickelt wurden. Im Zeitalter der Satellitenkommunikation verliert die Kurzwelle jedoch in diesem Bereich zunehmend an Bedeutung. Im klassischen Rundfunkbereich jedoch wird die Kurzwelle nach wie vor zur Übertragung von Audio-Inhalten stark genutzt. Eine große Anzahl von internationalen Radiostationen übertragen beispielsweise deutschsprachige Programme in die ganze Welt.[100] Auch bei der Rundfunkübertragung auf Kurzwellen wird AM als Modulationsverfahren genutzt.

d) Ultrakurzwelle

Das Frequenzband für die sogenannten Ultrakurzwellen (UKW) befindet sich zwischen 30 und 300 MHz. Innerhalb dieses Bandes sind die Frequenzen von 87,5 bis 108 MHz für den klassischen Rundfunkdienst vorgesehen.[101] Die Wellenlänge beträgt zwischen einem und zehn Metern, und im Unterschied zu allen vorangegangenen Wellenbereichen wird bei UKW-Übertragungen stets die sogenannte Frequenzmodulation (FM) als Übertragungsverfahren eingesetzt. Die

---

[100] Beispiele: Bayerischer Rundfunk, Südwest Radio, Radio Österreich International, Deutsche Welle, Radio Japan, Radio Prag, Radio Teheran, Radio Armenien, Slowenischer Rundfunk, Radio Bulgarien, Radio Malta, Radio Polen, Radio Budapest, Radio Slowakia, Station Rußland, KOL Israel, Radio Korea, Radio Ukraine, Radio Tirana, Radio Ankara, Radio Indonesien, Radio Damaskus.
[101] Lfd. Nr. 184 des Frequenzbereichszuweisungsplanes.

Ultrakurzwelle stellt heute das am meisten genutzte Trägermedium für die gängige Übertragung von Hörfunksendungen dar. Fast alle Rundfunksender, die auch den breiten Bevölkerungsschichten bekannt sind, senden über UKW. Bereits anhand der hohen Frequenzen wird jedoch deutlich, daß UKW-Sender außerhalb desjenigen Frequenzbereiches arbeiten, der von Powerline-bedingten Störstrahlungsemissionen beeinträchtigt wird. Der von Powerline derzeit genutzte Frequenzbereich reicht bis maximal 30 MHz. Auswirkungen auf die Aussendung oder den Empfang von UKW-Rundfunkprogrammen durch Powerline sind somit generell nicht zu befürchten.

Insoweit kann also die Ultrakurzwelle im Rahmen der Untersuchung außer Betracht bleiben.

e) Zusammenfassung

Es bleibt somit festzuhalten, daß durch Powerline nur Rundfunkdienste im Bereich der Lang-, Mittel- und Kurzwelle betroffen sein können, während UKW-Rundfunkdienste aufgrund ihrer hohen Nutzfrequenzen einer Beeinträchtigung nicht ausgesetzt sind. Das Institut für Rundfunktechnik (IRT[102]), das Forschungs- und Entwicklungsinstitut der öffentlich-rechtlichen Rundfunkanstalten in der Bundesrepublik Deutschland, befürchtet erhebliche Beeinträchtigungen des Rundfunkempfangs auf den Lang-, Mittel- und Kurzwellenfrequenzen durch die Powerline-Technik. Auch wenn diese Rundfunkdienste heute nur noch von einer stetig kleiner werdenden Gruppe genutzt werden, schätzt das IRT diese Frequenzen im Hinblick auf die informationelle Grundversorgung der Bevölkerung als sehr wichtig ein. Störungen im Zusammenhang mit Powerline werden vom IRT nicht nur durch die Abstrahlungen der meist ungeschirmten Leitungen, sondern auch über die Stromversorgungszuleitungen der Rundfunkempfänger erwartet. Das IRT lehnt daher eine freizügige Frequenznutzung im Sinne von § 45 Abs. 1 TKG und der NB 30 ab.[103]

---

[102] [http://www.irt.de].
[103] Vgl. Kommentierung des IRT zur Mitteilung Nr. 1/1999 der RegTP im ABl. 1/1999 vom 08.02.1999 (Jürgen Mielke), S. 5; Kistner/Pauler, Funkschau 10/1999, S. 31; Stamm, Entwicklungsstand und Perspektiven von Powerline Communication, S. 42.

2. Betroffenheit des Amateurfunkdienstes

Neben den Rundfunkdiensten existiert eine zweite Art der Frequenznutzung, die wie die Rundfunkdienste von größeren und privaten Bevölkerungsgruppen genutzt wird beziehungsweise grundsätzlich genutzt werden kann, und die aufgrund der ihr zugewiesenen Frequenzen von Powerline-Emissionen beeinträchtigt werden kann: Der Amateurfunkdienst.

a) Betroffene Frequenzbereiche

Der Frequenzbereichszuweisungsplan sieht die folgenden Bänder[104] für eine Nutzung durch Amateurfunker vor, wobei die Darstellung aus den genannten Gründen nur bis 30 MHz erfolgt:

1810 - 1890 kHz	3500 - 3800 kHz	7000 - 7100 kHz
10100 - 10150 kHz	14000 - 14350 kHz	18068 - 18168 kHz
21000 - 21450 kHz	24890 - 24990 kHz	28000 - 29700 kHz

Die Frequenzen in der Tabelle gehören ihrer Klassifikation nach fast ausnahmslos zum bereits oben näher beschriebenen Kurzwellenbereich. Lediglich der Frequenzblock von 1810 - 1890 kHz ist dem Mittelwellenbereich zuzurechnen. Für die juristische Betrachtung ergibt sich hinsichtlich der physikalischen Frequenzen zunächst kein Unterschied im Hinblick auf die Rundfunkdienste. Jeder Amateurfunkbetrieb im Bereich der genannten Frequenzen ist damit grundsätzlich geeignet, von Powerline-Störstrahlungen beeinträchtigt zu werden. Im Vergleich zum Rundfunkdienst ergibt sich ein Unterschied jedoch insoweit, als daß der Amateurfunkdienst ein bidirektionales Medium darstellt. Soweit der einzelne Amateurfunker lediglich Zuhörer[105] ist, ist er aus juristischer Sicht mit dem

---

[104] Dies entspricht den laufenden Nummern 33, 34, 55, 80, 95, 114, 115, 132, 142, 153 und 165 des Frequenzbereichszuweisungsplanes. Seit Januar 1999 ist Inhabern der Amateurfunkklasse 1 auch noch ein Frequenzbereich innerhalb der Langwelle, und zwar von 135,7 bis 137,8 kHz, zugewiesen worden. Dieser Bereich ist jedoch für den Amateurfunk ohnehin nur mit speziellen digitalen Prozessortechniken nutzbar, so daß der Langwellen-Amateurfunk hier außer Betracht bleiben soll.

[105] Zwar ist es in den Amateurfunkbändern auch möglich und erlaubt, Fernsehübertragungen durchzuführen (sogenanntes ATV = Amateurfunk-TV), jedoch eignen sich dafür erst Frequenzen ab etwa 430 MHz. Für diese Untersuchung ist der Amateurfunker somit nur in seiner Rolle als Sender und Empfänger von Sprach- und Dateninhalten interessant.

Hörer eines Radio-Rundfunksenders direkt vergleichbar. Ein bloßes Zuhören ohne eigenen, aktiven Eingriff in den Frequenz- und Sendebetrieb ist in Deutschland auch ohne Prüfung oder Lizenzerwerb erlaubnisfrei möglich. Soweit jedoch der Amateurfunker auch aktiv am Sendebetrieb teilnimmt, also selbst funkt, unterscheidet er sich vom „stummen" Radiohörer. Die aktiven Amateurfunker bilden aber die Mehrheit der deutschen Amateurfunkgemeinde. Damit können elektromagnetische Störstrahlungen, die von Powerline-betriebenen Stromleitungen ausgehen, den Amateurfunker nicht nur am Empfang von Funksendungen, sondern möglicherweise auch am Aussenden derselben behindern.

b) Zusammenfassung

Im Hinblick auf den Amateurfunkdienst in Deutschland ist somit festzuhalten, daß auch hier Störungen und Beeinträchtigungen zumindest physikalisch möglich erscheinen, soweit Frequenzbänder unterhalb von 30 MHz zum Sende- oder Empfangsbetrieb genutzt werden.

Der Runde Tisch Amateurfunk (RTA), eine Interessenvertretung der deutschen Funkamateure, der Deutsche Amateur-Radio-Club (DARC[106]) und die Arbeitsgemeinschaft Zukunft Amateurfunkdienst (AGZ[107]) setzen sich dafür ein, daß die von den Amateurfunkern genutzten Frequenzen von einer freizügigen Nutzung beispielsweise durch Powerline ausgenommen werden. Alternativ sollen die Grenzwerte der NB 30 nochmals um mindestens 30 Dezibel (dB) gesenkt werden.[108] Hierbei beruft man sich vor allem auf das *argumentum e contrario*, daß die von sicherheitsrelevanten Funkdiensten[109] genutzten Frequenzbereiche von der NB 30 von vornherein einer freizügigen Nutzung entzogen wurden, woran zu ersehen sei, daß der Gesetzgeber selbst ebenfalls mit Störungen auch bei Einhaltung der NB 30 rechne.[110] Außerdem fordern sie eine zeitliche Befri-

---

[106] [http://www.darc.de].
[107] [http://www.agz-ev.de].
[108] Vgl. dazu die Stellungnahme der AGZ zu den vorgesehenen Grenzwerten der Störfeldstärke für kabelgebundene TK-Anlagen und -Netze vom 27.02.1999 (Ralph Schorn), S. 10 f.; Diskussionspapier von RTA und DARC zur Problematik von Powerline Communication vom 03.10.2000; Stamm, Entwicklungsstand und Perspektiven von Powerline Communication, S. 43.
[109] Hierunter fallen auch die Funkdienste von Behörden und Organisationen mit Sicherheitsaufgaben (sogenannte BOS-Funkdienste).
[110] Vgl. Stamm, Entwicklungsstand und Perspektiven von Powerline Communication, S. 43.

stung der NB 30, da sich die tatsächlichen Störungen erst mit einer flächendeckenden Einführung von Powerline zeigen würden. Auf diese Weise könnten später erneute Abwägungen getroffen werden.

Die vorgebrachten Argumente können nicht überzeugen. Die Ausnahme der Frequenzen sicherheitsrelevanter Funkdienste von einer freizügigen Nutzung impliziert nicht zwangsläufig, daß der Verordnungsgeber bei der Verabschiedung der NB 30 tatsächlich auch mit Funkstörungen rechnete. Er hielt sie lediglich für technisch möglich. Bei einer neuen Art und Weise der Frequenznutzung, nämlich der Freizügigkeit, ist von einem verantwortungsvollen Normgeber am Anfang immer mit Unwägbarkeiten zu rechnen. Um das Risiko der neuen Frequenznutzungssituation aber überschaubar zu halten, hat man sich für eine beschränkte Freizügigkeit entschieden. Als Beschränkung wurden dabei diejenigen Frequenzbereiche ausgenommen, in denen Funkstörungen zu nicht absehbaren Konsequenzen für die Öffentlichkeit führen könnten. Dies kann als das Ergebnis einer leicht nachvollziehbaren Interessenabwägung der Nutzer und Nutznießer der sicherheitsrelevanten Funkdienste und der Amateurfunkdienste angesehen werden.

Die Gemeinde der Amateurfunker muß einsehen, daß ein funktionierender Polizei-, Rettungs- und Flugsicherheitsfunk aus Gründen der öffentlichen Sicherheit Vorrang vor der ungestörten privaten Funkverbindung eines Amateurfunkers haben muß. Der maximal zu erwartende potentielle Schaden wäre bei einer gestörten Verbindung eines sicherheitsrelevanten Funkdienstes wesentlich größer als bei einer gestörten Amateurfunkverbindung. Leitgedanke des Verordnungsgebers war somit, unter Wahrung einer ohnehin jederzeit vorhandenen späteren Nachbesserungsmöglichkeit im Hinblick auf den möglicherweise gestörten Amateurfunk negative Auswirkungen für breite Bevölkerungskreise bereits im Keim zu verhindern.

Eines der Hauptargumente der Amateurfunker gegen die NB 30 ist also, daß ihr Funkdienst nicht von Anfang an mit der gleichen Wertigkeit wie die sicherheitsrelevanten Funkdienste behandelt wurde. Hierin zeigt sich eine klare Überschätzung des juristischen Stellenwertes des eigenen Funkdienstes. Der Verordnungsgeber hat außerdem auch zu jeder Zeit nachträglich die Möglichkeit, bei auftretenden Störungen des Amateurfunkdienstes die NB 30 den veränderten Gegebenheiten anzupassen. Daher ist auch eine fehlende zeitliche Befristung der NB 30 nicht von Nachteil.

Insbesondere die funktechnische Realität gibt dem Verordnungsgeber mittlerweile recht, denn bisher sind im praktischen Betrieb bei den Feldversuchen der verschiedenen PLC-Anbieter mit Hunderten von Teilnehmern keine negativen Auswirkungen von Powerline auf den Amateurfunkdienst bekannt geworden. Eigens hierfür durchgeführte Untersuchungen[111] brachten ebenfalls keine Anhaltspunkte für eine praktische Störungswirkung von Powerline auf den Amateurfunkdienst.

II. Störpotential von Powerline

Nachdem zuvor der Rundfunkdienst im Bereich der Lang-, Mittel- und Kurzwelle sowie der Amateurfunkdienst als in technischer Hinsicht potentiell störanfällige Funkdienste aufgezeigt wurden, soll nunmehr dargelegt werden, wie sich derartige Störungen in der Praxis auswirken könnten.

Zum Störpotential von Powerline wurden bereits technische Untersuchungen durchgeführt, die sich jedoch ausschließlich mit der physikalisch-meßtechnischen Seite von PLC-Beeinträchtigungen beschäftigten.

Ein Teil der Untersuchungen beruht ausschließlich auf physikalischer Theorie, das heißt auf reinen Berechnungen ohne den Einbezug praktisch gewonnener Meßergebnisse. Im Hinblick auf die oben erläuterten Rundfunkdienste wird hierbei unter anderem festgestellt, daß Powerline bereits bei Inbetriebnahme eines einzelnen punktförmigen Strahlers zu einer erheblichen Beeinträchtigung des Rundfunkempfangs führen könne. Störungen beim Empfang von Mittelwellen-Rundfunk seien demnach noch bis zu einem Abstand von 43 Metern von der Strahlungsquelle möglich, der Kurzwellenrundfunk werde sogar bis zu einem Abstand von 64 Metern gestört.[112] Neben der direkten Funkstöreinstrahlung durch die Powerline-Emissionen wurden weiterhin auch die frequenzstörenden Einflüsse durch Einströmungen über die Netzanschlußleitungen als mögliche Quelle von Empfangsbeeinträchtigungen ausgemacht. Dies alles führe zu dem

---

[111] Siehe unten.
[112] Berechnungen des Instituts für Rundfunktechnik (IRT), Sachgebiet Rundfunkübertragungssysteme, in: Kommentierung vom 08.02.1999 zur Mitteilung Nr. 1/1999 der RegTP.

Schluß, daß die freizügige Nutzung von Frequenzen in den genannten Rundfunkfrequenzbereichen abgelehnt werden müsse.[113]

Es wurden jedoch auch praktische Untersuchungen über das Störpotential von Powerline durchgeführt. Eine von der RegTP in Auftrag gegebene Studie[114] hat hierbei gezeigt, daß bereits bei einem mit relativ niedriger Leistung gespeisten Versuchsaufbau die bisher geltenden Grenzwerte überschritten wurden.[115] Die stärksten Störungen traten dabei entlang der Stromleitungen auf, die mit Powerline betrieben wurden. Die Netzanschlußleitungen von ausgeschalteten einphasigen Verbrauchern wie beispielsweise Leuchtstoffröhren erwiesen sich als störungsverstärkend. Somit erscheint also auch eine störende Auswirkung auf den Rundfunkempfang grundsätzlich und jederzeit möglich.

Im Hinblick auf den Amateurfunkdienst wurden ähnliche - jedoch wiederum rein theoretische - Berechnungen angestellt. So seien im Amateurfunk-Kurzwellenband Störungen möglich, die in ihrer Feldstärke dem aktuellen Nutzsignal entsprächen oder sogar darüber liegen könnten.[116] Dies bedeute im Ergebnis eine Überlagerung der Amateurfunkfrequenzen mit Powerline-Störungen,[117] also eine - zumindest mögliche - Unbrauchbarkeit der betroffenen Frequenzen für den Amateurfunk.

Praktische Untersuchungen wurden hierüber ebenfalls durchgeführt.[118] Hierzu wurden in Wohngegenden, die von den Energieversorgern im Rahmen der bereits angesprochenen Feldtests mit Access-Powerline versorgt wurden, Amateur-

---

[113] Vgl. hierzu die Zusammenfassung der IRT-Kommentierung von Kistner/Pauler, Funkschau 10/1999, S. 31.
[114] Zu den Ergebnissen vgl. die Zusammenfassung im „Abschlußbericht zur Powerline-Studie" der Gesellschaft für Wissens- und Technologietransfer der TU Dresden mbH vom 27.01.2000, dort insbes. S. 101 ff.
[115] Vick, Funkschau 25/1999, S. 72 f.
[116] Stellungnahme der Arbeitsgemeinschaft Zukunft Amateurfunkdienst vom 27.02.1999 zur Frequenzbereichszuweisungsplanverordnung.
[117] Zu ähnlichen Ergebnissen kommen die Berechnungen hinsichtlich des Langwellen-Amateurfunks. Hier seien mit herkömmlichen Funktechniken nur noch Reichweiten von etwa 32 km möglich (vgl. Stellungnahme der AGZ, S. 9). Jedoch ist der Langwellen-Amateurfunk ohnehin nur wenig verbreitet, so daß die praktische Relevanz derartiger PLC-Störungen sehr gering ist.
[118] Insbesondere erwähnenswert ist die CETECOM-Studie „Beeinflußbarkeit des Funkamateurempfangs durch Powerline", vgl. hierzu den Prüfbericht Nr. 4-0501/01-1-2 vom 06.12.2001.

funkanlagen aufgebaut und deren Beeinflussung durch PLC getestet.[119] Hierbei lautete das eindeutige Ergebnis, daß in keinem der untersuchten Amateurfunkbänder[120] Störungen durch den PLC-Betrieb meß- oder hörbar waren. Selbst ein Anstieg des immer vorhandenen atmosphärischen Grundrauschens als grundsätzlich niedrigster Störlevel wurde nicht beobachtet.[121]

III. Zusammenfassung

Es wird nach all dem deutlich, daß zwar einerseits theoretische Berechnungen und praktische Untersuchungen ein enormes Gefahren- und Störungspotential durch Powerline aufweisen, andererseits aber auch teilweise Meßergebnisse vorliegen, die - wie im Fall des Amateurfunks - keine negativen Beeinflussungen durch PLC feststellen konnten.

Diese Ergebnisse relativieren sich jedoch etwas vor dem ihnen zugrundeliegenden physikalischen Hintergrund. Die Beurteilung eines Störszenarios unterliegt auch bei einem ortsfesten Betrieb permanenten Schwankungen. Im Amateurfunkbereich spielen beispielsweise Sonnenflecken-Aktivitäten als wichtige Voraussetzung für gute Verbindungen eine große Rolle, und die atmosphärischen Störszenarien verändern sich ebenfalls häufig. Jegliche Art von meßtechnischer Untersuchung kann also nur eine Momentaufnahme darstellen, jede theoretische Störungsberechnung kann von den praktischen Gegebenheiten an verschiedenen Orten massiv abweichen. Letztendlich müssen sich theoretische Berechnungen aber in der Rechtswirklichkeit immer den praktischen Meßergebnissen beugen. Eine nur theoretisch-rechnerisch aufgezeigte Möglichkeit funktechnischer Störungen durch Powerline kann nicht als rechtlich relevante Tatsachengrundlage für die Beurteilung der weiteren Vorgehensweise herangezogen werden, solange in der Rechtspraxis keine tatsächlichen Störungswirkungen auftreten.

Diese Tatsachen führen sowohl hinsichtlich der Empfangbarkeit von Rundfunkdiensten als auch hinsichtlich der Nutzbarkeit von Amateurfunkbändern zu dem der Planungssicherheit wenig zuträglichen Ergebnis, daß sichere physikalische Aussagen über die Störung dieser Frequenzen durch Powerline solange nicht

---

[119] Zum Versuchsaufbau vgl. Rebmann, Funkschau 04/2002, S. 56.
[120] Rebmann, Funkschau 04/2002, S. 58.
[121] Rebmann, Funkschau 04/2002, S. 57.

gemacht werden können, solange Powerline nicht dauerhaft und flächendeckend in Betrieb ist.

Für eine juristische Untersuchung jedoch reichen die bisher durchgeführten Untersuchungen jedenfalls aus, um zumindest ein hinreichend großes, wenn auch weitestgehend nur theoretisches Störpotential von Powerline festzustellen, das geeignet ist, auch rechtlich relevante Beeinträchtigungen von einer gewissen Intensität und Dauer hervorzurufen. Damit stellt sich bereits in diesem frühen Stadium der technischen Entwicklung, lange vor einer breiten Markteinführung, die Frage nach den rechtzeitigen juristischen Weichenstellungen.

In den nachfolgenden Kapiteln werden daher zunächst die im Zusammenhang mit Powerline relevanten rechtlichen Rahmenbedingungen und -vorschriften dargestellt. Im Anschluß hieran wird untersucht, ob und inwieweit Powerline zu rechtlich relevanten Beeinträchtigungen führen kann.

KAPITEL 4
Rechtsgrundlagen

A. Frequenzverwaltung in der Bundesrepublik Deutschland

Die in Kapitel 3 dargestellten verschiedenen Powerline-Modulationsverfahren, und hier insbesondere das für die derzeitigen PLC-Anwendungen weit verbreitete OFDM-Verfahren, nutzen zur Übermittlung der zusätzlichen Daten über die Stromleitungen des Niederspannungsnetzes Frequenzen im Bereich von etwa 500 kHz bis 30 MHz. Diese Frequenzen sind zum einen von der 50-Hz-Netzfrequenz des Wechselstromes weit genug entfernt und lassen sich somit durch die (Ent-)Kopplerbauteile der Powerline-Endgeräte relativ gut von der normalen Nutzspannung trennen, was für eine verlustfreie Signalübertragung eine gute Voraussetzung ist. Zum anderen ermöglichen diese Frequenzen aber auch die Erreichung ausreichend hoher Datenübertragungsraten von derzeit bis zu 2 MBit/s, was für den Endbenutzer eines PLC-Systems in Zeiten weit verbreiteter breitbandiger Datennetze enorm wichtig ist und das PLC-System als solches überhaupt erst attraktiv macht.

Frequenzen sind ein knappes Gut. Die Frequenzforderungen der verschiedenen Nutzer sind in vielen Fällen höher als die Zahl der tatsächlich verfügbaren Frequenzen. Der Grund für diese einfache, aber doch weitreichende Tatsache ist, daß jede Funkfrequenz, vergleichbar mit einem Bahngleis, zu einem bestimmten Zeitpunkt nur von einem einzigen Funkdienst gleichzeitig genutzt werden kann. Es gilt also zu vermeiden, daß Funkdienste sich bei der Nutzung ein und derselben Frequenz in die Quere kommen. Gleichzeitig muß die Regulierungsbehörde aber auch die Interessen der nationalen Hersteller, Betreiber und Nutzer berücksichtigen und funkdiensteübergreifende Frequenznutzungskonzepte erarbeiten. Diese Konzepte bilden dann die Basis für die Arbeit der Frequenzverwaltung in den nationalen und internationalen Gremien.

Um dies sicherzustellen, bestimmt § 44 Abs. 1 TKG, daß ein Frequenzbereichszuweisungsplan und ein Frequenznutzungsplan aufgestellt werden müssen. Gleichzeitig wird festgelegt, daß Frequenzen zuzuteilen sind und die Frequenznutzung zu überwachen ist.

I. Frequenzbereichszuweisung und Nutzungsbestimmungen

Die Frequenzbereichszuweisung erfolgt aufgrund der Ermächtigungsgrundlage in § 45 Abs. 1 TKG durch die Bundesregierung, genauer gesagt durch den zuständigen Bundesminister für Wirtschaft und Technologie[122]. Der Frequenzbereichszuweisungsplan wird dabei als Teil A einer Anlage einer entsprechenden Rechtsverordnung, der Frequenzbereichszuweisungsplanverordnung[123] (FreqBZPV), erlassen. Inhaltlich richtet sich der Plan nach den international vereinbarten Frequenzbereichszuweisungen, die sich speziell in Art. S5 der sogenannten Radio Regulations (RR) der ITU[124] und Art. 8 der Vollzugsordnung für den Funkdienst (VOFunk[125]) finden.[126] Der Plan selbst besteht dabei aus einer tabellarischen Aufstellung von insgesamt 475 verschiedenen Frequenzbändern, das heißt kleinen, zusammengehörigen Frequenzbereichen in aufsteigender Reihenfolge. Das derart regulierte Frequenzspektrum reicht von 9 kHz bis 275 GHz.[127] Jeder Frequenzbereich wird hierbei einem oder mehreren Funkdiensten zugewiesen. Die Zuweisung erfolgt hierbei in zwei Arten, nämlich an primäre und sekundäre Funkdienste.

Als primär gilt ein Funkdienst gemäß § 3 Abs. 3 S. 2 FreqBZPV, wenn seine Funkstellen Schutz gegen Störungen durch sekundäre Funkdienste verlangen können, selbst wenn diesen bestimmte Frequenzen fest zugeteilt sind. Gegenüber einem gleichen oder anderen primären Funkdienst kann Schutz nur verlangt werden, wenn dem betroffenen Funkdienst die Frequenz zeitlich früher zugeteilt wurde.

Als sekundär gilt ein Funkdienst gemäß § 3 Abs. 3 S. 4 FreqBZPV, wenn er weder primäre Funkdienste stören darf noch Schutz vor Störungen durch primäre Funkdienste verlangen kann. Schutz gegen Störungen durch einen gleichen oder

---

[122] Neuerdings Bundesminister für Wirtschaft und Arbeit (BMWA).
[123] BGBl. I 2001, S. 778 vom 26.04.2001.
[124] International Telecommunication Union; [http://www.itu.int]. Ausführlich zur ITU vgl. Kap. 8.
[125] BT-Drucks. 13/3609, S. 47 f. Nationale Abweichungen von den internationalen Vorgaben sind ausschließlich unter den dort genannten Voraussetzungen zulässig, vgl. Manssen/Demmel, Telekommunikations- und Multimediarecht, § 45 TKG, Rn. 3.
[126] Zu den internationalen Rechtsgrundlagen von Powerline vgl. die Ausführungen in Kap. 8.
[127] Der Bereich zwischen 0 und 9 kHz und oberhalb von 275 GHz ist nicht als nutzbarer Frequenzbereich ausgewiesen, was vor allem technische Gründe hat, da diese Frequenzen ohnehin kaum genutzt werden können.

anderen sekundären Funkdienst kann nur verlangt werden, wenn die genutzte beziehungsweise gestörte Frequenz dem betroffenen Funkdienst zeitlich früher zugeteilt wurde.

Im für Powerline relevanten Frequenzbereich von 9 kHz bis 30 MHz existieren derzeit 166 Frequenzteilbereiche, die den verschiedensten Funkdiensten zugewiesen sind. Nahezu jeder Teilbereich ist dabei einem oder mehreren primären Funkdiensten zugeordnet, daneben bestehen teilweise noch parallele Zuweisungen an sekundäre Funkdienste. Im Frequenzbereichszuweisungsplan finden die verschiedensten Funkdienste Berücksichtigung, beispielsweise der Amateurfunkdienst, feste Funkdienste, Flugnavigationsfunkdienste, Mobilfunkdienste[128], mobile Flugfunkdienste, mobile Landfunkdienste, mobile Seefunkdienste, Navigationsfunkdienste, nichtnavigatorische Ortungsfunkdienste, Normalfrequenz- und Zeitzeichenfunkdienste, Radioastronomiefunkdienste, Rundfunkdienste, Seenavigationsfunkdienste, Weltraumforschungsfunkdienste oder Wetterhilfenfunkdienste.

Der Frequenzbereichszuweisungsplan enthält neben diesen Zuweisungen auch sogenannte Nutzungsbestimmungen. Sie sind in Teil B der Anlage zur Frequenzbereichszuweisungsplanverordnung zusammengefaßt. Auf diese Weise kann gemäß §§ 45 Abs. 2 S. 2 TKG, 3 Abs. 2 FreqBZPV die Nutzung ganzer Frequenzbereiche oder auch nur die Nutzung eines bestimmten Frequenzbereiches durch einen von mehreren Funkdiensten mit zusätzlichen Bestimmungen in Form von Beschränkungen reguliert werden.

II. Frequenznutzungsplanung

Auf den Frequenzbereichszuweisungsplan baut der sogenannte Frequenznutzungsplan auf. Dieser wird gemäß § 46 Abs. 1 TKG von der Regulierungsbehörde erstellt; als Grundlage dient hierbei gemäß § 46 Abs. 1 S. 1 TKG der Frequenzbereichszuweisungsplan. Hierbei sind insbesondere die Grundsätze der europäischen Harmonisierung[129] von Frequenznutzungen im Rahmen der

---

[128] Hierunter fallen auch die allgemein bekannten Mobilfunkbetreiber wie T-Mobil, Vodafone etc.
[129] Ausführlich hierzu Manssen/Demmel, Telekommunikations- und Multimediarecht, § 44 TKG, Rn. 7 ff.

CEPT[130] sowie der Europäischen Union zu berücksichtigen. Die Regulierungsbehörde berücksichtigt bei der Aufstellung des Frequenznutzungsplanes auch die „Verwaltungsgrundsätze Frequenznutzungen"[131] (VwGrds-FreqN), die eine umfangreiche Übersicht der verschiedenen Frequenznutzungen in der Bundesrepublik Deutschland beinhalten.

Der Frequenznutzungsplan enthält gemäß § 46 Abs. 2 S. 1 TKG eine weitere Aufteilung der Frequenzbereiche auf die einzelnen Frequenznutzungen. Er beinhaltet also eine wesentlich genauere Planung als der Frequenzbereichszuweisungsplan, was auch einen Grund dafür darstellt, daß nicht mehr der Bundesminister, sondern die Regulierungsbehörde mit ihrem besonderen technischen Sachverstand diesen Plan aufstellt. Ein weiterer Grund ist der erhebliche Planungsaufwand, den die Erstellung des Frequenznutzungsplanes erfordert, da gemäß § 46 Abs. 3 S. 1 TKG hierbei die Öffentlichkeit in Form der betroffenen Nutzerkreise beteiligt werden muß.[132] Diese Öffentlichkeitsbeteiligung wird wiederum gemäß der Ermächtigungsgrundlage in § 46 Abs. 3 S. 2 TKG durch den auch hierfür zuständigen Bundesminister in einer Rechtsverordnung, der Frequenznutzungsplanaufstellungsverordnung[133] (FreqNPAV), geregelt.[134]

III. Frequenzzuteilung

Nachdem der Frequenznutzungsplan erstellt worden ist, erfolgt die Frequenzzuteilung. Eine solche ist gemäß § 47 Abs. 1 S. 1 TKG grundsätzlich für jede Frequenznutzung erforderlich. Gemäß § 47 Abs. 4 TKG erläßt der zuständige Bundesminister eine Verordnung, die das Verfahren der Frequenzzuteilung festlegt, die Frequenzzuteilungsverordnung (FreqZutVO).[135] Diese Rechtsvorschrift bestimmt, unter welchen Voraussetzungen eine Frequenz zugeteilt und die Zuteilung widerrufen werden kann. Die Zuteilung selbst erfolgt gemäß § 3 Abs. 3 FreqZutVO bei Einzelzuteilungen regelmäßig durch Verwaltungsakt, bei All-

---

[130] Conférence Européenne des Administrations des Postes et Télécommunications; [http://www.cept.org]. Näher zur CEPT vgl. Kap. 8.
[131] Vgl. Amtsblatt der RegTP Nr. 23/1999 vom 22.12.1999, Mitteilung Nr. 572/1999.
[132] Zur Beteiligung der Öffentlichkeit vgl. Manssen/Demmel, Telekommunikations- und Multimediarecht, § 46 TKG, Rn. 6 f.
[133] BGBl. I 2001, S. 827 vom 26.04.2001.
[134] Dazu vgl. auch BT-Drucks. 13/3609, S.48.
[135] BGBl. I 2001, S. 829 vom 26.04.2001.

gemeinzuteilungen gemäß § 3 Abs. 4 FreqZutVO durch Veröffentlichung im Amtsblatt der Regulierungsbehörde.

Ist die Zuteilung einer bestimmten Frequenz an einen Antragsteller erfolgt, so kann dieser die zugeteilte Frequenz entsprechend den Nutzungsbestimmungen des Frequenzbereichszuweisungsplanes und sonstigen Beschränkungen nutzen. Gemäß § 48 TKG werden für die Zuteilung von Frequenzen Kosten erhoben, die der Antragsteller zu zahlen verpflichtet ist. Diese Kosten regeln auf Grundlage des § 48 TKG die Frequenzgebührenverordnung[136] und die Frequenznutzungsbeitragsverordnung[137].

Festzuhalten ist also, daß jeder Frequenznutzung grundsätzlich eine Frequenzzuteilung vorauszugehen hat. Eine Ausnahme hiervon regelt jedoch § 45 Abs. 2 S. 3 TKG. Die Norm erlaubt unter bestimmten Voraussetzungen die freizügige Frequenznutzung.

IV. Freizügige Nutzung von Frequenzen in und längs von Leitern

Eine im Hinblick auf die Powerline-Technik wichtige Regelung enthält § 45 Abs. 2 S. 3 TKG, der zunächst nur bestimmt, daß auch für Frequenznutzungen in und längs von Leitern Nutzungsbestimmungen festzulegen sind. Von dieser Ermächtigung darf nur Gebrauch gemacht werden, wenn andere Abschirmungsmaßnahmen nicht ausreichend sind, denn andernfalls würde es an der Erforderlichkeit der Aufnahme einer Nutzungsbestimmung in den Frequenzbereichszuweisungsplan fehlen.[138] Diese Nutzungsbestimmungen sollen jedoch gemäß § 45 Abs. 2 S. 3 Hs. 2 TKG Festlegungen treffen, bei deren Einhaltung eine freizügige Nutzung der betroffenen Frequenzbereiche durch Frequenzen in und längs von Leitern zulässig ist. Insofern regelt § 45 Abs. 2 TKG also eine Ausnahme von dem Regelfall, daß jeder Frequenznutzung eine Frequenzzuteilung vorauszugehen hat. Die Errichtung einer Freizügigkeit, also einer freien Frequenznutzung, die nicht eine Frequenzzuteilung voraussetzt, war also ein direktes Anliegen des Gesetzgebers bei dieser Regelung.

---

[136] BGBl. I 1997, S. 1226 vom 21.05.1997, zuletzt geändert durch Verordnung vom 13.12.2001, BGBl. I 2001, S. 3624.
[137] BGBl. I 2000, S. 1704 vom 13.12.2000, zuletzt geändert durch Verordnung vom 24.06.2002, BGBl. I 2002, S. 2226.
[138] Manssen/Demmel, Telekommunikations- und Multimediarecht, § 45 TKG, Rn. 14.

Grund hierfür war, daß man einerseits neuen Technologien nicht im Wege stehen, andererseits aber weder die Kontrolle über die Frequenznutzung verlieren noch die Störung von Funkdiensten auf zugeteilten Frequenzen erlauben wollte. Die freizügige Nutzung von Frequenzen ist möglich, weil Nutzungskollisionen nur dann entstehen, wenn die betroffenen Frequenzen auf demselben Übertragungsmedium genutzt werden. Wird jedoch eine Frequenz zur Nutzung an einen Funkdienst vergeben, kann sie trotzdem gleichzeitig im Rahmen einer drahtgebundenen Übertragung wie bei PLC-Systemen verwendet werden. Indem die Frequenz somit gleichzeitig einmal in der Luft und einmal in einer Leitung verwendet wird, kann zumindest grundsätzlich die Frequenz doppelt genutzt werden. Dies funktioniert jedoch nur dann, wenn keine der beiden Frequenzen mit so hoher Leistung genutzt wird, daß sie auf die andere Frequenz einwirkt. Die Leitungsfrequenzen dürfen also grundsätzlich nicht mit negativen Auswirkungen in die Luft abstrahlen, die Funkfrequenzen nicht in die Leitungen.[139]

Die Powerline-Technik moduliert auf die vorhandene Netzspannung von 50 Hz zusätzliche Signale auf, die - wie dargestellt - deutlich höhere Frequenzen nutzen. Die Signalübertragung bei Powerline erfolgt auch grundsätzlich über Stromleitungen, also Leiter im Sinne der Norm. Außerdem bildet sich durch die mangelhafte beziehungsweise technisch kaum vorhandene Schirmung der Stromleitungen des Niederspannungsnetzes rund um diese Leitungen ein antennenähnliches Strahlungsfeld, ähnlich einer Sendeantenne.

Eine Frequenznutzung ist gemäß § 2 Abs. 2 FreqZutVO grundsätzlich nur dann gegeben, wenn eine erwünschte Aussendung oder Abstrahlung erfolgt. Zwar ist dieses Strahlungsfeld von den PLC-Betreibern keineswegs gewollt, weshalb man eine Frequenznutzung im Sinne des § 2 Abs. 2 FreqZutVO verneinen muß. Jedoch regelt § 2 Abs. 3 FreqZutVO genau diesen Fall der unerwünschten Aussendung von Strahlung. Danach gilt jede Führung elektromagnetischer Wellen in und längs von Leitern ebenfalls als Frequenznutzung, sofern sie bestimmungsgemäß betriebene Funkdienste unmittelbar oder mittelbar beeinflussen könnte. Eine solche - zumindest theoretische - Möglichkeit der Beeinflussung besteht bei Powerline - wie oben dargestellt - jedenfalls im Bereich der hier relevanten Funkdienste Rundfunk und Amateurfunk. Damit ist die Aussendung von elektromagnetischer Störstrahlung durch Powerline-Systeme als Frequenznutzung im Sinne der Frequenzzuteilungsverordnung anzusehen, gleichgültig ob

---

[139] Vgl. Stamm, Entwicklungsstand und Perspektiven von Powerline Communication, S. 37.

diese Aussendung seitens der Hersteller oder Betreiber gewollt oder ungewollt erfolgt.

Powerline ist somit ein eindeutiger Anwendungsfall der Freizügigkeitsregelung in § 45 Abs. 2 S. 3 TKG und stellt eine Frequenznutzung in und längs von elektrischen Leitern dar. Dem Telekommunikationsgesetz ist zu entnehmen, daß einer freizügigen Nutzung solcher Frequenzen grundsätzlich nichts entgegensteht, soweit dies einer störungsfreien und effizienten Frequenznutzung durch die primären und sekundären Funkdienste nicht hinderlich ist. Ab wann nach Einschätzung des Normgebers diese Hinderlichkeit vorliegt, ist der Nutzungsbestimmung Nr. 30 zu entnehmen, auf die im folgenden näher einzugehen sein wird.

V. Nutzungsbestimmung Nr. 30 (NB 30)

Die Nutzungsbestimmung Nr. 30 im Teil B des Anhangs zur Frequenzbereichszuweisungsplanverordnung wird gemeinhin nur abgekürzt NB 30 genannt. Das Stichwort NB 30 ist zum Mittelpunkt vieler hitziger Diskussionen um die neue Powerline-Technik geworden.

Die Lager der Beteiligten, Interessierten und Betroffenen sind gespalten, und zwar in Befürworter und Gegner der NB 30. Dies hat seinen Grund darin, daß diese an sich recht unscheinbare Nutzungsbestimmung für immensen technischen, gesellschaftlichen und politischen Zündstoff sorgt. Sie soll daher Gegenstand der folgenden Ausführungen sein. Hierbei wird zunächst der Inhalt der NB 30 dargestellt. Anschließend werden die praktischen Auswirkungen auf die Powerline-Technik erörtert. In Kapitel 5 schließlich wird die NB 30 auf ihre Vereinbarkeit mit dem Verfassungsrecht, insbesondere mit den Grundrechten, hin untersucht werden.

Der Wortlaut der NB 30 lautet wie folgt:

> Abs. 1
> In und längs von Leitern können Frequenzen für Telekommunikationsanlagen (TK-Anlagen) und Telekommunikationsnetze (TK-Netze) im Frequenzbereich von 9 kHz bis 3 GHz freizügig genutzt werden,
> 1. wenn die Frequenznutzung in Frequenzbereichen erfolgt, in denen keine sicherheitsrelevanten Funkdienste betrieben werden,
> 2. und wenn am Betriebsort und entlang der Leitungsführung im Abstand von 3 Metern zur TK-Anlage bzw. zum TK-Netz oder zu den angeschalteten Leitungen die Störfeldstärke (Spitzenwert) der Frequenznutzung die Werte von Tabelle 1 nicht überschreitet; die Messung der Störfeldstärke erfolgt auf der Grundlage geltender

EMV-Normen entsprechend der Meßvorschrift RegTP 322 MV 05 "Meßvorschrift für die Messung von Störfeldern an Anlagen und Leitungen der Telekommunikation im Frequenzbereich 9 kHz bis 3 GHz".

Abs. 2
Die Frequenznutzung nach Absatz 1 genießt keinen Schutz vor Störungen durch Aussendungen von Sendefunkanlagen.

Abs. 3
Die einschränkenden Bedingungen nach Absatz 1 gelten für Frequenzen bis 30 MHz vom 1. Juli 2001 an und für Frequenzen über 30 MHz vom 1. Juli 2003 an.

Abs. 4
Für Frequenznutzungen in und längs von Leitern, für die keine Freizügigkeit nach Absatz 1 gegeben ist, können die räumlichen, zeitlichen und sachlichen Festlegungen durch die Regulierungsbehörde für Telekommunikation und Post unter Beachtung der Verhältnismäßigkeit und nach Anhörung der Betroffenen entweder im Frequenznutzungsplan oder in der erforderlichen Frequenzzuteilung für den jeweiligen Anwendungsfall getroffen werden. Sind sicherheitsrelevante Funkdienste betroffen, ist insbesondere zu berücksichtigen, inwieweit eine konkrete Gefährdung der Sicherheit zu befürchten ist.

Grenzwerte der Störfeldstärke von TK-Anlagen und TK-Netzen

Frequenz f, MHz, im Bereich	Grenzwert der Störfeldstärke (Spitzenwert) in 3 m Abstand dB(µV/m)
0,009 bis 1	40 - 20 · $\log_{10}$(f/MHz)
größer als 1 bis 30	40 - 8,8 · $\log_{10}$(f/MHz)
größer als 30 bis 1000	27 [1]
größer als 1000 bis 3000	40 [2]

[1] Dies entspricht der äquivalenten Strahlungsleistung von 20 dBpW.
[2] Dies entspricht der äquivalenten Strahlungsleistung von 33 dBpW.

Die NB 30 ist gemäß § 2 Abs. 1 S. 1 FreqBZPV Bestandteil des Teiles B des Anhangs zur Frequenzbereichszuweisungsplanverordnung. Sie ist somit integraler Normbestandteil dieser Bundesrechtsverordnung und beansprucht als solche entsprechende rechtliche Geltung. Die Bestimmung legt fest, daß Frequenzen im Bereich von 9 kHz bis 3 GHz freizügig genutzt werden dürfen, sofern die weiteren enthaltenen Voraussetzungen eingehalten werden. Sie ist die Reaktion des Gesetzgebers auf die bereits oben dargestellte Notwendigkeit, daß bei gleichzeitiger - und gemäß § 45 TKG grundsätzlich zulässiger - Nutzung derselben Frequenzen in unterschiedlichen Übertragungsmedien die eine nicht durch die andere gestört wird.

Als Voraussetzungen sind hierbei insbesondere zwei Punkte von erheblicher Wichtigkeit. Zum einen ist eine freizügige Frequenznutzung gemäß Abs. 1 S. 1 Nr. 1 NB 30 nur dann zulässig, wenn keine sicherheitsrelevanten Funkdienste beeinträchtigt werden. Zum anderen dürfen gemäß Abs. 1 S. 1 Nr. 2 NB 30 die physikalischen Grenzwerte der Tabelle am Ende der NB 30 grundsätzlich nicht überschritten werden; hierbei gilt ein Meßabstand von drei Metern, als Meßverfahren wird auf die Meßvorschrift der RegTP Nr. TP 322 MV 05[140] verwiesen. Im Ergebnis bedeutet dies, daß der komplette für heutige Powerline-Systeme interessante Frequenzbereich von etwa 500 kHz bis 30 MHz von der NB 30 abgedeckt wird, eine freizügige Nutzung dieser Frequenzen für Powerline-Anlagen also grundsätzlich erlaubt ist. Die Einschränkungen des Abs. 1 NB 30 sind gemäß Abs. 3 NB 30 im Hinblick auf Powerline auch bereits seit 01.07.2001 in Kraft, da für Powerline derzeit nur der Frequenzbereich bis 30 MHz relevant ist.

Gelingt es einem Anbieter von Powerline-Systemen also, die hier festgelegten Grenzwerte beim täglichen Dauerbetrieb einzuhalten, so muß keine Zuteilung einer bestimmten Frequenz beantragt werden, sondern es können beliebige Frequenzen - theoretisch sogar über 30 MHz - genutzt werden. Erst wenn ein Anbieter es nicht schafft, die Grenzwerte mit seinem PLC-System einzuhalten, ist also eine explizite Frequenzzuteilung zu beantragen.

Dies trifft beispielsweise auf die bereits in Kapitel 3 vorgestellten sogenannten Chimney-Techniken zu, die ihre Nutzlast nicht auf einen breiten Frequenzbereich verteilen, sondern in einem sehr engen Frequenzband mit sehr hoher Leistung arbeiten. Für derartige Modulationsverfahren existiert praktisch keine andere Möglichkeit außer einer Frequenzzuteilung. Eine Frequenzzuteilung jedoch ist wie dargestellt nicht nur mit administrativem, sondern auch mit finanziellem Aufwand verbunden, denn gemäß § 48 TKG fallen hierfür Kosten in Form von Gebühren und Beiträgen an.[141] Außerdem würde eine feste Frequenzzuteilung die Ausweichmöglichkeiten stark begrenzen, da der Betreiber nur eine bestimmte Frequenz oder einen bestimmten, engen Frequenzbereich nutzen dürfte. Ein solcher Bereich kann jedoch von Ort zu Ort unterschiedlich gut nutzbar sein. Während an einem Ort der gewählte Frequenzbereich für die

---

[140] Meßvorschrift für die Messung von Störfeldern an Anlagen und Leitungen der Telekommunikation im Frequenzbereich 9 kHz bis 3 GHz, ABl. RegTP 2001, S. 3794 ff.
[141] Dazu siehe oben.

Während an einem Ort der gewählte Frequenzbereich für die PLC-Datenübertragung ideal sein kann, kann an einem anderen Ort derselbe Bereich durch externe Störeinflüsse - beispielsweise durch eine benachbarte Fabrik mit vielen Stromverbrauchern, die als Impulsstörer wirken - derart belastet sein, daß eine PLC-Nutzung kaum mehr möglich ist. Für solche Fälle müßte dann eine neue Frequenz beantragt werden.

Im Rahmen einer flächendeckenden Einführung von Powerline wäre ein solches Vorgehen, verbunden mit den damit einhergehenden Unsicherheiten bezüglich der zukünftigen Entwicklung lokaler externer Frequenzaktivitäten, nahezu unmöglich. Außerdem müßten die verkauften PLC-Geräte jeweils den entsprechenden Frequenzgegebenheiten vor Ort angepaßt werden, was einen wirtschaftlich kaum vertretbaren Aufwand bedeuten würde.

Nahezu jeder Anbieter und Entwickler von PLC-Systemen hat sich daher mittlerweile dazu entschlossen, Modulationsverfahren zum Einsatz zu bringen, die eine Verteilung der Last auf einen breiteren Frequenzbereich vornehmen und somit in den Genuß der Freizügigkeitsregelung der NB 30 kommen. Allen voran ist das ebenfalls bereits erläuterte OFDM-Verfahren ein vielversprechender Vorreiter in bezug auf NB 30-Konformität.

Auf eine technische Erläuterung der Störstrahlungsgrenzwerte der obigen Tabelle wird hier verzichtet. Statt dessen soll die nachstehende Grafik einen Überblick über die Grenzwertfestsetzung im für Powerline relevanten Frequenzbereich bieten:

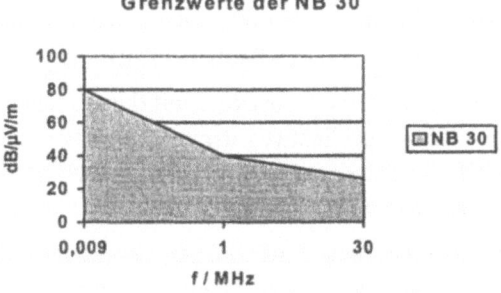

Abb. 4: Grenzwerte der NB 30

Anhand der Grafik wird deutlich, daß die Grenzwerte der NB 30 bei niedrigeren Frequenzen relativ hoch angesetzt sind, um dann mit steigender Frequenz zuerst stark, später etwas flacher abgesenkt zu werden. Zur Erreichung einer möglichst hohen nutzbaren, also effektiven Datenrate für den Endkunden, die insbesondere wegen des Shared-Medium-Charakters von PLC wichtig ist, müssen im Alltagsbetrieb möglichst hohe Betriebsfrequenzen benutzt werden. Je optimaler aber ein Powerline-Anbieter seine Services im Hinblick auf den Endkunden ausbauen möchte, um so schwieriger wird dies für ihn, da die Grenzwerte eben gerade bei den für die Betreiber attraktiveren Frequenzen deutlich abgesenkt wurden. Aus Sicht der Betreiber ergibt sich somit ein technisches Dilemma. Über kurze Strecken kann noch mit niedrigen Signalstärken gearbeitet werden, über längere Strecken hinweg jedoch nicht mehr, da die natürlichen physikalischen Leitungsverluste ansonsten die nutzbare Datenrate auf ein inakzeptables Minimum reduzieren.

Eine realisierbare, jedoch technisch und finanziell sehr aufwendige Möglichkeit der Beseitigung dieses Dilemmas - insbesondere bei relativ langen zu überbrückenden Wegstrecken - sind sogenannte Repeater, das heißt Signalverstärker im Powerline-System.[142] Mittels solcher Repeater kann mit Signalstärken gearbeitet werden, die normalerweise nicht für die Überbrückung der gesamten Wegstrecke ausreichen würden. Nach einer gewissen Teilstrecke wird ein Repeater in die Leitung geschaltet, der das ankommende, bereits abgeschwächte Signal verstärkt und wieder in die Leitung speist, in Richtung des nächsten Repeaters. Aufgrund des finanziellen und technischen Aufwandes solcher Anlagen scheuen die Betreiber jedoch noch vor der Realisierung größerer Repeater-Systeme zurück. Auch die Ausfallsicherheit würde leiden, denn ein einziger defekter Repeater könnte einen ganzen Leitungsstrang lahmlegen.

Statt dessen versucht man derzeit, entweder mit dynamischen Regelsystemen zu arbeiten, oder man läßt es schlichtweg darauf ankommen und überschreitet die Grenzwerte des NB 30 solange, bis dies - beispielsweise durch Stichproben-Messungen oder Funkstörungen - auffällt.

Die dynamischen Regelsysteme funktionieren dergestalt, daß das System sich selbst kontrolliert. Es mißt permanent die emittierten Störstrahlungen und reduziert gegebenenfalls die Frequenzbelastung, was allerdings eine Reduzierung der effektiv verfügbaren Bandbreite für die Signalübertragung zur Folge hat.

---

[142] Zum Einsatz von Repeatern vgl. Dostert, Powerline Kommunikation, S. 311.

Im Ergebnis bleibt festzuhalten, daß die derzeitigen Powerline-Betreiber schon aufgrund des geringeren Administrations- und Kostenaufwands bei gleichzeitig verbesserten Reaktionsmöglichkeiten auf externe Störeinflüsse ihre Systeme so optimieren, daß sie zumindest grundsätzlich die Voraussetzungen für eine freizügige Frequenznutzung gemäß § 45 Abs. 2 TKG und der NB 30 erfüllen.

Die NB 30 ist nicht ohne Brisanz, da sie auch auf andere Dienste als Powerline Einfluß hat. So mußten die Betreiber von Kabelfernsehverteilanlagen beinahe mehrere TV-Kanäle abschalten, da diese bisher die gleichen Frequenzen wie die Flugverkehrsüberwachung benutzen. Die Abschaltung wurde durch Vereinbarungen der beteiligten Parteien gerade eben noch verhindert.[143]

B. Zukünftige Entwicklung in Hinblick auf Grenzwertregelungen

Derzeit wird im Hinblick auf die Strahlungsemissionen im Zusammenhang mit Powerline noch zwischen der eigentlichen Hardware, also vor allem den PLC-Modems, und den zur Übertragung genutzten Leitungen unterschieden. Während für die Leitungsemissionen wie oben dargestellt die NB 30 Grenzwerte festlegt, müssen die Powerline-Modems wie jedes in den Verkehr gebrachte Elektrogerät die Voraussetzungen des Gesetzes über die elektromagnetische Verträglichkeit von Geräten (EMVG) erfüllen.[144] Es erfolgt also eine voneinander losgelöste Betrachtung zusammengehöriger und zusammenwirkender technischer Komponenten anhand unterschiedlicher Konformitätsmaßstäbe. Nach dem Willen der EU-Kommission soll sich dies jedoch in Zukunft grundlegend ändern.

Angedacht wird derzeit, die NB 30 in ihrer jetzigen Form zurückzuziehen. Statt dessen sollen alle an einem Powerline-System beteiligten elektrischen Komponenten, also auch die Leitungen, nach dem Konformitätsverfahren des EMVG behandelt und bewertet werden. Die NB 30 soll dann in Deutschland nur noch als nationale technische Ausgestaltungsvorschrift unterhalb des EMVG gelten, und zwar so lange, bis die EU-Kommission sich auf einen europaweiten harmo-

---

[143] Vgl. Kallenborn/Kartes, Funkschau 26/2001, S. 52.
[144] Näher zur elektromagnetischen Verträglichkeit von Powerline und der rechtlichen Trennung von Modem und Stromleitung vgl. Kap. 6.

nisierten Standard geeinigt und diesen durchgesetzt, also effektiv in Kraft gesetzt hat.[145]

Die Grenzwerte und Meßverfahren sollen in eine technische Vorschrift, die Regelungen zum Schutz sicherheitsrelevanter Funkdienste in eine Verwaltungsanweisung umgesetzt werden. Hintergrund dieses Szenarios ist, daß die EU-Kommission bemängelt hatte, daß ihr die NB 30 nicht angezeigt worden war.[146] Sie enthalte nicht nur Zuweisungen von Frequenzbereichen, sondern auch Anforderungen an die elektromagnetische Verträglichkeit von Telekommunikationsanlagen und -netzen. Die Verträglichkeit zwischen Frequenznutzungen für Funkanwendungen und Leiter sei aber bereits abschließend im Gesetz über die elektromagnetische Verträglichkeit von Geräten beziehungsweise der entsprechenden EMV-Richtlinie[147] geregelt.

Die rechtlichen Rahmenbedingungen könnten und werden sich vermutlich auch in absehbarer Zeit ändern, wobei die Änderung zumindest äußerlich auch gravierend erscheinen mag. Daß sich jedoch die effektive Rechtswirkung in Zukunft von der bisherigen Rechtslage drastisch unterscheiden wird, darf bezweifelt werden. Der Grund hierfür liegt auf der Hand: Es wird nach wie vor Powerline-Befürworter und Powerline-Gegner geben, solange auch nur ein einziger PLC-Betreiber auf dem Markt ist. Weiterhin werden Powerline-Systeme auch in Zukunft elektromagnetische Emissionen verursachen, die sich störend auf Funkdienste oder andere Elektrogeräte auswirken können, da sich bei allem technischen Fortschritt die Hauptursache für die Störstrahlungen, nämlich die schlechte bis nicht vorhandene Schirmung der Niederspannungsleitungen, nicht innerhalb von zehn oder 20 Jahren beseitigen lassen wird. Wenn also sowohl die subjektiven als auch die objektiven Voraussetzungen einer Problemsituation weiterhin vorliegen, muß auch eine veränderte oder revidierte Rechtslage den Zielen

---

[145] Über die zukünftigen Änderungen der bisherigen Rechtslage herrscht - insbesondere im Zusammenhang mit der NB 30 - derzeit erhebliche Verwirrung und Unsicherheit, die durch teilweise widersprüchliche Mitteilungen und Vermutungen aus den beteiligten Fachkreisen verstärkt wird. Der hier geschilderte Trend erscheint jedoch als Prognose unter dem Gesichtspunkt der derzeit für alle Seiten juristisch unbefriedigenden Lage wahrscheinlich zu sein. Vgl. dazu auch Rebmann, Funkschau 04/2002, S. 56.
[146] Vgl. hierzu Capito/Koenig, TMR 2002, S. 195 (198).
[147] Richtlinie des Rates vom 03.05.1989 zur Angleichung der Rechtsvorschriften der Mitgliedstaaten über die elektromagnetische Verträglichkeit, ABl. EG 1989 Nr. L 139, S. 19 ff., geändert durch Richtlinie 91/263/EWG, ABl. EG 1991 Nr. L 128, S. 1 ff., durch Richtlinie 92/31/EWG, ABl. EG 1992 Nr. L 126, S. 11 ff. und durch Richtlinie 93/68/EWG, ABl. EG 1989 Nr. L 220, S. 1 ff.

ihrer Vorgängerin folgen, nämlich aufgrund einer technisch nicht anders realisierbaren Situation einen gerechten Ausgleich zwischen den Betroffenen, also den Nutzern, Anbietern und Gegnern von Powerline, zu schaffen. Dies war Ziel der bisherigen Rechtslage, und dies kann denklogisch auch nur das Ziel der Rechtslage von morgen sein.

Allenfalls erreichen läßt sich durch eine veränderte Regulierung eine Verschiebung der Belastungswirkungen, eventuell auch ein gerechterer Ausgleich, sofern sich eine derartige Beurteilung erlaubt.[148] Gleichgültig wie sich also die zukünftige Rechtslage darstellen wird, die ihr immanenten Grundprobleme und die Lösungsansätze lassen sich bereits heute herausarbeiten. Sie sind denklogischer und wesensnotwendiger Bestandteil des Rechtsproblems Powerline. Die Regelungen der heutigen NB 30 aber werden jedenfalls die Mindestanforderung zukünftiger Regulierung, insbesondere hinsichtlich der sicherheitsrelevanten Frequenzbereiche, darstellen.

C. Lizenzpflichtigkeit von Powerline-Services

Das Telekommunikationsgesetz bestimmt, daß das Netzmonopol zum Zeitpunkt des Inkrafttretens dieses Gesetzes[149] entfällt und das Sprachtelefondienstmonopol zum 31.12.1997 aufgehoben wird. Nach § 6 Abs. 1 TKG bedarf nunmehr einer Lizenz, wer Übertragungswege betreibt, die die Grenze eines Grundstücks überschreiten und für Telekommunikationsdienstleistungen für die Öffentlichkeit genutzt werden, beziehungsweise wer Sprachtelefondienste auf der Basis selbst betriebener Telekommunikationsnetze anbietet. Unter einer Lizenz ist hierbei gemäß § 3 Nr. 7 TKG die Erlaubnis zum Angebot bestimmter Telekommunikationsdienstleitungen für die Öffentlichkeit zu verstehen.

Es gibt somit grundsätzlich zwei verschiedene Lizenzarten: Solche, die zum Betreiben von Übertragungswegen berechtigen, und solche, die zum bloßen Betreiben eines Sprachtelefondienstes berechtigen.
Unter dem Begriff Übertragungsweg versteht man gemäß § 3 Nr. 22 TKG Telekommunikationsanlagen in Form von Kabel- oder Funkverbindungen mit ihren

---

[148] Das Problem der Interessenabwägung im Zusammenhang mit technischen Grenzwertfestsetzungen wird in Kap. 5 noch vertieft.
[149] Das TKG ist am 01.08.1996 in Kraft getreten.

übertragungstechnischen Einrichtungen als Punkt-zu-Punkt- oder Punkt-zu-Mehrpunkt-Verbindungen mit einem bestimmten Informationsdurchsatzvermögen (Bandbreite oder Bitrate) einschließlich ihrer Abschlußeinrichtungen. Powerline-Systeme verwenden die Stromleitungen als Übertragungsmedium und spezielle Modems als übertragungstechnische Einrichtungen beziehungsweise Abschlußeinrichtungen. Die Verbindung innerhalb von Powerline-Systemen ist immer jedenfalls eine Punkt-zu-Punkt-Verbindung, indem Daten von einem Client oder Server zu einem zweiten Client oder Server übertragen werden. Die typische Powerline-Infrastruktur aus Modems und Niederspannungsleitungen erfüllt daher die genannten Voraussetzungen. Es handelt sich um einen Übertragungsweg im Sinne des § 6 Abs. 1, 2 TKG.

§ 6 Abs. 2 Nr. 1 lit. a) - c) TKG teilt die Übertragungswegelizenzen in drei Lizenzklassen ein:

Die Lizenzklasse 1 berechtigt zum Betreiben von Übertragungswegen für Mobilfunkdienstleistungen (Mobilfunklizenz), die Lizenzklasse 2 zum Betreiben von Übertragungswegen für Satellitenfunkdienstleitungen (Satellitenfunklizenz) für die Öffentlichkeit. Die Lizenzklasse 3 ist als Auffanglizenz geschaffen worden, sofern die Lizenzklassen 1 und 2 nicht einschlägig sind.[150] Die Klasse 3 erlaubt den Betrieb von Übertragungswegen ganz allgemein für Telekommunikationsdienstleistungen für die Öffentlichkeit (sogenannte Übertragungswegelizenz).

Die Lizenzklasse 4 ist in § 6 Abs. 2 TKG gesondert geregelt. Sie betrifft nicht die Berechtigung eines Übertragungsweges zu einem bestimmten Zweck beziehungsweise für einen bestimmten (Funk-)Dienst, sondern den Betrieb eines Sprachtelefondienstes auf der Basis selbst betriebener Telekommunikationsnetze (sogenannte Sprachlizenz). Das Recht zum Betreiben von Übertragungswegen ist hierbei jedoch nicht eingeschlossen.

Es existieren grundsätzlich drei wesentliche Nutzungsarten, für die ein Powerline-Einsatz in Frage kommt: Datenübertragung, Sprachtelefonie mittels Voice-over-IP und technische Zusatzdienste wie die Haussteuerung oder die Zählerfernablesung.[151] Damit sind die Lizenzen der Klassen 1 und 2 in bezug auf Powerline-Systeme uninteressant. Eine Mobilfunklizenz kommt nicht in Frage, da

---

[150] Manssen, Telekommunikations- und Multimediarecht, § 6 TKG, Rn. 9.
[151] Zu Voice-over-IP, Smart Home Automation und Zählerfernauslesung über Powerline vgl. oben Kap. 2.

PLC-Systeme die Signalübertragung immer über Stromleitungen, also ortsfeste Leiter abwickeln. Im Bereich mobiler Systeme besteht also für Powerline kein Anwendungsbereich. Gleiches gilt für die Satellitenfunklizenz der Klasse 2. Auch im Bereich der Satellitenfunkdienste bestehen für Powerline keine Anwendungsmöglichkeiten. Insoweit kommen lediglich noch die Lizenzen der Klassen 3 und 4 für Powerline-Services in Frage.

Nachfolgend soll anhand der genannten typischen Nutzungsmöglichkeiten von PLC-Systemen eine Lizenzpflichtigkeit der verschiedenen möglichen Services untersucht werden.

I. Telekommunikationsdienste der Lizenzklasse 3

Den Lizenzklassen 1 bis 3 ist gemeinsam, daß die Übertragungswege die Grenze eines Grundstückes überschreiten müssen. Soweit also ein Powerline-System nur innerhalb eines einzigen Grundstückes genutzt wird, ist eine Lizenzerteilung jedenfalls nicht notwendig. Dies gilt sogar dann, wenn es sich um mehrere Grundstücke handelt, die aber nebeneinander liegen. Gemäß § 3 Nr. 6 TKG ist unter einem Grundstück im Sinne von § 6 TKG ein im Grundbuch als selbständiges Grundstück eingetragener Teil der Erdoberfläche oder ein Teil der Erdoberfläche, der durch die Art seiner wirtschaftlichen Verwendung oder nach seiner äußeren Erscheinung eine Einheit bildet, zu verstehen. Dies gilt auch dann, wenn es sich im liegenschaftsrechtlichen Sinne eigentlich um mehrere Grundstücke handelt. Das TKG geht hier also einen nicht allzu formalen, dafür aber praxisnahen Weg und versteht die telekommunikationsrechtliche Definition des Merkmals Grundstück weiter als das Liegenschaftsrecht.[152]

Diese auf den ersten Blick eher als Ausnahme erscheinende Konstellation dürfte jedoch gerade in der Praxis einen gewissen Grad der Häufigkeit durchaus erreichen. Powerline-Systeme eignen sich nicht nur als Primär- oder Stand-alone-Systeme, sondern auch als kostengünstige Backup-Lösung, die mit ihren redundanten Datenverbindungen gegenüber hochpreisigen Backup-Systemen vielerlei Vorteile hat. So könnte sich beispielsweise eine größere Firma für Powerline als Backup-Lösung entscheiden. Für den Fall, daß das Firmennetzwerk einmal ausfallen oder durch Störungen teilweise lahmgelegt sein sollte, könnte die firmen-

---

[152] Näher dazu Manssen, Telekommunikations- und Multimediarecht, § 3 TKG, Rn. 12; vgl. auch § 57 TKG, der den Begriff des Grundstücks ebenfalls im weiteren Sinne verwendet.

interne Kommunikation zumindest der wichtigsten Rechner über die Stromleitungen erfolgen. Eine zusätzliche Verkabelung wäre nicht notwendig, der finanzielle Aufwand für die Anschaffung einiger Inhouse-PLC-Modems sehr gering. Ebenfalls lizenzfrei möglich ist neben der Übertragung von Daten die Übertragung von Steuersignalen im Rahmen der Smart Home Automation, solange auch hierbei keine Daten über die Grundstücksgrenze hinaus übermittelt werden.

Wesentlich praxisrelevanter ist jedoch die Frage, ob die Versorgung eines Hauses mit einem Internet-Anschluß von außen, das sogenannte Access-Powerline, eine Lizenzpflichtigkeit begründet. Dies ist immerhin eines der Hauptgeschäftsfelder, das die Energieversorgungsunternehmen als Anbieter solcher Systeme anvisieren, da sie hierdurch in die Lage versetzt werden, die sogenannte Letzte Meile (last mile) zu umgehen, die derzeit noch immer faktisch von der Deutschen Telekom AG beherrscht und kontrolliert wird.[153] Zum einen stellt sich die Frage, ob das Betreiben eines Übertragungsweges auch Access-Powerline umfaßt. Zum anderen ist fraglich, ob es sich hierbei um eine Telekommunikationsdienstleistung im Sinne des § 6 Abs. 2 Nr. 1 lit. c) TKG handelt.

Gemäß § 3 Nr. 1 TKG bedeutet Betreiben von Übertragungswegen das Ausüben der rechtlichen und tatsächlichen Kontrolle (Funktionsherrschaft) über die Gesamtheit der Funktionen, die zur Realisierung der Informationsübertragung auf Übertragungswegen unabdingbar erbracht werden müssen.[154]

Wie bereits dargestellt, ist eine Powerline-Anlage - insbesondere bei einem regulären Access-Powerline-Anschluß - als Übertragungsweg im hier genannten Sinne anzusehen. Um nun die Frage nach der Funktionsherrschaft beantworten zu können, muß zunächst das Grundprinzip der Übertragung von Daten innerhalb eines Powerline-Systemes bekannt sein. Dieses Prinzip entspricht bei der Versorgung beispielsweise eines Hauses mit einem Internetzugang über die Stromleitung demjenigen Prinzip, das auch bei allen anderen herkömmlichen Internetzugängen via Analog-Modem, ISDN oder DSL zum Einsatz kommt. Die maßgebende Rolle spielen hierbei das sogenannte Transport Control Protocol

---

[153] Vgl. die Sondergutachten der Monopolkommission der RegTP gem. §§ 81 Abs. 3 TKG, 44 PostG vom November 1999, Tz. 71, sowie vom Dezember 2001, Tz. 60 und Tz. 143; Koenen, Powerline lebt als Nischenprodukt, in: Handelsblatt vom 04.04.2002, S. 15.
[154] Vgl. zur Funktionsherrschaft die amtliche Begründung, BT-Drucks. 13/3609, S. 37.

(TCP) und das Internet Protocol (IP), wobei die Informationsübertragung im Rahmen eines Schichtenmodells[155] erfolgt.

In einer ersten Schicht, der sogenannten Anwendungsschicht, laufen die für den Benutzer sicht- und bedienbaren Anwendungsprogramme wie beispielsweise E-Mail- oder Telnet-Clients sowie WWW-Browser. Diese Schicht ist eine rein lokale Schicht, die für sich gesehen noch keinen Bezug zum Internet hat. Die Kontrolle hierüber hat allein der Benutzer des jeweiligen Computers. Insoweit ist also eine Funktionsherrschaft des Powerline-Anbieters im Sinne des § 3 Nr. 1 TKG zu verneinen. Allerdings ist zu beachten, daß auf dieser Schichtebene auch keine Informationsübertragung stattfindet,[156] so daß sich diese Ebene einer Beurteilung im Hinblick auf die hier maßgebliche Funktionsherrschaft gänzlich entzieht.

In der zweiten Schicht, der sogenannten Host-zu-Host-Transportschicht, kommt das TCP zum Einsatz. Dieses Protokoll regelt als quasi gemeinsame Computersprache den Datenaustausch zwischen zwei Computern. TCP zerlegt die zu versendenden Daten - zum Beispiel nach dem Klick auf den Senden-Knopf in einem Email-Programm - in eine Vielzahl kleinerer Datenpakete, versieht diese Pakete mit einer Prüfsumme und numeriert sie durch. Das Zerlegen erfolgt deshalb, weil sich viele kleinere Datenpakete einfacher versenden lassen als wenige große, und der Wiederherstellungsaufwand bei einem Paketverlust niedriger ist, da nur ein kleines Paket erneut angefordert werden muß. Die Prüfsummen werden vergeben, damit der Zielrechner feststellen kann, ob die Datenpakete den Weg durch das Internet unversehrt überstanden haben. Die Numerierung schließlich ist notwendig, um ein späteres Zusammensetzen der ursprünglichen Daten auf einem anderen Computer in der richtigen Reihenfolge zu gewährleisten.

Nach dem Zerlegen, Prüfen und Numerieren werden die Datenpakete versandt. Hierbei kommt das IP zum Einsatz. Diese Ebene wird Internet-Schicht genannt. Wesentliches Merkmal des IP ist, daß jeder zu einem beliebigen Zeitpunkt mit dem Internet verbundene Rechner eine weltweit einmalige Nummer ähnlich einer Telefonnummer erhält, die es allen angeschlossenen Rechnern ermöglicht, jeden anderen Rechner eindeutig zu identifizieren. Diese sogenannten IP-

---

[155] Zum sogenannten ISO-OSI-Schichtenmodell vgl. Neumann et al., JurPC, Web-Dok. 93/1998, Abs. 29 ff. m. w. Nachw.; umfassend Kerner, Rechnernetze nach OSI, 1995.
[156] Von einem Datenfluß innerhalb des betroffenen Computers einmal abgesehen.

Adressen sind 32-Bit-Zahlen, die aus vier Zahlen im Wert von 0 bis 255 bestehen, die voneinander durch Punkte getrennt sind. Die niedrigste IP-Adresse lautet damit theoretisch 0.0.0.0, die höchste 255.255.255.255, eine typische IP-Adresse wäre beispielsweise 212.84.254.36. Jede IP-Adresse kann zu demselben Zeitpunkt nur einmal von einem Internet-Rechner genutzt werden. Die Vergabe der IP-Adressen erfolgt grundsätzlich bei jedem Verbindungsvorgang mit dem Internet, also während des Einwählens per Modem, ISDN oder DSL. Die Vergabe erfolgt dabei meistens dynamisch[157] durch den jeweiligen Internet-Zugangs-Provider, das heißt, daß dem neu hinzukommenden Rechner eine IP-Adresse zugeteilt wird, die gerade frei ist, also von keinem anderen Computer auf der Welt genutzt wird. Zu diesem Zwecke werden den Providern ganze IP-Adressbereiche zugeteilt, beispielsweise von 137.248.0.0 bis 137.248.255.255, die diese dann nach eigenen Vorgaben an ihre Einwahlkunden vergeben können. Auf diese Weise muß nicht bei jeder neuen Einwahl eines Computers in das Internet eine weltweite Recherche durchgeführt werden, welche IP-Adresse gerade frei ist.

Auf die Vergabe der IP-Adressen hat der Anwender keinen Einfluß. Diese erfolgt allein nach Maßgabe des Internet-Zugangs-Providers. Hierbei ist nun danach zu differenzieren, auf welche Weise die Powerline-Anbieter ihren Kunden Zugang zum weltweiten Datennetz ermöglichen. Vermitteln sie lediglich den Zugang über die Stromleitungen zu einen Access-Point eines beliebigen Zugangsproviders[158], betreiben sie also selbst nicht den Einwahlserver zum Internet, so ist insoweit auch keine Funktionsherrschaft im Sinne von § 3 Nr. 1 TKG gegeben, da die PLC-Systembetreiber keinen Einfluß auf die IP-Vergabe haben.

Wird jedoch der Einwahlserver beziehungsweise Access-Point vom Powerline-Anbieter selbst betrieben, so hat er insoweit die Kontrolle über diesen Teil des Informationsübertragungsvorganges. Insoweit müßte eine Funktionskontrolle also bejaht werden.

---

[157] In bestimmten Fällen - zum Beispiel innerhalb von Behörden und Universitäten - wird bei jeder Anmeldung eines Computers an das Internet immer die gleiche IP-Adresse an den gleichen Computer vergeben. Hierdurch hat der Nutzer keinen anonymen Zugang, sondern hinterläßt bei jeder Bewegung im Internet quasi seinen elektronischen Fingerabdruck.

[158] Hierbei muß der Access-Point nicht in unmittelbarer Nähe der PLC-Anlage liegen. Ebenso denkbar ist eine Signalführung vom PLC-System zum Transformator einer Wohnsiedlung über die Stromleitungen und von da über Glasfaser- oder Richtfunkverbindungen bis zum Internet-Access-Point.

Ist die Internetverbindung hergestellt, ist also dem Absender-Computer eine IP-Adresse zugeteilt worden, so erhält jedes Paket unmittelbar vor dem Versand der Datenpakete einen elektronischen Stempel mit den IP-Adressen von Absender und Empfänger[159] und verläßt anschließend den Computer des Absenders. Auch dieser Vorgang läuft noch innerhalb der Internet-Schicht ab. Das IP sorgt als Adressverwaltungskomponente wesentlich dafür, daß die Datenpakete auch zum richtigen Empfänger gelangen.

Auf ihrem Weg durch das Internet durchlaufen die Datenpakete immer wieder andere Computer, die als Vermittlungsstellen fungieren. Diese sogenannten Router erledigen die eigentliche Weiterleitung der Pakete von einem Rechner zum nächsten. Der Weg eines Datenpaketes wird dabei von Paket zu Paket vom Router neu berechnet, man spricht hier von dynamischer Leitwegbildung.[160] Theoretisch ist es also möglich, daß alle versandten Pakete auf unterschiedlichen Wegen zum selben Ziel gelangen, je nachdem, welchen Nachbarrouter ein empfangender Router gerade als am günstigsten für die Weiterleitung hält. Auf das Routing als Ganzes hat der PLC-Anbieter keinen Einfluß. Dennoch gehört es zu den im Sinne des § 3 Nr. 1 TKG für die Informationsübertragung unabdingbar zu erbringenden Funktionen, da ohne Routing kein Datenpaket sein Ziel erreichen würde. Selbst wenn der erste Router in der Routerkette noch zum Machtbereich des Anbieters gehört, der zweite wird regelmäßig bereits außerhalb dieses Bereiches sein. Insofern ist eine Funktionsherrschaft des Powerline-Betreibers im Hinblick auf das Routing also zu verneinen.

Allerdings kann niemand die Kontrolle über einen gesamten Routing-Vorgang haben, da dies bedeuten würde, daß er zugleich auch den Paketfluß im gesamten weltweiten Internet kontrollieren würde. Die Anforderungen von § 3 Nr. 1 TKG müssen insofern einschränkend ausgelegt werden, da andernfalls niemand die Funktionskontrolle im Sinne dieser Norm innehaben könnte und sie damit sinnlos wäre, ebenso wie auch § 6 Abs. 2 Nr. 1 lit. a) – c) entsprechend verstanden

---

[159] Die Empfänger sind zumeist Server mit dauerhaft konstanten IP-Adressen. Am Beispiel einer privat versandten Email wird deutlich, daß der Versand niemals direkt an den Empfänger erfolgt, sondern an die Empfängeradresse. Diese aber ist Bestandteil eines Internet-Servers, und dieser wiederum verfügt über eine eindeutige IP-Adresse. Der eigentliche Empfänger holt sich dann die Email beim Server ab; die - sich ohnehin häufig ändernde - IP-Adresse des Empfängers spielt dabei grundsätzlich keine Rolle.
[160] Ausführlich dazu Lienemann, Gerhard, TCP/IP Grundlagen, Protokolle und Routing, 2000; Kuri, c't 06/1997, S. 380.

werden muß, da niemand einen Übertragungsweg in diesem Sinne betreiben und somit auch niemand eine Lizenz benötigen würde.

Es wird daher eine einschränkende Auslegung des § 3 Nr. 1 TKG dahingehend vorgenommen, daß sein Anwendungsbereich auf diejenigen Teile des Kommunikationsvorgangs beschränkt wird, die nach dem nachrichtentechnischen Aufbau des Internet dem am weitesten möglichen Machtbereich eines Access-Providers entsprechen. Daß dies auch im Normkontext die einzig richtige Auslegungsmöglichkeit ist, ergibt sich aus dem Erfordernis des kumulativen Vorliegens auch der rechtlichen Kontrolle über die Übertragungsfunktionen, die für andere als die eigenen Router bereits nicht gegeben sein kann. Wie bereits angesprochen, dürfte maximal noch der erste Router nach dem Einwahlserver im rechtlichen und tatsächlichen Machtbereich des Access-Providers liegen.

Geht man davon aus, daß ein Powerline-Anbieter auch als Access-Provider fungiert und die Kontrolle über Einwahlserver und eventuell noch den nächsten Router hat, so ist eine Funktionskontrolle im Sinne des § 3 Nr. 1 TKG damit zu bejahen. Ein Betreiben von Übertragungswegen gemäß § 6 Abs. 1, 2 Nr. 1 lit. a) - c) TKG in Form von Access-Powerline liegt vor.

Weiterhin ist eine Lizenzpflichtigkeit gemäß § 6 Abs. 2 Nr. 1 lit. c) TKG nur gegeben, wenn die Übertragungswege für Telekommunikationsdienstleistungen für die Öffentlichkeit betrieben werden. Hierunter ist gemäß § 3 Nr. 19 TKG das gewerbliche Angebot von Telekommunikation einschließlich des Angebots von Übertragungswegen für beliebige natürliche oder juristische Personen zu verstehen, wobei Telekommunikation gemäß § 3 Nr. 16 TKG der technische Vorgang des Aussendens, Übermittelns und Empfangens von Nachrichten jeglicher Art in der Form von Zeichen, Sprache, Bildern und Tönen mittels Telekommunikationsanlagen ist. Telekommunikationsanlagen wiederum sind nach § 3 Nr. 17 TKG technische Einrichtungen oder Systeme, die als Nachrichten identifizierbare elektromagnetische oder optische Signale senden, übertragen, vermitteln, empfangen, steuern oder kontrollieren können.

Es ist die urtypische Zweckbestimmung von PLC-Systemen und insbesondere der hier relevanten Access-Powerline-Anlagen, elektromagnetische Signale zu übertragen. Es handelt sich damit bei Access-PLC-Systemen grundsätzlich um Telekommunikationsanlagen im Sinne von § 3 Nr. 17 TKG. Gleichzeitig sind die Übertragungsvorgänge auch als Sendung und Empfang von Nachrichten zu verstehen, so daß bei Access-Powerline auch Telekommunikation im Sinne von § 3 Nr. 16 TKG vorliegt.

Die Telekommunikation über Access-PLC-Anlagen wird regelmäßig, jedenfalls aber im hier der Beurteilung zugrundeliegenden Standardfall, ausschließlich zu kommerziellen Zwecken, also gewerblich angeboten. Das Angebot richtet sich außerdem auch – zumindest was die Planung der Energieversorgungsunternehmen anbelangt – an jede beliebige natürliche und juristische Person. Daß hierbei derzeit der räumlichen Geltung der bestehenden Angebote (noch) Grenzen gesetzt sind, ändert an der grundsätzlichen Beurteilung des Angebotes als öffentliches nichts. Derzeit wird Powerline nur in geographisch eng abgegrenzten Gebieten und immer noch testweise betrieben; im Maximalfall wird - ebenfalls aber noch zu Testzwecken - ein kleinerer Stadtteil flächendeckend mit Powerline versorgt. Innerhalb dieser Versorgungsgebiete aber richtet sich das Angebot der PLC-Anbieter schon heute an alle natürlichen und juristischen Personen. Damit liegen die Voraussetzungen der §§ 6 Abs. 1 Nr. 1, Abs. 2 Nr. 1 lit. c) TKG vor. Es handelt sich bei Access-Powerline um eine lizenzpflichtige Telekommunikationsdienstleistung für die Öffentlichkeit, die einer Erteilung der Lizenz nach Klasse 3 bedarf.

II. Sprachtelefondienste der Lizenzklasse 4

Neben der Datenübertragung eignet sich Powerline auch zum Betrieb von Telefonie. Am meisten favorisiert wird im Zusammenhang mit Powerline die sogenannte Voice-over-IP-Technik.[161] Wie bereits dargestellt handelt es sich hierbei grundsätzlich um eine Internetverbindung, nur daß die zu übertragenden Daten eben aus digitalisierter Sprache bestehen. Aus technischer Sicht besteht jedoch grundsätzlich kein Unterschied zwischen der IP-Telefonie und dem Versand einer Email oder dem Aufruf einer Internetseite.

In rechtlicher Hinsicht jedoch dürfen die verschiedenen Anwendungsmöglichkeiten von Powerline nicht vorschnell vermengt werden, sie müssen vielmehr streng voneinander getrennt auf die Notwendigkeit einer Lizenzerteilung hin betrachtet werden.

---

[161] Vgl. dazu oben Kap. 2.

1. Internet-Telefonie über Computer

Eine Möglichkeit der Internet-Telefonie ist, daß zwei Nutzer sich jeweils über einen eigenen lokalen und damit kostengünstigen Internet Service Provider mit dem Internet verbinden. Anschließend stellen sie durch an beiden Enden vorhandene geeignete Hard- und Software untereinander eine Sprachverbindung her.

Bei dieser Art der Internet-Telefonie wird lediglich ein vom Internet Service Provider bereitgestellter Telekommunikationsdienst in spezieller Weise verwendet, indem statt sonstiger Daten digitalisierte Sprachdaten übertragen werden. Hierin allein liegt jedoch noch kein Angebot eines Sprachtelefondienstes gemäß § 6 Abs. 1 Nr. 2 TKG. Unter Anbieten ist mehr zu verstehen als das Bereitstellen eines allgemeinen Kommunikationsdienstes, der erst von den beteiligten Nutzern zur Sprachtelefonie verwendet wird.[162] Ein Anbieten läge beispielsweise vor, wenn besondere, von der IP-Übertragung trennbare Dienste vorgesehen werden. Hierunter fallen beispielsweise Schnittstellen zum allgemeinen Telefonnetz, Sprachspeicherungssysteme (Voice-Mail-Boxen) oder sonstige technische Vorrichtungen mit spezieller Bedeutung für die Durchführung von Sprachkommunikation.[163]

Außerdem fordert § 3 Nr. 15 TKG für das Vorliegen eines Sprachtelefondienstes einen direkten Transport und die Vermittlung von Sprache in Echtzeit. Ein direkter Transport ist bei Internet-Telefonie niemals gegeben, da die Datenpakete aufgrund des bereits beschriebenen IP-Modells stets über verschiedene Leitungen und Wege und über verschiedene Router übermittelt werden.[164] Für die digitalisierten Sprachdaten-Pakete steht also nur das Ziel, nicht aber der Weg dorthin im Voraus fest. Eine andere Auslegung[165] dieses Gesetzesmerkmals dürfte jedenfalls über den Wortsinn hinaus gehen und damit unzulässig sein.[166]

---

[162] Ebenso Mayer, Das Internet im öffentlichen Recht, S. 165 f.
[163] Vgl. Bekanntmachung der Kommission über den Status der Sprachübermittlung im Internet in bezug auf die Richtlinie 90/388/EWG (Beilage zur Mitteilung der Kommission an das Europäische Parlament und den Rat über den Stand der Umsetzung der Richtlinie 90/388/EWG über den Wettbewerb auf dem Markt für Telekommunikationsdienste), ABl. EG 1997 Nr. C 140 vom 07.05.1997, S. 8 ff.
[164] Ebenso Moritz/Niebler, CR 1997, S. 697 (699).
[165] Vgl. Windthorst/Franke, CR 1999, S. 14 (19).
[166] Manssen, Telekommunikations- und Multimediarecht, § 3 TKG, Rn. 25.

Das Kriterium der Echtzeit-Übertragung soll erfüllt sein, wenn ein Richtwert von etwa 400 Millisekunden als mittlere Verzögerungszeit eingehalten werden kann.[167] Dieser Wert kann jedoch mit der derzeitigen Architektur der Datenübertragung im Internet noch nicht erreicht werden.[168]

Es handelt sich lediglich um eine Telekommunikationsdienstleistung gemäß § 3 Nr. 18 TKG.[169]

Bei dieser Art der Internet-Telefonie ist also das Vorliegen eines Sprachtelefondienstes zu verneinen. Entsprechend besteht hierfür auch keine Lizenzpflicht gemäß § 6 Abs. 1 Nr. 2 TKG.

2. Internet-Telefonie vom Computer ins Telefonnetz

Eine weitere Möglichkeit der Telefonie über Internet ist, daß ein Gesprächsteilnehmer seinen Computer zum Telefonieren verwendet, der andere Gesprächsteilnehmer dabei aber einen normalen Festnetzanschluß verwendet. Der erste Teil der Verbindungsstrecke wird dabei über das Internet abgewickelt, die Sprache wird also wie bei der zuvor genannten Konstellation zunächst per Computer digitalisiert und mittels Voice-over-IP über das Internet versandt. Die Sprachdaten gelangen jedoch auf diese Weise nicht über Router zum Empfänger, sondern lediglich zu einem zwischengeschalteten Computer, der über eine Schnittstelle zum öffentlichen Telefonnetz verfügt. Dort werden die digitalisierten Computer-Sprachdaten wieder in „normale" Sprache umgewandelt und herkömmlich - wie bei einer direkten Telefonverbindung - bis zum Festnetzanschluß des Empfängers geleitet.

Greift man auf die bereits oben getätigten Aussagen zurück, so ist festzustellen, daß bei dieser Art der Internet-Telefonie zusätzliche Dienste vorliegen, die von einer reinen IP-Datenübertragung trennbar sind. Insbesondere die Internet-Telefonnetz-Schnittstelle ist eine besondere technische Vorrichtung, die über eine reine Telekommunikationsdienstleistung im oben genannten Sinne hinausgeht und eine spezielle Bedeutung für die Durchführung der Sprachkommunikation hat.

---

[167] Manssen, Telekommunikations- und Multimediarecht, § 3 TKG, Rn. 25.
[168] Vgl. RegTP, Beschluß vom 16.06.1999, MMR 1999, S. 557 (559); Mertens, MMR 2000, S. 77 (79); Göckel, K&R 1998, S. 250 (253); Müller-Terpitz, MMR 1998, S. 65 (67).
[169] Ausführlich hierzu Neumann et al., JurPC Web-Dok. 93/1998, Abs. 2 ff.

Die Kriterien der direkten Übertragung in Echtzeit sind jedoch auch hier dennoch nicht erfüllt. Einer direkten Übertragung steht erneut die Tatsache im Wege, daß zumindest ein Teil des Telefonates über das Internet, also mittels des IP-Protokolls abgewickelt wird, so daß das Routing nicht vorhersehbar über eine bestimmte Leitungsstrecke erfolgt. Außerdem kommt es während der IP-Übertragung auch wieder zu Verzögerungen, die regelmäßig größer als 400 Millisekunden sind, so daß keine Echtzeitkommunikation vorliegt.

Damit ist auch bei der Sprachtelefonie zwischen Computer und Telefon, die teilweise über das Internet abgewickelt wird, nicht vom Vorliegen eines Sprachtelefondienstes im Sinne von § 3 Nr. 15 TKG auszugehen. Eine Lizenzpflicht gemäß § 6 Abs. 1 Nr. 2, Abs. 2 Nr. 2 TKG besteht hier demnach ebenfalls nicht.

3. *Telefonie anhand von Powerline-Telefonen*

Schließlich ist eine Telefonverbindung denkbar, bei der mindestens auf einer, eventuell aber auch auf beiden Seiten spezielle Powerline-Telefone zum Einsatz kommen.[170] Solche Telefone können ohne Zuhilfenahme eines Computers über die Stromleitung Sprache übertragen, da sie alle technischen Voraussetzungen zur Modulation und Demodulation von Sprache bereits enthalten. Denkbar ist dabei, daß die Daten entweder ausschließlich über die Stromleitungen übertragen werden und somit das öffentliche Telefonnetz komplett umgehen, denkbar ist aber auch, daß jeweils nur ein bestimmter Teil der Verbindung über die Stromleitungen abgewickelt wird und der restliche Teil der Verbindung über das normale öffentliche Telefonnetz geleitet wird. Im letztgenannten Fall sind wiederum Schnittstellen zwischen den beiden Leitungsnetzen notwendig.

Hierbei kommt es bei der Beurteilung der Notwendigkeit einer Lizenzpflichtigkeit auf die genauen Gegebenheiten des Einzelfalles an.

Für die Beurteilung des Vorliegens einer direkten Verbindung kommt es darauf an, ob die Sprachdaten über eine im voraus geschaltete und danach konstant bestehen bleibende Leitungsverbindung geleitet werden oder ob während der Verbindung ein Routing stattfindet, so daß die Wegstrecke dynamisch optimiert und angepaßt wird. Ist die Wegstrecke technisch nicht festgelegt, gibt es also mehrere Möglichkeiten mit der technischen Voraussetzung der unterbrechungsfreien Umschaltung, so ist von einer direkten Verbindung nicht mehr auszugehen.

---

[170] Vgl. hierzu bereits Kap. 2.

Kommen bei der Verbindung statt dem IP-Protokoll spezielle Protokolle und Techniken zum Einsatz, so muß weiterhin im Einzelfall geprüft werden, ob eine Echtzeitkommunikation nach der 400-Millisekunden-Regel vorliegt. Diese rechtliche Frage wird jedoch durch meßtechnische Untersuchungen meist relativ einfach beantwortet werden können.

Pauschale Aussagen über die Lizenzpflichtigkeit einer speziellen Powerline-Telefonie können also nicht getroffen werden. Fest steht aber jedenfalls, daß bei entsprechender technischer Innovation durchaus die Möglichkeit besteht, die bisher als Sprachtelefondienste anerkannten Verfahren um eine Option zu erweitern. Dies hätte zur Folge, daß auch für die Powerline-Telefonie in Zukunft möglicherweise die Erteilung einer Lizenz gemäß § 6 Abs. 1 Nr. 2, Abs. 2 Nr. 2 TKG erforderlich sein wird.

KAPITEL 5
Grundrechtsrelevanz der Grenzwertfestsetzung

Der Einsatz hochbitratiger Powerline-Verfahren kann wie dargestellt durch die Emission von Störstrahlung selbst unter Einhaltung der geltenden Bestimmungen zu Beeinträchtigungen bei anderen Funkdiensten führen. Abgesehen von einem tatsächlichen Powerline-Betrieb könnte aber auch schon die emissionsrechtliche Regulierung von Powerline im Vorfeld eines solchen Einsatzes Grundrechtsrelevanz haben. Die fehlerhafte Festlegung der Strahlungsgrenzwerte könnte zu Nachteilen einzelner Grundrechtsträger und damit zu Grundrechtsverletzungen führen. Auf diese Frage konzentrieren sich die nachfolgenden Ausführungen. Hierbei werden potentielle Grundrechtsverletzungen untersucht, die im Zusammenhang mit Störungen von Funkdiensten auf der Sender- und/oder Empfängerseite stehen. Die juristische Relevanz powerline-basierter Störfeldwirkungen auf Nicht-Funkdienste, das heißt auf sonstige elektrische Geräte und auf den menschlichen Körper, sind Gegenstand der nachfolgenden Kapitel.

Als potentielle, auch und vor allem verfassungsrechtlich zu unterscheidende Grundrechtsträger kommen im hier relevanten Zusammenhang grundsätzlich zwei Gruppen in Betracht: Die Betreiber und Empfänger von Fernseh- und Hörfunkdiensten und die Teilnehmer des sogenannten Amateurfunkdienstes.

Bei der nachfolgenden Prüfung, ob bereits die Festlegung der Emissionsgrenzwerte zu Grundrechtsverletzungen führt, wird von dem Szenario ausgegangen, daß die Betreiber von Powerline-Diensten die festgelegten Grenzwerte strikt einhalten,[171] es aber in der Folge dennoch zu nicht unerheblichen, technisch nachweisbaren und auf Powerline zweifelsfrei zurückzuführenden Störungen kommt.

---

[171] Hierbei ist realistischerweise davon auszugehen, daß die Powerline-Anbieter die Stromleitungen permanent mit der maximal zulässigen Leistung auslasten und somit auch ebenso permanent die erlaubten Emissionshöchstwerte voll ausnutzen. Sowohl Gründe der wirtschaftlichen Leitungsnutzung als auch die Anforderungen der Powerline-Kunden an maximale Geschwindigkeit und Komfort machen eine volle Ausschöpfung der Netzkapazitäten für die Betreiber unabdingbar.

A. Grundrechtsrelevanz hinsichtlich der Rundfunkdienste

Den Beginn der Untersuchung der Grundrechtsrelevanz von Powerline-Störungen bei Funkdiensten sollen die Auswirkungen bei den Rundfunkdiensten, insbesondere beim Hörfunk bilden. Hierbei ist hinsichtlich der möglicherweise betroffenen Grundrechte zwischen den Betreibern und den Empfängern dieser Dienste zu unterscheiden.

I. Grundrechtsrelevanz für die Betreiber

Die Betreiber von Hörfunk- und Fernsehsendungen könnten durch eine rechtlich unrichtige Grenzwertfestlegung für powerline-basierte Emissionen in ihren Grundrechten beeinträchtigt sein. Als möglicherweise beeinträchtigte Grundrechte kommen verschiedene in Betracht. Die Betreiber von Rundfunksendern könnten in ihrer durch Art. 5 Abs. 1 S. 2 GG garantierten Freiheit der Berichterstattung durch Rundfunk (Rundfunkfreiheit) sowie in ihrem Recht auf Berufsfreiheit aus Art. 12 Abs. 1 S. 1 GG und der Eigentumsgarantie aus Art. 14 Abs. 1 S. 1 GG verletzt sein.

1. *Rundfunkfreiheit - Art. 5 Abs. 1 S. 2 GG*

Durch eine fehlerhafte Grenzwertfestlegung in Form einer zu hohen erlaubten Störstrahlungsemission durch die NB 30 könnte das Grundrecht der Betreiber von Rundfunkdiensten auf Rundfunkfreiheit aus Art. 5 Abs. 1 S. 2 GG verletzt worden sein.

a) Schutzbereich

aa) Sachlicher Schutzbereich

Rundfunk ist jede für die Allgemeinheit, also für eine unbestimmte Vielzahl von Personen bestimmte Veranstaltung und Verbreitung von Darbietungen aller Art in Wort, Bild oder Ton durch elektromagnetische Schwingungen ohne Verbindungsleitungen oder längs oder mittels eines Leiters.[172] Vom Schutzbereich er-

---

[172] Vgl. § 2 Abs. 1 S. 1 des Staatsvertrages der Länder zur Neuordnung des Rundfunkwesens. Text abgedruckt bei Hartstein/Ring/Kreile/Dörr/Stettner, Rundfunkstaatsvertrag. Vgl. hierzu auch Herzog, MD, Art. 5 Abs. I, II, Rn. 194 f.; Wendt, in: v. Münch/Kunig, GG, Art. 5, Rn. 58; Jarass/Pieroth, GG, Art. 5, Rn. 29.

faßt sind neben dem herkömmlichen Hörfunk und Fernsehen[173] auch alle neuartigen Dienste wie Pay-TV, Videotext[174] und sonstige Abruf- und Zugriffsdienste[175]. Die Anforderungen an das Merkmal der Allgemeinheit sind niedrig anzusetzen, es ist immer bereits dann als erfüllt anzusehen, wenn sich die Sendung nicht nur an von vornherein festgelegte Personen richtet.[176] Sowohl die herkömmliche Übertragung von Inhalten mittels Funkwellen über den Äther als auch die neueren Übertragungsmethoden über die Kabelnetze (sogenanntes Kabelfernsehen und Kabelhörfunk) werden vom sachlichen Schutzbereich der Rundfunkfreiheit gleichermaßen umfaßt. Deutlich wird hiermit, daß die Übertragungswege, die der Rundfunkveranstalter zur Übermittlung an die Empfänger nutzt, gerade im Sinne der Aufrechterhaltung des Normzwecks von Art. 5 Abs. 1 S. 2 GG keine Rolle spielen dürfen.[177]

Der Inhalt der übertragenen Gedankeninhalte ist grundsätzlich irrelevant.[178] So fallen nicht nur Berichterstattungen, sondern auch Meinungsäußerungen der Medienmitarbeiter[179], Unterhaltungs-[180] und Werbesendungen[181] in den Schutzbereich.

Weiterhin ist zu beachten, daß der Schutzbereich alle wesensmäßig mit der Veranstaltung von Rundfunk zusammenhängenden Tätigkeiten umfaßt, und zwar von der Beschaffung der Information bis zu ihrer Verbreitung.[182] Lediglich rein fernmeldetechnische Tätigkeiten werden dabei nicht erfaßt, da die Sendetechnik einerseits und die Veranstaltung von Rundfunk andererseits voneinander ver-

---

[173] Zum Fernsehen als Rundfunkdienst vgl. BVerfGE 12, 205 (226).
[174] Videotext ist ein in der sogenannten Austastlücke zwischen zwei normalen Fernsehbildern übertragenes zusätzliches Grafiksignal, das von Fernsehgeräten mit Videotext-Decoder dargestellt werden kann. Es wird insoweit zusammen mit dem Fernsehbild übertragen und fällt daher ebenfalls unter den Rundfunkbegriff.
[175] BVerfGE 74, 297 (345, 350 ff.); Herzog, MD, Art. 5 Abs. I, II, Rn. 195 f.
[176] Jarass/Pieroth, GG, Art. 5, Rn. 29; Pieroth/Schlink, Grundrechte, Rn. 573.
[177] Hoffmann-Riem, AK, Art. 5 Abs. 1, 2, Rn. 123.
[178] Jarass/Pieroth, GG, Art. 5, Rn. 30.
[179] BVerfGE 35, 202 (222); Herzog, MD, Art. 5 Abs. I, II, Rn. 201.
[180] BVerfGE 59, 231 (258).
[181] BVerfGE 74, 297 (342).
[182] BVerfGE 77, 65 (74); 91, 125 (135); BGHZ 110, 371 (375).

schiedene rechtliche Bereiche darstellen.[183] Insoweit ist der Rundfunk nicht Bestandteil, sondern nur Benutzer fernmeldetechnischer Einrichtungen.[184] Der letztgenannte Aspekt als mögliche schutzbereichsrelevante Einschränkung ist dabei von erhöhtem Interesse. Powerline-basierte Dienste nehmen keinen Einfluß auf die Informationsbeschaffung und -verbreitung als solche. Sie stören in der hier zugrundegelegten Annahme und unter Einhaltung der Grenzwerte der NB 30 lediglich den Empfang der Informationen, indem sie das elektromagnetische Grundrauschen und damit das ohnehin bereits vorhandene Störszenario verstärken, so daß für die technischen Empfangsgeräte überhaupt kein oder nur ein qualitativ verminderter, also gestörter Empfang möglich ist. Damit stellt sich die Frage, ob die NB 30, die hier vor allem anderen als grundrechtsrelevante Maßnahme zu untersuchen ist, durch die Gestattung bestimmter Emissionswerte tatsächlich Einfluß auf Verhaltensweisen nimmt, die dem Schutzbereich der Rundfunkfreiheit im oben genannten Sinne zuzuordnen sind, oder ob die NB 30 nicht vielmehr ausschließlich Regelungen trifft, die zu einem insoweit rundfunkgrundrechtsfreien, nämlich rein fernmeldetechnischen Bereich zu zählen sind.

Die den betroffenen Rundfunksendern aufgrund der öffentlichen Frequenzplanung zugewiesenen Frequenzen dienen dazu, der Rundfunkfreiheit auch zu praktischer Relevanz zu verhelfen. Ein Rundfunksender, der keine Frequenzen zur Ausstrahlung seiner Sendungen zur Verfügung hat, ist nicht funktionsfähig und kann demnach nicht sinnvoll und effektiv Gebrauch von seiner grundrechtlich geschützten Freiheit machen. Diese wäre auf null reduziert. Bereits hieran wird deutlich, daß die Zuteilung geeigneter Frequenzen wesensnotwendiger Bestandteil der Rundfunkfreiheit sein muß, und daß weiterhin eine Beeinträchtigung der Effektivität dieser Frequenzen hinsichtlich Bandbreite und Reichweite oder durch sonstige Störungseinwirkungen von außen zu empfindlichen Beschränkungen bei der Verbreitung der gesendeten Inhalte führen kann. Zugeteilte Frequenzen, die wegen der Überlagerung mit Störungen nicht genutzt werden können, sind für den Rundfunkbetreiber nutzlos und im Ergebnis ebenso zu bewerten wie eine verweigerte Frequenzzuteilung. Die Gestattung elektromagnetischer Einwirkungen auf derartige Frequenzen ist demnach keine rein fernmelde-

---

[183] BVerfGE 12, 205 (237).
[184] BVerfGE 12, 205 (226).

technische Angelegenheit, sondern sie steht in unmittelbarem und denklogischem Bezug zur Freiheitsgarantie des Art. 5 Abs. 1 S. 2 GG.

Die Regelungen der NB 30 in Form der limitierten Gestattung von elektromagnetischen Störfeldeinwirkungen sind insoweit hinsichtlich der Rundfunkfreiheit schutzbereichsrelevante hoheitliche Maßnahmen.

Lokale und überregionale Hörfunk- und Fernsehsendungen sind regelmäßig an eine unbestimmte Vielzahl von Personen gerichtet, die sich im - durch das Kabelnetz oftmals sogar bundesweiten - Verbreitungsgebiet des jeweiligen Senders befinden und über ein geeignetes Empfangsgerät verfügen. Soweit also derartige Hörfunk- und Fernsehsendungen Gegenstand der Untersuchung sind, ist der sachliche Schutzbereich der Rundfunkfreiheit jedenfalls eröffnet.

bb) Personaler Schutzbereich

Zunächst ist der Kreis der möglicherweise betroffenen Grundrechtsträger festzustellen, die durch eine Festsetzung zu hoher Emissionswerte eventuell beeinträchtigt sein könnten und zugleich im hier vorausgesetzten Sinne Betreiber von Hörfunk- oder Fernsehdiensten sind.

Träger des Grundrechts auf Rundfunkfreiheit können alle natürlichen und juristischen Personen und Personenvereinigungen sein, die eigenverantwortlich Rundfunk betreiben.[185] Zwar sind die Grundrechte grundsätzlich als Abwehrrechte des Einzelnen gegen den Staat konzipiert und damit in erster Linie auf natürliche Personen zugeschnitten,[186] jedoch zeigt sich gerade am Beispiel der Rundfunkfreiheit, daß die Bedeutung dieses speziellen Grundrechts häufig nur zu voller Ausprägung gelangt, wenn juristische Personen betroffen sind. Dies ist hauptsächlich damit zu erklären, daß der Betrieb und die Veranstaltung von Rundfunk ein kostenintensives und auch organisatorisch höchst aufwendiges Unterfangen darstellt, welches von einer einzelnen natürlichen Person kaum zu bewältigen ist. Natürliche Personen kommen zwar selbstverständlich ebenfalls als Träger des Grundrechts auf Rundfunkfreiheit in Betracht, sofern sie im Einzelfall tatsächlich Rundfunk im oben genannten Sinne betreiben. In den Vordergrund der nachfolgenden Betrachtungen rücken jedoch - schon aus praktischen

---

[185] BVerfGE 59, 231 (254 f.); 90, 60 (87); Jarass/Pieroth, GG, Art. 5, Rn. 34.
[186] Pieroth/Schlink, Grundrechte, Rn. 58; Laubinger, VerwArch 1989, S. 261 (299); Sachs, GG, Vor Art. 1, Rn. 42 ff.

Erwägungen heraus - die juristischen Personen; sie vor allem sind die typischen Betreiber von Rundfunksendungen.

Indem der Grundgesetzgeber wie erwähnt vor allem die natürlichen Personen unter den Schutz der Grundrechte stellen wollte, ist im Zusammenhang mit juristischen Personen Art. 19 Abs. 3 GG von Relevanz. Inwiefern sich verschiedene juristische Personen über Art. 19 Abs. 3 GG auf das Grundrecht der Rundfunkfreiheit berufen können, wird nachfolgend näher betrachtet.

(1) Inländische juristische Personen des Privatrechts

Unter die inländischen juristischen Personen des Privatrechts fallen im vorliegenden Zusammenhang grundsätzlich und unabhängig von der Powerline-Problematik vor allem die privaten Hörfunk-[187] und Fernsehveranstalter[188]. Nach Maßgabe von Art. 19 Abs. 3 GG gelten Grundrechte „auch für inländische juristische Personen, soweit sie ihrem Wesen nach auf diese anwendbar sind". Die genauen Anforderungen an diese wesensmäßige Anwendbarkeit sind jedoch nicht unumstritten.

Weitgehende Einigkeit besteht insoweit, als das in Frage kommende Grundrecht nicht an natürliche Qualitäten eines Menschen anknüpfen darf, da diese Qualitäten grundsätzlich allen juristischen Personen fehlen würden und Art. 19 Abs. 3 GG damit keinen Bedeutungsgehalt mehr hätte.[189] Ob und welches Grundrecht jedoch für eine privatrechtliche juristische Person Schutzwirkung entfaltet, kann nicht generell-abstrakt, sondern nur anhand im jeweiligen Einzelfall zu überprüfender Kriterien festgestellt werden.[190] Die einfachgesetzlichen Regelungen über die Rechtsfähigkeit von Personenmehrheiten sind dabei nicht ausschlaggebend für eine Eröffnung des verfassungsrechtlichen Schutzbereiches, vielmehr sind

---

[187] Antenne Bayern, Radio FFH, Radio PSR, RTL Radio, um nur einige bekannte Beispiele zu nennen; es existieren mittlerweile über 50 private Hörfunksender in Deutschland.

[188] Beispielsweise DF 1, Kabel 1, MTV, Pro 7, RTL, RTL 2, Sat 1, Vox, VH-1, VIVA. Es gibt derzeit etwa 50 private Fernsehsender in Deutschland, vgl. hierzu beispielsweise die Auflistung unter [http://www.medien-links.de/TV_Sender/Deutschland/privat).

[189] Pieroth/Schlink, Grundrechte, Rn. 150; Stern, Staatsrecht III/1, S. 1126. Beispiele für Grundrechte, die sich durch derartige Anknüpfungsmerkmale auszeichnen und damit nicht auf juristische Personen anwendbar sind, sind Art. 1 Abs. 1 GG (Menschenwürde), Art. 2 Abs. 2 S. 1 GG (Recht auf Leben und körperliche Unversehrtheit), Art. 3 Abs. 2 und 3 GG (Gleichberechtigung und Gleichbehandlung), Art. 4 Abs. 3 GG (bewaffneter Kriegsdienst), Art. 6 GG (Ehe und Familie); weitere Nachweise bei Sachs/Krüger, GG, Art. 19, Rn. 65.

[190] Sachs/Krüger, GG, Art 19, Rn. 65.

sowohl voll- und teilrechtsfähige als auch nicht rechtsfähige Organisationen juristische Personen im Sinne des Art. 19 Abs. 3 GG;[191] der von Art. 19 Abs. 3 GG gebrauchte Begriff der juristischen Person ist also weiter als der einfachrechtliche.[192] Insoweit ergibt sich hinsichtlich dieses Verfassungsmerkmales ein sehr weiter personaler Geltungsbereich für die Grundrechte.

Hinsichtlich der wesensmäßigen Anwendbarkeit erscheint hingegen eine etwas genauere Betrachtung sinnvoll. Nach Ansicht des Bundesverfassungsgerichts ist es erforderlich, daß das jeweilige Grundrecht ein sogenanntes personales Substrat aufweist. Eine Einbeziehung juristischer Personen in den grundrechtlich geschützten Bereich sei damit nur dann statthaft, wenn die Bildung und Betätigung solcher juristischer Personen gerade Ausdruck der freien Entfaltung der natürlichen Personen sei, die hinter der jeweiligen juristischen Person stünden.[193] Diese den Grundrechtsschutz eher einschränkende Auffassung hat im Schrifttum nicht nur Zustimmung[194] erfahren, sondern auch für kritische Äußerungen gesorgt.

Insbesondere wenn man davon ausgeht, daß Art. 19 Abs. 3 GG eine eigenständige Grundrechtsberechtigung für juristische Personen begründet, so verbietet sich geradezu ein Abstellen auf die natürlichen Personen hinter der Korporation. Maßgeblich ist insoweit vielmehr, ob sich die juristische Person in einer grundrechtstypischen Gefährdungslage befindet, die mit derjenigen einer natürlichen Person vergleichbar ist.[195] Dieser Kritik hat sich das Bundesverfassungsgericht angenommen, ist jedoch letztendlich bei seiner Sichtweise geblieben, indem es ausgeführt hat, daß eine grundrechtstypische Gefährdungslage ohne das Vorliegen eines personales Substrats nicht denkbar sei.[196]

Die einschränkende Sichtweise des Bundesverfassungsgerichts ist damit nicht unkritisch zu übernehmen, und auch die höchstrichterliche Rechtsprechung ist sich über eine derartige Schutzbereichsverkürzung nicht völlig einig.[197]

---

[191] Vgl. hierzu ausführlich Sachs/Krüger, GG, Art. 19, Rn. 55 ff.
[192] Pieroth/Schlink, Grundrechte, Rn. 147.
[193] BVerfGE 21, 362 (369); ebenso Dürig, MD, Art. 19 Abs. III, Rn. 1 ff., 36 ff.
[194] Zustimmend Dürig, MD, Art. 19 Abs. III, Rn. 1 ff.
[195] v. Mutius, BoK, Art. 19 Abs. 3, Rn. 114.
[196] BVerfGE 45, 63 (79); 61, 82 (103 f.).
[197] So wird in BVerfGE 46, 73 (83) und BVerwGE 40, 347, Stiftungen ohne weiteres Eingehen auf die Problematik des personalen Substrats eine Grundrechtsberechtigung zugestanden, obwohl diese als lediglich rechtsfähig organisierte Vermögen jedenfalls nicht über ein personales Substrat verfügen.

Für die hier vorgenommene Betrachtung jedoch kann in der Mehrzahl der Fälle vom Vorliegen eines derartigen personalen Substrats ausgegangen werden. Inländische juristische Personen des Privatrechts, die als Rundfunkveranstalter im Sinne des Art. 5 Abs. 1 S. 2 GG agieren, stellen regelmäßig einen Zusammenschluß von natürlichen Personen dar, die auch selbst jeweils einzeln Träger des Grundrechts auf Rundfunkfreiheit sein können. Aufgrund der komplexen technischen, organisatorischen und strukturellen Vorgänge beim Betrieb eines Rundfunksenders ist sogar davon auszugehen, daß ein solcher Rundfunkbetrieb regelmäßig nur von einer entsprechend organisierten Mehrzahl von natürlichen Personen durchgeführt und aufrechterhalten werden kann. Damit liegt regelmäßig eine grundrechtliche Schutzsituation vor, bei der die Bildung und Betätigung solcher Rundfunkveranstalter gerade Ausdruck der freien grundrechtlichen Entfaltung der natürlichen Hintergrundpersonen ist, so daß es im Sinne des Bundesverfassungsgerichts als sinnvoll und unter rechtspragmatischen Gesichtspunkten auch als erforderlich erscheinen muß, derartigen privaten Rundfunkveranstaltern den Schutz des Grundrechts auf Rundfunkfreiheit zu gewähren. Das Bundesverfassungsgericht hat im Ergebnis ebenfalls die grundsätzliche Grundrechtsberechtigung juristischer Personen des Privatrechts im Hinblick auf die Rundfunkfreiheit anerkannt.[198]

(2) Inländische juristische Personen des öffentlichen Rechts

Neben den soeben behandelten Rundfunkveranstaltern, die juristische Personen des Privatrechts sind, kommen aber auch die öffentlich-rechtlichen Hörfunk-[199] und Fernsehanstalten[200] als Grundrechtsträger in Frage. Es ist kennzeichnendes Merkmal des deutschen Rundfunkrechts, daß neben einer mittlerweile nicht ganz unerheblichen Zahl privater Rundfunkveranstalter auch nach wie vor öffentlich-rechtliche Sender die Rundfunklandschaft entscheidend mitprägen. Dieses sogenannte duale Rundfunksystem sichert die öffentlich-rechtliche Grundversorgung der Allgemeinheit mit Informationen, Unterhaltung und sonstigen Themen des öffentlichen Interesses.[201]

---

[198] BVerfGE 21, 271 (277); 24, 278 (282).
[199] Insbesondere die Hörfunksparten der jeweiligen Landesrundfunkanstalten, beispielsweise Bayern 3, Hessen 3, NDR, Radio Bremen, aber auch der Deutschlandfunk.
[200] Dies sind die ARD mit den damit zusammengeschlossenen Landesrundfunkanstalten sowie das ZDF, aber auch beispielsweise die Deutsche Welle TV.
[201] Sachs/Bethge, GG, Art. 5, Rn. 90; Schmidt-Bleibtreu/Klein, GG, Art. 5, Rn. 11c; Pieroth/Schlink, Grundrechte, Rn. 578; Stock, JZ 1997, S. 583 ff.

Die öffentlich-rechtlichen Rundfunkanstalten[202] sind juristische Personen des öffentlichen Rechts.[203] Für derartige öffentlich-rechtliche juristische Personen hat das Bundesverfassungsgericht ganz besonders am oben genannten Erfordernis eines personalen Substrats festgehalten. Grundrechte seien ihrer Funktion nach Abwehrrechte des Bürgers gegen den Staat. Indem juristische Personen des öffentlichen Rechts aber statusrechtlich in das öffentlich-rechtliche Staatssystem integriert seien, seien sie grundsätzlich nicht grundrechtsfähig. Sie könnten nicht gleichzeitig grundrechtsberechtigt und grundrechtsverpflichtet sein.[204] Ein personales Substrat sei also insoweit regelmäßig nicht vorhanden, da hinter juristischen Personen des öffentlichen Rechts eben niemals eine natürliche Person, sondern der Staat stehe. Nach ständiger Rechtsprechung des Bundesverfassungsgerichts sind juristische Personen des öffentlichen Rechts damit nicht grundrechtsfähig.[205]

Ausnahmen hiervon sind jedoch dann zuzulassen, wenn juristische Personen des öffentlichen Rechts in einem durch Grundrechte geschützten Lebensbereich agieren, in dem sie vom Staat unabhängig sind und statt dessen vielmehr als Sachwalter des Einzelnen bei der Wahrnehmung seiner Grundrechte auftreten.[206] Sie sind damit in diesen Fällen unmittelbar diesem durch die Grundrechte geschützten Lebensbereich zuzuordnen, so daß insoweit vom Vorliegen eines personalen Substrats ausgegangen werden kann.[207] Maßgeblich ist damit die Funktion der entsprechenden juristischen Person des öffentlichen Rechts, in der sie von dem beanstandeten Akt der öffentlichen Gewalt konkret betroffen wird.[208]

So stellt sich die grundrechtliche Schutzsituation auch bei den öffentlich-rechtlichen Rundfunkanstalten dar. Im sogenannten zweiten Fernsehurteil[209] hat das Bundesverfassungsgericht die öffentlich-rechtlichen Rundfunkanstalten als

---

[202] Dies sind insbesondere die Arbeitsgemeinschaft der Rundfunkanstalten Deutschlands (ARD) und das Zweite Deutsche Fernsehen (ZDF).
[203] Vgl. z. B. § 1 Abs. 1 S. 1 ZDF-Staatsvertrag.
[204] Grundlegend dazu BVerfGE 21, 362 (369 ff.); vgl. auch BVerfGE 68, 193 (205 ff.); 45, 63 (78); 61, 82 (101); vgl. auch Pieroth/Schlink, Grundrechte, Rn. 575 m. w. Nachw.
[205] Vgl. BVerfGE 23, 12 (24 ff.); 23, 353 (372 f.); 24, 367 (383); 25, 198 (205); 26, 228 (244); 35, 263 (271); 38, 175 (184); 39, 302 (312 ff.); 45, 63 (78 ff.); 61, 82 (101 ff.); 68, 193 (206 ff.); 70, 1 (15); 75, 192 (200).
[206] BVerfGE 31, 314 (322); 61, 82 (103); 83, 238 (322).
[207] BVerfGE 31, 314 (322); 39, 302 (314).
[208] BVerfGE 68, 193 (207 f.).
[209] BVerfGE 31, 314 ff.

der Verwirklichung des Grundrechts auf Rundfunkfreiheit dienende staatliche Einrichtungen bezeichnet und sie damit als grundrechtsberechtigt bezüglich der Rundfunkfreiheit angesehen.[210]

Die öffentlich-rechtlichen Hörfunk- und Fernsehbetreiber können sich somit auf die Rundfunkfreiheit gemäß Art. 5 Abs. 1 S. 2 GG berufen, der personale Schutzbereich ist insoweit eröffnet.

(3) Ausländische juristische Personen

Die deutsche Rundfunklandschaft wird nach wie vor maßgeblich von inländischen Rundfunkveranstaltern beherrscht. Daneben existieren jedoch auch einige fremdsprachige Rundfunksender, die insbesondere für ausländische Hörer in Deutschland eine wichtige Informationsquelle darstellen.[211] Es ist weitgehend anerkannt, daß sich ausländische juristische Personen jedenfalls auf die sogenannten Justiz- oder Prozeßgrundrechte berufen können.[212] Hierunter fallen die Möglichkeit einer Berufung auf das Petitionsrecht aus Art. 17 GG, die Rechtsweggarantie aus Art. 19 Abs. 4 GG, das Recht auf den gesetzlichen Richter aus Art. 101 Abs. 1 S. 2 GG sowie der Anspruch auf rechtliches Gehör aus Art. 103 Abs. 1 GG.[213] Der Grund hierfür liegt vor allem in einem aus dem Rechtsstaatsprinzip abzuleitenden Anspruch auf ein faires und chancengleiches Gerichtsverfahren für alle an einem Prozeß Beteiligten.[214] Die Justizgrundrechte sind damit also nicht nur ein objektiv-rechtsstaatliches Mittel der Verfahrenssicherung,[215]

---

[210] BVerfGE 31, 314 (322); vgl. auch BVerfGE 59, 213 (255); 78, 101 (102 f.). Weitere juristische Personen des öffentlichen Rechts, die sich auf Grundrechte berufen können, sind die öffentlich-rechtlichen Religionsgemeinschaften hinsichtlich Art. 4 Abs. 1 und 2 GG sowie die Universitäten hinsichtlich Art. 5 Abs. 3 S. 1 Hs. 2 GG.

[211] Beispiele sind im TV-Bereich BBC, TRT und TV5 sowie eine große Zahl von Radiosendern, insbesondere im für Powerline relevanten Bereich der Kurz-, Mittel- und Langwelle.

[212] BVerfGE 3, 359 (363); 12, 6 (8); 18, 441 (447); 64, 1 (11); die Literatur ist diesem Ansatz des BVerfG weitgehend gefolgt, vgl. Bettermann, NJW 1969, S. 1321 (1322); Stern, StaatsR III/1, S. 1147, 1155; die Prozeßgrundrechte gelten im übrigen auch für die inländischen juristischen Personen des öffentlichen Rechts, vgl. BVerfGE 61, 82 (104); 75, 192 (200); Pieroth/Schlink, Grundrechte, Rn. 156 f.

[213] v. Mutius, BoK, Art. 19 Abs. 3, Rn. 51; Niessen, NJW 1968, S. 1018; Meessen, JZ 1970, S. 605; Dürig, MD, Art. 19 Abs. III, Rn. 30; ablehnend aber beispielsweise Schmidt, Grundrechte und Nationalität juristischer Personen, 1966, S. 56 ff.

[214] Bethge, AöR 104 (1979), S. 85.

[215] Insoweit zustimmend BVerfGE 12, 6 (8); 18, 441 (447); 21, 362 (373).

sondern darüber hinaus auch echte, im Wege der Verfassungsbeschwerde durchsetzbare, subjektive Abwehrpositionen begründende Grundrechte.[216]

Nichtsdestotrotz ungeklärt und demzufolge fraglich ist jedoch, ob sich auch ein ausländischer Rundfunksender auf die grundgesetzliche Rundfunkfreiheit berufen kann. Die Beantwortung dieser Frage verlangt eine vom Problemkreis Powerline und Rundfunkfreiheit losgelöste Betrachtung der grundrechtsdogmatischen Situation im Hinblick auf die Anwendbarkeit der Grundrechte auf ausländische juristische Personen.[217]

(a)   Ausgangslage in Art. 19 Abs. 3 GG - Wortlaut, Systematik, Telos und Entstehungsgeschichte

Der Wortlaut des Art. 19 Abs. 3 GG umfaßt *expressis verbis* nur inländische juristische Personen. Bereits aus diesem Grund wird im Wege eines *argumentum e contrario* regelmäßig gefolgert, daß ausländische juristische Personen grundsätzlich nicht Träger von materiellen Grundrechten sein können.[218] Das Wort „auch" in der Formulierung des Grundgesetzes wird als Ausdruck einer Erweiterung des grundrechtlichen Anwendungsbereiches angesehen, da Grundrechte primär dem einzelnen zugute kommen.[219]

Hinzu kommt in systematischer Hinsicht die abschließende Stellung des Art. 19 Abs. 3 GG im Rahmen des ersten Abschnittes des Grundgesetzes. Auch diese Tatsache wurde vom Bundesverfassungsgericht als weiteres Indiz dafür angesehen, daß Art. 19 Abs. 3 GG die Anwendbarkeit der materiell-rechtlichen Grund-

---

[216] Arndt, NJW 1959, S. 6 ff. und S. 1297 ff.
[217] Hiervon zu trennen ist die im juristischen Studium und Examen häufig auftauchende Problemkonstellation, daß sich ein einzelner Ausländer auf deutsche Grundrechte beruft. In diesen Fällen stellt sich bei „Jedermannsgrundrechten" erst gar kein Problem, während bei reinen Deutschengrundrechten nach vorherrschender (nur allzu oft unkritisch übernommener) Ansicht Art. 2 Abs. 1 GG eingreift.
[218] BVerfGE 21, 362 (373); 21, 207 (208 f.); 23, 229 (236); Stern, StaatsR III/1, S. 1135; v. Mutius, BoK, Art. 19 Abs. 3, Rn. 49; Jarass/Pieroth, GG, Art. 19, Rn. 15; Dürig, MD, Art. 19 Abs. III, Rn. 30; Meessen, JZ 1970, S. 602 ff.; Ladeur, AK, Art. 19 Abs. 3, Rn. 38; Rüfner, HStR V, § 116 - Grundrechtsträger, Rn. 57 ff.; dies insoweit ebenfalls anerkennend Degenhart, EuGRZ 1981, S. 161 (162 f.), wobei Degenhart Raum für „modifizierte Betrachtungsweisen" sieht (dazu siehe unten).
[219] v. Mutius, BoK, Art. 19 Abs. 3, Rn. 10; Bethge, AöR 104 (1979), S. 68 ff.

rechtsgarantien auf ausländische juristische Personen nach dem Willen des Grundgesetzgebers ausschließt.[220]

Teleologisch betrachtet ist es Ziel des Art. 19 Abs. 3 GG, daß die deutsche Staatsgewalt nicht in gleicher Weise gegenüber ausländischen juristischen Personen grundrechtlich gebunden sein soll wie gegenüber inländischen.[221] Der Grund hierfür liegt darin, daß eine ausländische juristische Person immer die rechtliche Gestalt ihres Heimatstaates hat, deutschen Gesetzen somit nur eingeschränkt unterliegt und sich deren Kontrolle daher auch leichter entziehen kann.[222] Insoweit erscheint es nicht angemessen, solchen Personenmehrheiten zusätzlich auch noch Grundrechtsschutz zu gewähren. Daneben würde auch der fremdenrechtliche Aktionsspielraum eingeschränkt, der der Bundesrepublik im Hinblick auf Verhandlungen über die handelsvertragliche Gleichbehandlung Deutscher im Ausland erhalten bleiben muß.[223]

Eine enge Auffassung des Wortlauts dürfte im übrigen auch dem entsprechen, was der Parlamentarische Rat bei Schaffung dieser Vorschrift mit derselben intendierte.[224] Die Formulierung wurde am 13.12.1948 vom Allgemeinen Redaktionsausschuß des Parlamentarischen Rates vorgeschlagen, woraufhin sie vom Grundsatzausschuß am 11.01.1949 unverändert übernommen wurde. Die zugehörige Begründung lautete, es „dürfte kein Anlaß bestehen, auch ausländischen juristischen Personen den verfassungsmäßigen Schutz der Grundrechte zu gewähren".[225] Dies stellt seitens des Verfassunggebers eine klare und unmißverständliche Entscheidung dar.

Die Auslegung von Wortlaut, Systematik und Telos sowie die Berücksichtigung der Entstehungsgeschichte des Art. 19 Abs. 3 GG führt somit übereinstimmend

---

[220] Dies entspricht der herrschenden Ansicht, vgl. BVerfGE 21, 207 (208); 23, 229 (236); v. Mutius, BoK, Art. 19 Abs. 3, Rn. 50; Leibholz/Rinck, GG, Art. 19, Rn. 5; Bethge, AöR 104 (1979), S. 156.
[221] Stern, Festschrift für Seidl-Hohenveldern 1988, S. 587 (588).
[222] Vgl. Schmidt, Grundrechte und Nationalität juristischer Personen, 1966, S. 170; Steinbrück, Grundrechtsschutz ausländischer juristischer Personen, 1981, S. 29 ff.
[223] v. Mutius, BoK, Art. 19 Abs. 3, Rn. 50 m. w. Nachw.
[224] Zur Entstehungsgeschichte der Norm vgl. v. Doemming/Füsslein/Matz, JöR NF Bd. 1/1951, S. 182.
[225] Stellungnahme des Allgemeinen Redaktionsausschusses, Drucks. Nr. 370 vom 13.12. 1948, Parl. Rat GG, Entwürfe 1948/49, S. 89; vgl. auch v. Doemming/Füsslein/Matz, JöR NF Bd. 1/1951, S. 182.

zu dem Ergebnis, daß sich ausländische juristische Personen nicht auf materielle deutsche Grundrechte berufen können.

Ob eine juristische Person im verfassungsrechtlichen Sinne als inländisch oder ausländisch anzusehen ist, richtet sich nach vorherrschender Ansicht nach ihrem Sitz. Als ausländisch in diesem Sinne ist eine juristische Person dann anzusehen, wenn ihr Sitz im Ausland liegt, wobei für die Bestimmung des Sitzes der Ort des effektiven Verwaltungsmittelpunktes entscheidend ist.[226] Der effektive und damit maßgebliche Sitz muß dabei nicht zwingend mit dem satzungsgemäßen Sitz übereinstimmen.[227]

Ob ein Rundfunkbetreiber im Sinne der oben genannten Sitztheorie als ausländisch anzusehen ist muß für jeden einzelnen Rundfunkveranstalter gesondert bestimmt werden. Hierbei zeigt sich, daß eine nennenswerte Anzahl internationaler Sender in Deutschland eigene Niederlassungen unterhält, die für die inhaltliche Gestaltung des in Deutschland ausgestrahlten Programmangebotes alleinverantwortlich sind. Beispielhaft sei der englische Musiksender MTV Europe genannt, dessen deutsche Niederlassung, die MTV Networks GmbH in München, das in Deutschland ausgestrahlte Programm in eigener Zuständigkeit zusammenstellt und produziert.[228] In diesem Falle handelt es sich also nicht um eine ausländische juristische Person, sondern um eine inländische.

Eine andere Beurteilung ergibt sich jedoch, wenn Programmgestaltung und Ausstrahlung im Ausland erfolgen und auf deutschem Boden lediglich noch inländische Telekommunikationsstrukturen zur Verbreitung an die Empfänger genutzt werden. Beispielhaft hierfür können die Sender TV5[229], TRT[230] oder BBC[231] genannt werden. Die über diese Sender ausgestrahlten Sendungen werden aus-

---

[226] BVerfGE 21, 207 ff.; Dürig, MD, Art. 19 Abs. III, Rn. 50 ff.; Meessen, JZ 1970, S. 602; v. Mutius, BoK, Art. 19 Abs. 3, Rn. 50 m. w. Nachw.; Bethge, AöR 104 (1979), S. 54, 83 ff.

[227] Dreier, GG, Art. 19 III, Rn. 31 m. w. Nachw.; ausführlich zur Sitztheorie Huber, in: v. Mangoldt/Klein/Starck, Art. 19 Abs. 3, Rn. 313 ff.; vgl. auch Niessen, NJW 1968, S. 1018.

[228] Ähnlich auch beim englischen Sender CNN, für den die deutsche Turner Broadcasting GmbH in Zusammenarbeit mit dem innerdeutschen Sender n-tv agiert.

[229] Französischsprachiger Sender der TV5 Monde, Frankreich.

[230] Türkischsprachiger staatlicher Sender der Türkei.

[231] Englischsprachiger Sender der BBC, England.

schließlich im Ausland produziert oder endbearbeitet[232] und dann - unter anderem - in Deutschland ausgestrahlt. Dies trifft auch auf viele internationale Radiosender im Bereich Kurz-, Mittel- und Langwelle zu, deren Programm in Deutschland empfangbar ist, und deren Sendefrequenzen wie erörtert im von Powerline genutzten Bereich liegen. Die Sitztheorie ist im Zusammenhang mit Powerline also vor allem bei Radiosendern relevant.

In den genannten Fällen ist im Sinne der Sitztheorie von einer ausländischen juristischen Person auszugehen. An dieser Beurteilung ändert auch das eventuelle Vorhandensein von Korrespondenzbüros oder sonstiger untergeordneter administrativer Einrichtungen solcher Sender in Deutschland nichts.

Nach den bisherigen Feststellungen kann sich somit ein Rundfunkbetreiber, der im Sinne der Sitztheorie eine ausländische juristische Person ist, nicht auf die grundgesetzlich geschützte Rundfunkfreiheit berufen.

(b)   Ansatz von Ritter - Analoge Anwendung

Das Bundesverfassungsgericht hat sich im Hinblick auf Art. 19 Abs. 3 GG wie folgt geäußert: „Sofern derselbe[233] überhaupt ausländische juristische Personen als Träger von Grundrechten ausschließen will, so kann das jedenfalls nur die im Abschnitt I des Grundgesetzes enthaltenen Rechte berühren"[234]. Die Urteilsbegründung wurde hierbei bewußt offen gehalten.[235] *Ritter* nimmt dies zum Anlaß, seinerseits das Problem zu hinterfragen. Er bezeichnet dabei die oben bereits dargestellte Entstehungsgeschichte des Art. 19 Abs. 3 GG ohne nähere Begründung als „unergiebig".[236] Normzweck sei aber, die einheimische Rechtsordnung vor Störungen zu schützen. Diese könnten dadurch entstehen, daß ausländische juristische Personen, die am inländischen Rechtsverkehr teilnähmen, eine von deutschen Verhältnissen abweichende Rechtsstruktur aufweisen könnten. Aus Gründen der Rechtssicherheit seien daher Vorbehalte gegenüber solchen juristi-

---

[232] Eine Endverarbeitung erfolgt beispielsweise bei der Ausstrahlung von internationalen Spielfilmen oder TV-Serien in Form der Nachvertonung in der jeweiligen Sprache.
[233] Gemeint ist Art. 19 Abs. 3 GG.
[234] BVerfGE 12, 6 (8).
[235] Im genannten Fall ging es lediglich um die Grundrechtsfähigkeit einer ausländischen juristischen Person im Hinblick auf das Verfahrensgrundrecht des Art. 103 Abs. 1 GG, so daß das BVerfG für Ausführungen zur Anwendbarkeit materieller Grundrechte keine Veranlassung sah.
[236] Ritter, NJW 1964, S. 279 (281).

schen Personen durchaus angebracht. Weiterhin sei auch der Schutz deutscher juristischer Personen im Ausland nicht immer vollkommen. Um hierbei dem deutschen Staat bei internationalen Vertragsverhandlungen über die gegenseitige Regelung der Rechtsstellung von derartigen Personenmehrheiten eine entsprechende Handhabe und Verhandlungsbasis[237] zu geben, sei eine enge Auslegung von Art. 19 Abs. 3 GG daher angebracht. Trotzdem sei auch im Hinblick auf die Wahrung eines derartigen fremdenrechtlichen Aktionsspielraumes eine pauschale Verneinung des Grundrechtsschutzes ausländischer juristischer Personen unstatthaft.[238] Das Rechtsstaatsgebot, dessen Kerngehalt die Gewährleistung von Grundrechten sei, gebiete es nämlich, auch ausländischen Personenmehrheiten einen originären Grundrechtsschutz zuzubilligen. Hinter jeder juristischen Person - gleich ob inländischen oder ausländischen Rechts und gleich welcher Rechtsform - stünden immer menschliche Interessen. Insofern könne allein aufgrund einer fremden Staatszugehörigkeit der Grundrechtsschutz nicht versagt werden. Er müsse vielmehr generell gewährt und dürfe nur im Einzelfall durch den Gesetzgeber repressiv versagt werden. Auf ausländische juristische Personen sei Art. 19 Abs. 3 GG damit jedenfalls hinsichtlich der Jedermann-Grundrechte analog anzuwenden.[239]

(c) Ansatz von Degenhart - Gleichwertige Gewaltunterworfenheit

Einen weiteren Ansatz vertritt *Degenhart*.[240] Zwar beschränken sich die Ausführungen auf solche zur Eigentumsgarantie gemäß Art. 14 GG und deren schutzbereichsmäßige Ausweitung auch auf ausländische juristische Personen. Die Überlegungen sind jedoch durchaus allgemeindogmatischer Art und müssen sich daher - auch im Sinne *Degenharts* - auf andere Grundrechte beziehungsweise auf die Gewährung des Grundrechtsschutzes als solchen anwenden lassen.[241]

Degenhart geht bei seinen Überlegungen vom Schutzzweck des Art. 19 Abs. 3 GG aus, den er wie *Ritter* in der Wahrung eines fremdenrechtlichen Aktionsspielraumes des Staates sieht.[242] Ausländische juristische Personen könnten sich

---

[237] Ritter, NJW 1964, S. 281, spricht hier sogar von einem „Druckmittel".
[238] Ritter, NJW 1964, S. 281.
[239] Ritter, NJW 1964, S. 282.
[240] Degenhart, EuGRZ 1981, S. 161 ff.
[241] Dies scheint auch die Ansicht des Autors zu sein, der konstatiert, daß die Eröffnung des personalen Schutzbereiches anderer Grundrechte als Art. 14 GG im Einzelfall anhand der genannten Kriterien zu überprüfen sei; vgl. Degenhart, EuGRZ 1981, S. 164.
[242] Degenhart, EuGRZ 1981, S. 163.

dem Zugriff und der Kontrolle der deutschen Rechtsordnung entziehen, wenn sie vom Ausland aus im Inland tätig werden. Daher dürfe im Gegenzug auch nicht der volle, sondern nur ein reduzierter oder auch gar kein Grundrechtsschutz gewährt werden.[243] Hierbei sei jedoch zu bedenken, daß es auch viele Fälle gebe, in denen eben diese geringere Gewaltunterworfenheit ausländischer Rechtsteilnehmer nicht vorhanden sei, so daß die ausländischen juristischen Personen den inländischen gleichgestellt gegenüberstünden. In diesen Fällen, in denen es an einer Schlechterstellung der ausländischen juristischen Personen und damit an einer geringeren Gewaltunterworfenheit fehle, sei mit dem Argument des Normzwecks des Art. 19 Abs. 3 GG eine Versagung des Grundrechtsschutzes nicht mehr zu rechtfertigen.[244] Eine vorhandene prozessuale Gleichwertigkeit komme auch dadurch zum Ausdruck, daß sich die ausländischen Gesellschaften jedenfalls auf die sogenannten Justiz- oder Prozeßgrundrechte berufen dürften.[245] *Degenhart* nennt insbesondere Beispiele baurechtlicher Art, die dies verdeutlichen sollen.

Vor diesem Hintergrund, daß also bei gleichmäßiger Betroffenheit der Normzweck des Art. 19 Abs. 3 GG in Form der Wahrung eines fremdenrechtlichen Aktionsspielraumes durch eine Versagung des Grundrechtsschutzes aufgrund geringerer Gewaltunterworfenheit nicht mehr erreicht werden könne, sei daher ein Grundrechtsschutz auch ausländischen Gesellschaften zuzubilligen.[246]

(d) Ansatz von Vogel - Grundrechtschutz über das Rechtsstaatsprinzip

Das Verfassungsprinzip der Demokratie in Verbindung mit dem Rechtsstaatsprinzip ist für *Vogel* die rechtliche Grundlage für die Gewährung von grundrechtlichem Schutz auch gegenüber ausländischen juristischen Personen,[247] wobei der Autor hierbei nur Ausführungen zum Gleichbehandlungsgrundsatz gemäß Art. 3 Abs. 1 GG im Zusammenhang mit steuerrechtlichen Fragen macht und damit offen läßt, ob er seinen Ansatz auch auf andere Grundrechte übertragen sehen will.

---

[243] Degenhart schließt sich damit im Ergebnis den Überlegungen an, die schon der Grundsatzausschuß angeführt hatte; vgl. von Doemming/Füsslein/Matz, JöR NF Bd. 1/1951, S. 182.
[244] Degenhart, EuGRZ 1981, S. 163.
[245] Dazu vgl. bereits oben.
[246] Degenhart, EuGRZ 1981, S. 164.
[247] Vogel, DStJG, Bd. 12 (1989), S. 123 (141).

(e)   Eigene Stellungnahme

Ritters Argumentation ist in hohem Maße angreifbar. Sie berücksichtigt nicht die Grundlagen einer rechtsmethodischen Vorgehensweise, sondern kommt - vielleicht ergebnisorientiert - zu einer vorschnellen Schlußfolgerung.

Wichtigste Voraussetzung für die Annahme eines Analogieschlusses ist das Vorliegen einer Regelungslücke. Eine solche liegt nur vor, wenn eine „planwidrige Unvollständigkeit"[248] des Gesetzes festgestellt werden kann.[249] Hieran jedoch muß *Ritters* Analogieschluß bereits scheitern. Der Grundgesetzgeber war Herr des Gesetzgebungsverfahrens, seine Formulierungen sind es, die bei Unklarheiten ausgelegt und bei Lücken ergänzt werden müssen. Der Gesetzgeber kann aber kraft der ihm zustehenden Kompetenzen auch bewußt eine Regelung nicht treffen. So liegt der Fall bei Art. 19 Abs. 3 GG. Wie dargestellt ist aus den Materialien zum Grundgesetzgebungsverfahren deutlich ersichtlich, daß sich die Verantwortlichen der Problematik des Grundrechtsschutzes von ausländischen juristischen Personen bewußt waren. Genauso deutlich ersichtlich ist aber auch, daß mit der Formulierung zum Ausdruck gebracht werden sollte, daß eben solchen ausländischen Personenmehrheiten kein Grundrechtsschutz zukommen sollte, weil man dafür keinen Anlaß sah. Begründung und Ergebnis mögen sicherlich nicht überall auf Zustimmung stoßen. Es ist jedoch eine Tatsache, daß eine deutliche Absichtserklärung des Gesetzgebers über das fragliche Problem existiert. Damit aber handelt es sich um keine planwidrige gesetzliche Unvollständigkeit, sondern um eine bewußte Nicht-Regelung eines bestimmten Problemkomplexes mit dem Ziel und im Bewußtsein, hierdurch auch eine ganz bestimmte Rechtsfolge, nämlich die Versagung des Grundrechtsschutzes für ausländische juristische Personen, herbeizuführen. Mangels einer planwidrigen Regelungslücke ist Art. 19 Abs. 3 GG damit nicht im Sinne *Ritters* analogiefähig. Auf diesem Wege kann ein Grundrechtsschutz für ausländische juristische Personen daher nicht geschaffen werden.

Unabhängig hiervon erscheint auch die weitere Argumentation *Ritters* bedenklich, die das Rechtsstaatsprinzip als Anknüpfungspunkt für einen Grundrechtsschutz ansieht. Insbesondere seine Auffassung, Grundrechtsschutz und Rechtsstaatsprinzip seien so eng miteinander verknüpft, daß man nicht umhin könne,

---

[248] Der Ausdruck ist auf Elze, Lücken im Gesetz (1916), S. 3 ff., zurückzuführen.
[249] Siehe hierzu die ausführlichen Darstellungen in Larenz/Canaris, Methodenlehre der Rechtswissenschaft, S. 191 (194 ff.).

ersteren auch ausländischen Personenmehrheiten zuzubilligen, ist nicht unproblematisch.[250]

Auch die Auffassung von *Degenhart* kann nicht kritiklos hingenommen werden. Seine teleologische Reduktion des Art. 19 Abs. 3 GG würde in der Rechtspraxis zu einer unabsehbaren und in dieser Form nicht gewollten Ausweitung des grundrechtlichen Schutzbereiches führen. *Degenhart* nennt zwar die verfahrenstypische und inländergleiche Gewaltunterworfenheit als maßgebliches Kriterium für einen auch auf ausländische juristische Personen erweiterten Grundrechtsschutz, unterläßt es jedoch, dieses in höchstem Maße unbestimmte und weitestgehend von normativen Aspekten geprägte Kriterium selbst näher zu spezifizieren. Infolge dessen muß sich die Prüfung, ob eine inländergleiche Gewaltunterworfenheit vorliegt, beinahe zwangsläufig von einem Rechtsproblem zum nächsten hangeln und fragen, was eigentlich unter „verfahrenstypischer", was unter „inländergleicher" Gewaltunterworfenheit zu verstehen ist. Hierbei darf ein Vergleich der Betroffenheitssituation der jeweiligen Prozeßparteien insbesondere nur auf gleicher Ebene, regelmäßig also nur im Bereich des einfachen Rechts stattfinden.

Grundfalsch wäre es nämlich, zur Beantwortung der Frage eine Prognose anzustellen, wie das Verfahren ausgehen könnte, welche Rechtspositionen der jeweiligen Partei in Gefahr wären oder im ungünstigsten Fall sogar verloren gingen. Dies würde - um bei *Degenharts* eigentumsrechtlichen Beispielen zu bleiben - nämlich regelmäßig zu der Feststellung führen, daß auf beiden Seiten das Recht auf Eigentum gefährdet wäre, wobei die inländische juristische Person sich in letzter Konsequenz auf Art. 14 GG, die ausländische jedoch „nur" auf einfachgesetzliches Recht ohne grundrechtliche Absicherung stützen könnte. Da aber hinsichtlich der rechtlichen Gefährdung des Eigentums eine insoweit gleichwertige Gefahr für beide juristische Personen bestehen würde, müßte man bei konsequenter Fortführung des Gedankengangs von *Degenhart* zu einer Bejahung des Grundrechtsschutzes von Art. 14 GG auch für die ausländische juristische Person kommen. Dies aber wäre ein Zirkelschluß erster Güte, denn die zu beantwortende Frage nach dem Grundrechtsschutz würde mit dem Argument bejaht werden, dieser sei zu gewähren, da auf beiden Seiten Eigentumsrechte in Frage stünden. Das einfachgesetzliche Recht auf Eigentum und das Grundrecht auf Eigentum sind aber schon aufgrund der allgemein anerkannten Normen-

---

[250] Siehe hierzu insbesondere Meessen, JZ 1970, S. 602 (603), m. w. Nachw.

hierarchie zwischen einfachem Recht und Verfassungsrecht gerade nicht identisch. Eine Beantwortung der Frage nach dem „Was wäre wenn..."-Prinzip muß also zwingend unterbleiben. Diese Annahme zugrundegelegt läge immer und in jeder Fallkonstellation eine gleichwertige Gewaltunterworfenheit im Bezug auf das - für inländische und ausländische juristische Personen regelmäßig gleichermaßen anwendbare - einfachgesetzliche Recht vor. Die Untauglichkeit des Arguments der gleichartigen Gewaltunterworfenheit von *Degenhart* liegt damit auf der Hand.

Hinzu kommt, daß *Degenhart* es unterläßt, Korrektive aufzustellen oder Ausnahmen für das von ihm vorgeschlagene Kriterium zu spezifizieren. Damit finden die dem Art. 19 Abs. 3 GG zugrundeliegenden und in ihrem Telos eindeutigen Überlegungen des Grundgesetzgebers bei einer derartigen, vermeintlich gerechtigkeitsorientierten Auslegung des Gesetzeswortlauts überhaupt keine Berücksichtigung mehr. Deutsche Jedermann-Grundrechte[251] böten in so gut wie allen denkbaren Fällen auch ausländischen juristischen Personen denselben Schutz wie ihren inländischen Pendants. Damit aber würde die bewußt gewählte Formulierung des Art. 19 Abs. 3 GG, daß Grundrechte auch für inländische juristische Personen gelten, weitestgehend unterlaufen und mithin sinnlos.

Des weiteren erscheinen Zweifel hinsichtlich der Schutzbedürftigkeit der ausländischen juristischen Personen angebracht. Viele ausländische Gesellschaften unterhalten in Deutschland Filialen, Tochtergesellschaften oder ähnliche, dem jeweiligen nationalen Recht unterworfene Unternehmenszweige. Wird in einem Staat keine solche nationale Dependence unterhalten, so dürften hierfür oftmals wohl überlegte Gründe, zum Beispiel solche steuer- oder gewerberechtlicher Art, vorliegen, wegen derer es das in Frage stehende Unternehmen für vorteilhafter erachtet, keine solche Zweigstelle in Deutschland zu unterhalten. Dieser gezielte Entzug vor inländischen Zugriffs- und Kontrollmöglichkeiten rechtfertigt keine Belohung mit grundrechtlichem Schutz. Will sich eine ausländische juristische Person in Deutschland vollumfänglich auf rein nationales Recht berufen können, so steht es ihr frei, im Rahmen der für alle in- und ausländischen juristischen Personen gleichermaßen geltenden Bestimmungen eine solche nationale Vertretung zu gründen und damit im selben Umfang am innerstaatlichen

---

[251] Degenhart räumt bezüglich der sogenannten Bürger- oder Deutschengrundrechte, die in personaler Hinsicht einen Deutschen im Sine des Art. 116 GG voraussetzen, selbst die Unzulänglichkeit seiner These ein, vgl. Degenhart, EuGRZ 1981, S. 164.

Rechtsverkehr teilzunehmen wie rein innerdeutsche Unternehmen. Erst in diesem Fall kann - im Sinne *Degenharts* - von einer gleichartigen Gewaltunterworfenheit gesprochen werden, die eine Gewährung grundrechtlichen Schutzes rechtfertigt. Erst in dieser Konstellation ist nicht nur die subjektiv-rechtliche Unterworfenheitssituation, sondern auch die objektiv-rechtliche Ausgangssituation gleichwertig und vergleichbar.

Mit einer vorschnellen Gewährung grundrechtlichen Schutzes geht eine Verkürzung des Verhandlungsspielraumes der Bundesrepublik Deutschland verloren. Der fremdenrechtliche Aktionsspielraum, der mit der Formulierung des Art. 19 Abs. 3 GG gewahrt werden sollte, würde unzumutbar verkürzt, wenn nicht sogar gänzlich beseitigt. Nach der Vorstellung des Grundgesetzgebers sollte die Inländergleichbehandlung von ausländischen juristischen Personen nicht grundsätzlich erfolgen, sondern gegen eine entsprechende Behandlung von deutschen juristischen Personen im Ausland durch völkerrechtliche Verträge ausgehandelt werden können.[252] Auf diese Weise sollte dem Staat also in völkervertraglicher Hinsicht ein entsprechender Verhandlungsfreiraum eingeräumt und ein für die Gegenseite erstrebenswerter, aushandelbarer Vorteil an die Hand gegeben werden.

Der Gedanke *Vogels*, das allgemeine Rechtsstaatsprinzip zur Begründung grundrechtlichen Schutzes heranzuziehen, klingt zwar auf den ersten Blick vielversprechend, läßt sich jedoch dogmatisch ebenfalls nicht untermauern. Zwar ist es zutreffend und anerkannt, daß das Rechtsstaatsprinzip jedenfalls auch für Ausländer und mithin auch für ausländische juristische Personen gilt.[253] Das Rechtsstaatsprinzip enthält jedoch keinen konkreten Rechtsschutzbefehl gegenüber dem Staat und zugunsten eines Dritten. Die Grundrechte und das Rechtsstaatsprinzip existieren vielmehr nebeneinander. Zwar zählen zum Kernbereich des Rechtsstaatsprinzips auch Rechtsgarantien, wie sie durch die Grundrechte verbürgt werden. In diesen Fällen jedoch bestehen diese Garantien auch ohne eine derartige explizite grundrechtliche Normierung. Grundrechte sind damit im Hinblick auf das Rechtsstaatsprinzip die spezielleren Ausformungen bestimmter Rechtsgarantien.[254] Dieses Verhältnis der Grundrechte zum allgemeinen Rechts-

---

[252] Pieroth/Schlink, Grundrechte, Rn. 149.
[253] Diese Garantie erfolgt jedenfalls und spätestens über Art. 2 Abs. 1 GG, vgl. BVerfGE 35, 382 (400); 78, 179 (197).
[254] In diesem Sinne auch Schmidt, Grundrechte und Nationalität juristischer Personen, 1966, S. 173 f.

staatsprinzip ist ebenfalls zu beachten, wenn es um die Auslegung und Anwendung von Art. 19 Abs. 3 GG geht. Indem die Grundrechte - in bestimmten Überschneidungsbereichen - speziellere Regelungen im Hinblick auf bestimmte Freiheitsrechte treffen als dies dem Rechtsstaatsprinzip als solches zu entnehmen wäre, ist in diesen Bereichen eben gerade kein Rückgriff auf die allgemeinen Inhalte des Rechtsstaatsprinzips zulässig. Es entspricht schon allgemeinen rechtsmethodischen Erfordernissen, daß zur Umgehung einer einschlägigen Spezialregelung nicht auf eine Generalklausel zurückgegriffen werden darf. Ein spezieller Ausländerschutz beziehungsweise die Erstreckung der Geltung der grundrechtlichen Schutzbereiche auch auf ausländische juristische Personen ist aus dem Rechtsstaatsprinzip allein außerdem auch gar nicht zu entnehmen.

Ergänzend zu diesem Ergebnis ist weiterhin festzuhalten, daß für eine krampfhafte Ausdehnung des Grundrechtsschutzes unter Verletzung vielfältiger rechtsmethodischer Verfahrensweisen auch gar keine zwingende Notwendigkeit besteht. Wie bereits oben dargelegt ist zum einen eine Schutzwürdigkeit der betroffenen ausländischen juristischen Personen nicht erkennbar. Zum anderen ist die Versagung grundrechtlichen Schutzes nicht gleichbedeutend mit Rechtlosigkeit oder der Auslieferung an staatliche Willkür. Der Vorbehalt des Gesetzes als wesentlicher Bestandteil des Rechtsstaatsprinzips[255] gilt, wie das Rechtsstaatsprinzip selbst, auch für ausländische juristische Personen, so daß Willkür wirkungsvoll unterbunden und jede hoheitliche Maßnahme an Recht und Gesetz gebunden wird.

Als Zwischenergebnis läßt sich festhalten, daß der personale Schutzbereich der Rundfunkfreiheit für inländische natürliche und juristische Personen, die Rundfunkbetreiber sind, eröffnet ist. Eine Ausweitung des personalen Schutzbereiches der Grundrechte auf ausländische juristische Personen kommt nach allem Gesagten nicht in Betracht. Demzufolge kann sich auch ein ausländischer Rundfunkbetreiber in der Rechtsform einer juristischen Person nicht auf die Rundfunkfreiheit gemäß Art. 5 Abs. 1 S. 2 GG berufen.

---

[255] Pieroth/Schlink, Grundrechte, Rn. 115.

b) Eingriff

In dieser Untersuchung wird davon ausgegangen, daß trotz der Einhaltung der in der NB 30 festgelegten Grenzwerte durch die Betreiber von Powerline-Diensten eine Beeinträchtigung von Funkdiensten in der Form erfolgt, daß bestimmte Sender ganz oder teilweise gar nicht oder nur unter erheblichen beziehungsweise jedenfalls wahrnehmbaren Störungen empfangen werden können.

Es sei noch einmal deutlich darauf hingewiesen, daß im Rahmen der hier vorgenommenen rechtlichen Betrachtungen ausdrücklich nicht unterstellt wird, daß derartige Beeinträchtigungen bei einem großflächigen Powerline-Angebot in Deutschland tatsächlich auftreten werden. Es wird vielmehr eine Was-wärewenn-Prognose vorgenommen, das heißt, es wird untersucht, welche Grundrechtsrelevanz gegeben wäre, wenn es später zu solchen tatsächlichen Störungen kommen würde. Sowohl der staatliche Regulierer als auch der Betreiber von PLC-Diensten muß sich dieser Frage stellen, bevor entsprechende PLC-Produkte großflächig auf den Markt kommen.

Die Festsetzung von Maximalgrenzwerten für die Strahlungsemission von Powerline-genutzten Stromleitungen könnte für die Rundfunkbetreiber einen Eingriff in den Schutzbereich der Rundfunkfreiheit darstellen. Ein Eingriff ist grundsätzlich dann gegeben, wenn einem Grundrechtsträger ein Verhalten durch den Staat verwehrt wird, das in den Schutzbereich des Grundrechts fällt.[256] Hierbei wird zwischen dem klassischen und dem sogenannten mittelbarfaktischen Grundrechtseingriff unterschieden.

aa) Klassischer Eingriffsbegriff

Nach dem sogenannten klassischen Eingriffsbegriff ist ein Grundrechtseingriff stets dann gegeben, wenn eine den Schutzbereich des Grundrechts verkürzende staatliche Maßnahme durch einen finalen, unmittelbar wirkenden und mit Befehl oder Zwang durchsetzbaren Rechtsakt erfolgt.[257] Die Störgrenzwertfestsetzung für Powerline ist damit auf diese vier Kriterien hin zu untersuchen.

---

[256] Pieroth/Schlink, Grundrechte, Rn. 207.
[257] Pieroth/Schlink, Grundrechte, Rn. 238; Bleckmann, Staatsrecht II, § 12 Rn. 34 ff.; Isensee, HStR V, § 111 - Das Grundrecht als Abwehrrecht und als staatliche Schutzpflicht, Rn. 61.

(1) Qualität als Rechtsakt

Die Grenzwertfestlegung in Form der NB 30 müßte Rechtsaktsqualität besitzen. Die NB 30 ist eine nationale Regelung innerhalb des Teiles B des Frequenzbereichszuweisungsplanes, in dessen Teil A die eigentliche Frequenzbereichszuweisung vorgenommen wird. Der gesamte Frequenzbereichszuweisungsplan ist Anlage zur Frequenzbereichszuweisungsplanverordnung (FreqBZPV), die gemäß § 45 Abs. 1 TKG von der Bundesregierung erlassen wird. Damit ist die NB 30 direkter Bestandteil einer Bundesrechtsverordnung. Sie hat die für einen klassischen Grundrechtseingriff erforderliche Rechtsaktsqualität. Ihr derivativer Charakter als Anhang ändert an dieser Beurteilung nichts.

(2) Imperativität

Von den vier klassischen Eingriffsmerkmalen ist die Imperativität dasjenige mit dem größten Aussagegehalt. Imperativität liegt bei einer einseitig verbindlichen Verhaltensanweisung gegenüber einem Adressaten vor.[258]

Der Grenzwertfestsetzung wohnt zunächst lediglich die Aussage inne, daß die Betreiber von Powerline-Leitungen bestimmte Grenzwerte beachten und einhalten müssen. Die Betreiber von Rundfunkdiensten sind damit keine Adressaten der Grenzwertfestsetzung. In diesem Zusammenhang ist auch zu bedenken, daß sich die Grenzwertfestsetzung als solche nur zum Vorteil der Rundfunkbetreiber auswirkt, da höhere Grenzwerte auch massivere Störungen beziehungsweise höhere Störwahrscheinlichkeiten implizieren. Imperativität ist der Grenzwertfestsetzung also lediglich in Richtung auf die Powerline-Anbieter als Adressaten der Maßnahme zuzubilligen. Bezüglich der hier allein relevanten Rundfunkbetreiber ist sie aber abzulehnen.

(3) Finalität

Finalität meint die Zielgerichtetheit staatlichen Handelns.[259] Die positive Zielsetzung bei der Grenzwertfestlegung besteht ausschließlich in einer Beschränkung der Strahlungsemissionen durch Powerline-Leitungen, nicht aber in der Beschränkung von grundrechtlich geschützten Verhaltensweisen von Rundfunkbetreibern. Ein finales staatliches Handeln hinsichtlich einer Beeinträchtigung oder Beschränkung der Rundfunkfreiheit ist damit nicht ersichtlich.

---

[258] Gallwas, Faktische Beeinträchtigungen im Bereich der Grundrechte, 1970, S. 10 ff.
[259] BVerfG NJW 1998, 975 (976); BVerwGE 71, 183 (194).

(4) Unmittelbarkeit

Die Unmittelbarkeit eines staatlichen Handelns ist bei persönlicher und sachlicher Regelungsidentität gegeben,[260] also nur dann, wenn die eingetretene Folge direkt aus dem staatlichen Handeln resultiert.

Direkte Folge der Grenzwertfestsetzung ist ausschließlich eine Beschränkung der erlaubten Verhaltensweisen der Powerline-Anbieter. Die Tatsache, daß trotz der Einhaltung der Grenzwertbestimmungen elektromagnetische Emissionen auftreten, die zu einer Verschlechterung des Rundfunkempfanges führen, ist damit keine unmittelbare, sondern eine nur mittelbare Folge der staatlichen Regulierungsmaßnahme.

(5) Zwischenergebnis

Als Zwischenergebnis läßt sich somit festhalten, daß die NB 30 zwar die Qualität eines Rechtsaktes hat, die weiteren Voraussetzungen für die Bejahung des Vorliegens eines klassischen Grundrechtseingriffs jedoch nicht vorliegen. Die NB 30 stellt damit für die Rundfunkbetreiber keinen klassischen Grundrechtseingriff dar.

bb) Mittelbar-faktischer Eingriffsbegriff

Tatsache ist jedoch, daß die Anbieter von Powerline-Diensten die in Form der NB 30 staatlich vorgegebenen Maximalgrenzwerte voll ausschöpfen werden beziehungsweise dies im Sinne einer technisch möglichst effektiv-optimalen Nutzung der vorhandenen Leitungskapazitäten sogar müssen und so vermutlich dauerhaft mit der maximal zulässigen Störfeldstärke arbeiten werden. Diese einfache, technisch begründete Tatsachenprognose ist die wesentliche Grundlage der nachfolgenden Ausführungen.

Fraglich ist daher, ob insofern ein indirekter, also mittelbar-faktischer Grundrechtseingriff festgestellt werden kann.

---

[260] Scherzberg, DVBl. 1989, S. 1128; Eckhoff, Der Grundrechtseingriff, 1992, S. 197 ff.; Stern, StaatsR III/2, S. 124 m. w. Nachw.

(1) Entwicklung des mittelbar-faktischen Eingriffsbegriffes

Ausgangspunkt der Überlegungen, die zur Anerkennung eines erweiterten Eingriffsbegriffes führten, war die stetige Zunahme rechtlich relevanter und zu subsumierender Lebenslagen, die mit der Rechtsordnung in Einklang gebracht werden mußten. Rolle und Aufgabenspektrum des Staates haben sich im Laufe der Zeit mehr und mehr erweitert, und der einzelne ist in immer mehr Lebenslagen vom Staat abhängig. Dies bringt es mit sich, daß auch die Möglichkeiten des Staates, auf den einzelnen beeinträchtigend einzuwirken, stetig zugenommen haben. Mit der Anzahl der Berührungspunkte wächst also auch die Anzahl der Konfliktmöglichkeiten.[261]

Bereits diese Sichtweise läßt erahnen, daß der klassische Eingriffsbegriff im modernen Grundrechtssystem nicht abschließend sein kann. Deutlicher wird dies, wenn man den Grundrechtseingriff im Zusammenhang mit dem allgemeinen Vorbehalt des Gesetzes betrachtet. Bereits zur Zeit des Frühkonstitutionalismus führte der Gesetzesvorbehalt zu einer Zuständigkeit des Parlaments für das Straf- und Polizeirecht sowie für das Bürgerliche Recht. Hauptzweck dieser Regelung war die Aufrechterhaltung der öffentlichen Sicherheit und Ordnung, womit vor allem Freiheit und Eigentum, sprich die Grundrechte des einzelnen vor Eingriffen durch Dritte, geschützt werden sollten.[262] Nicht staatliche, sondern von Dritten verursachte Beeinträchtigungen sollten abgewehrt werden können.[263]

Diese ursprüngliche Grundrechtskonzeption änderte sich jedoch im Laufe der Zeit. Die Grundrechte wurden vor allem als Schutzgarantie vor staatlich-exekutiver Gewalt angesehen, als erkannt wurde, daß es aufgrund ihrer weiten Beeinträchtigungsmöglichkeiten auch und vor allem einer Bindung der Verwaltung an die Grundrechte bedurfte. Diese Entwicklung führte schließlich soweit, daß der ursprüngliche Eingriffsbegriff in den Hintergrund trat. Der klassische, also engere Eingriffsbegriff stand nunmehr im Vordergrund. Die Erkenntnis, daß es - vor allem im Hinblick auf die historische Entwicklung des Eingriffsbegriffes - nicht auf die Form, sondern auf die Wirkung staatlichen Handelns

---

[261] Pieroth/Schlink, Grundrechte, Rn. 239.
[262] Bleckmann/Eckhoff, DVBl. 1988, S. 373 (376).
[263] Bleckmann, Staatsrecht II, § 12 Rn. 34 ff.

ankommen muß, bildete daher die nur logische Sinnwende nach 1949.[264] Die Erforderlichkeit eines Unmittelbarkeitskriteriums geriet in berechtigte Zweifel. Staatliches Handeln, das zwar nicht beim Adressaten, jedoch bei einem ansonsten unbeteiligte Dritten zu Belastungen führt, mußte damit auf seine Auswirkungen bezüglich grundrechtlich gesicherter Schutzgüter hin untersucht werden.

Im Ergebnis erweitert der moderne Eingriffsbegriff den klassischen in allen oben genannten Kriterien. Eingriff ist damit jedes staatliche Handeln, das dem einzelnen ein Verhalten, welches in den Schutzbereich eines Grundrechts fällt, ganz oder teilweise unmöglich macht, wobei es eben nicht darauf ankommt, ob die Wirkung final oder unbeabsichtigt, unmittelbar oder mittelbar, rechtlich oder nur rein tatsächlich und mit oder auch ohne Befehl und Zwang erfolgt,[265] solange sie nur auf ein der öffentlichen Gewalt zurechenbares Verhalten zurückzuführen ist.[266]

(2) Grenzwertfestlegung als mittelbar-faktischer Grundrechtseingriff

Aufgrund der technischen Übertragungseigenschaften der verschiedenen Powerline-Modulationsarten[267] ist es eine zwingend logische Schlußfolgerung, daß das spätere Störfeldszenario sich stets an der maximal zulässigen Obergrenze bewegen wird. Nur so können die Betreiber die Stromleitungen optimal nutzen und den für den Endkunden allein ausschlaggebenden hohen Datendurchsatz erzeugen. Die Obergrenze der erlaubten Emissionswerte wird somit aufgrund technischer und wirtschaftlicher Notwendigkeit zum späteren faktischen Dauerzustand werden. Dem Normgeber mußte also bei verständiger und vor allem denklogischer technischer Würdigung zum Zeitpunkt der Rechtsetzung bereits bewußt gewesen sein, daß er durch die Grenzwertfestsetzung auch gleichzeitig die spätere reguläre Betriebsemission festsetzt. Aufgrund dieser sicher vorhersehbaren Tatsache liegt in der Festsetzung der Grenzwerte der NB 30 ein der öffentlichen Gewalt voll zurechenbares Verhalten, das den Rundfunkbetreibern den Gebrauch ihrer grundrechtlich geschützten Freiheiten teilweise verunmöglicht,

---

[264] Vgl. Gallwas, Faktische Beeinträchtigungen im Bereich der Grundrechte, 1970, S. 25 ff.; Grabitz, Freiheit und Verfassungsrecht, 1976, S. 32 ff.
[265] Vgl. zum Ganzen Bleckmann/Eckhoff, DVBl. 1988, S. 373 ff.; Lübbe-Wolff, Die Grundrechte als Eingriffsabwehrrechte, 1988, S. 69 ff.
[266] BVerfGE 66, 39 (60); vgl. auch die Beispiele bei Pieroth/Schlink, Grundrechte, Rn. 241.
[267] Vgl. Kap. 3.

indem die Ausstrahlungseigenschaften in den entsprechenden Frequenzbereichen durch die Powerline-Emissionen gestört werden. Die grundrechtsbeeinträchtigende Wirkung der NB 30 soll dabei keineswegs als gewollt festgestellt werden. Jedoch sind die störfeldtechnischen Folgeprobleme im Zeitpunkt der Regelung der NB 30 zweifelsfrei absehbar gewesen, so daß eine Zurechnung der Beeinträchtigung zur staatlichen Gewalt möglich ist.

Die NB 30 stellt damit einen mittelbar-faktischen Eingriff in das Grundrecht der Rundfunkbetreiber aus Art. 5 Abs. 1 S. 2 GG dar.

c) Schranken

Indem die staatliche Festlegung von maximalen Störfeldgrenzwerten durch die NB 30 wie gezeigt einen mittelbar-faktischen Eingriff in die grundrechtliche Rundfunkfreiheit der Rundfunkbetreiber darstellt, ist nach der verfassungsrechtlichen Rechtfertigung eines solchen Eingriffs zu fragen. Die Gewährleistung der Rundfunkfreiheit durch das Grundgesetz erfolgt nicht schrankenlos. Art. 5 Abs. 2 GG sorgt durch die dort festgelegte Schrankentrias für eine Einbindung in die allgemeine Rechtsordnung.[268] Danach finden diese Rechte ihre Schranken in den Vorschriften der allgemeinen Gesetze, den Bestimmungen zum Schutz der Jugend und dem Recht der persönlichen Ehre. Insoweit ist zu untersuchen, ob die NB 30 die Voraussetzungen der qualifizierten Schrankenvorbehalte in Art. 5 Abs. 2 GG erfüllt.

Indem die NB 30 jedenfalls weder dem Jugend- noch dem Ehrenschutz dient, bleibt letztendlich nur fraglich, ob sie ein allgemeines Gesetz ist. Allgemeines Gesetz im Sinne des Art. 5 Abs. 2 GG meint mehr als das bereits in Art. 19 Abs. 1 GG verankerte Verbot des Einzelfallgesetzes. Dies muß bereits deswegen der Fall sein, weil ansonsten eine Regelung wie in Art. 5 Abs. 2 GG keinen über Art. 19 Abs. 1 GG hinausgehenden eigenen Aussagegehalt hätte.[269] Nach Rechtsprechung des Bundesverfassungsgerichts sind unter allgemeinen Gesetzen solche zu verstehen, die sich nicht gegen eine bestimmte Meinung richten, sondern dem Schutz eines schlechthin, ohne Rücksicht auf eine bestimmte Meinung zu schützenden Rechtsgutes dienen.[270] Diese Sichtweise des Bundesverfassungs-

---

[268] BVerfGE 35, 202 (222 f.).
[269] Pieroth/Schlink, Grundrechte, Rn. 587.
[270] BVerfGE 7, 198 ff.; 95, 220 (235 f.).

gerichts ist das einfache Kombinationsergebnis der früher vertretenen sogenannten Sonderrechtslehre und der Abwägungslehre.[271]

Die Sonderrechtslehre, die schon zum insoweit gleichlautenden Art. 118 Abs. 1 S. 2 WRV vertreten wurde, sah das Gegenteil eines allgemeinen in einem besonderen Gesetz. Ein besonderes Gesetz hatte das Merkmal, daß es „eine an sich erlaubte Handlung allein wegen ihrer geistigen Zielrichtung und der dadurch hervorgerufenen geistigen Wirkung verbietet oder beschränkt".[272] Umgekehrt wurde die Sonderrechtslehre auch dahingehend formuliert, daß allgemeine Gesetze „nicht eine Meinung als solche verbieten, sich nicht gegen die Äußerung der Meinung als solche richten".[273]

Bereits zu Zeiten der Weimarer Reichsverfassung wurde die Sonderrechtslehre jedoch als allzu formalistisch kritisiert und ein materialer Begriff des allgemeinen Gesetzes gefordert.[274] Allgemein sollte ein Gesetz dann sein, wenn es „Vorrang vor Art. 18 [ergänze: WRV] habe, weil das von ihm geschützte gesellschaftliche Gut wichtiger ist als die Meinungsfreiheit".[275] Diese Definition eines allgemeinen Gesetzes läuft letztendlich auf eine Abwägung hinaus. Der Vorteil, durch diese Abwägungslehre im Gegensatz zur Sonderrechtslehre zu einer im Einzelfall individuelleren Rechtseinschätzung zu gelangen, zog jedoch den Nachteil mit sich, daß Abwägungen auch immer Schwankungen beinhalten.[276]

Das Bundesverfassungsgericht versuchte im Lüth-Urteil[277], in dem es sich erstmals mit dem Begriff der allgemeinen Gesetzes zu befassen hatte, die Vorteile beider Lehren zu kombinieren und dabei die vorhandenen Nachteile zu kompensieren und kam somit zur bereits oben genannten Kombinationstheorie.[278] Die Kombinationstheorie läßt an sich die Sonderrechtslehre weiter gelten, ergänzt jedoch die freiheitssichernde Wirkung durch ein zusätzliches und einschränkendes Korrektiv, nämlich daß das allgemeine Gesetz nicht jeden beliebigen, sondern nur einen besonders wertvollen Zweck verfolgen darf.

---

[271] Pieroth/Schlink, Grundrechte, Rn. 592, m. w. Nachw.
[272] Häntzschel, in: Anschütz/Thoma, Handbuch des deutschen Staatsrechts, Bd. II, 1932, S. 651, 659 f.
[273] Anschütz, VVDStRL 4, 1928, S. 74 (75).
[274] Vgl. hierzu Pieroth/Schlink, Grundrechte, Rn. 591.
[275] Smend, VVDStRL 4, 1928, S. 44 (51).
[276] Smend selbst hat dies ebenfalls als einen Mangel der Abwägungslehre angesehen; vgl. Smend, VVDStRL 4, 1928, S. 53.
[277] BVerfGE 7, 198 ff.
[278] BVerfGE 7, 198 (209 f.).

Die NB 30 ist vom Normgeber in erster Linie an die Betreiber von Powerline-Kommunikation gerichtet. Sie soll sicherstellen, daß ein bestimmtes festgelegtes Störfeldszenario nicht überschritten wird. Durch die Festsetzung einer solchen, für alle Powerline-Anbieter gleichermaßen geltenden und zwingend zu beachtenden emissionstechnischen Höchstgrenze wirkt sie zunächst bloß zugunsten der Rundfunkbetreiber und stellt insoweit vordergründig zunächst keine Beeinträchtigung des Rundfunkbetriebs dar. Mit dieser Argumentation wurde bereits weiter oben ein unmittelbarer Grundrechtseingriff abgelehnt. Indem jedoch wie dargelegt ein mittelbar-faktischer Grundrechtseingriff in die Rundfunkfreiheit der Rundfunkbetreiber gegeben ist, weil nämlich durch die NB 30 gleichzeitig die spätere allgemeine Powerline-Betriebsemission festgelegt wird, richtet sie sich insofern dennoch gegen die Rundfunkfreiheit.

Von einem Sonderrecht kann jedoch in diesem Zusammenhang trotzdem nicht gesprochen werden. Durch die oben dargelegte historische Herleitung der Sonderrechtslehre wird deutlich, daß ein Sonderrecht nur dasjenige ist, das sich in seiner geistigen Zielrichtung und den dadurch bewußt hervorgerufenen negativen Einwirkungen gegen ein bestimmtes Grundrecht aus Art. 5 Abs. 1 GG richtet. Die NB 30 stellt zwar einen mittelbar-faktischen Grundrechtseingriff dar, ein Sonderrecht kann jedoch mit dieser Argumentation nicht begründet werden, denn hierfür wäre eine Zielgerichtetheit des Eingriffs zwingend erforderlich. Eine Ausnahme dergestalt, wie sie der mittelbar-faktische Eingriff vom unmittelbaren Grundrechtseingriff darstellt, also eine Art des mittelbar-faktischen Sonderrechts, gibt es nicht. Insoweit ist die NB 30 jedenfalls kein Sonderrecht.

Indem die NB 30 weiterhin von ihrer gesetzgeberischen Intention her auch und vor allem dem Schutz der Rundfunkfreiheit dient, weil sie die Emissionsgrenzwerte auf ein bestimmtes Höchstmaß festlegt, erübrigt sich eine Abwägung im Sinne der Abwägungslehre. Denn die Norm dient wie dargestellt gleichzeitig diesem Grundrecht. Weil jedoch die Rundfunkfreiheit ein Rechtsgut ist, das einen schlechthin zu schützenden Gemeinschaftswert darstellt, kann eine Abwägung Rundfunkfreiheit gegen Rundfunkfreiheit nicht vorgenommen werden. Insoweit ist von einer Einhaltung des Abwägungserfordernisses auszugehen, denn die NB 30 dient einem im Sinne der Kombinationstheorie des Bundesverfassungsgerichts besonders wertvollen Zweck.

Damit sind beide Teilerfordernisse der kombinierten Sichtweise des Bundesverfassungsgerichts erfüllt. Die NB 30 ist ein allgemeines Gesetz. Indem weder Verstöße gegen Zuständigkeit, Verfahren und Form bei der Normsetzung noch

Verstöße gegen Bestimmtheitsgrundsatz, Willkür- oder Rückwirkungsverbot hinsichtlich des Norminhalts ersichtlich sind, ist von ihrer sonstigen formellen und materiellen Verfassungsmäßigkeit auszugehen. Die NB 30 ist damit eine taugliche Grundrechtsschranke für die Rundfunkfreiheit.

d) Verhältnismäßigkeit

Wesentlicher Punkt der Rechtfertigung eines Grundrechtseingriffes ist die Frage, ob der Eingriff verhältnismäßig ist. Die Verhältnismäßigkeit setzt voraus, daß der Eingriff einem legitimen Zweck dient, zur Erreichung dieses Zweckes generell geeignet und außerdem auch erforderlich und angemessen ist.

aa) Legitimer Zweck

Die NB 30 verfolgt wie dargelegt das Ziel einer für alle Powerline-Betreiber gleichmäßigen und gleichwertigen emissionsrechtlichen Grenzwertfestlegung. Sie sorgt auf diese Weise aber auch dafür, daß zugunsten der Betreiber von Funkdiensten Störungswirkungen durch Powerline auf deren Funkdienste auf ein bestimmtes Maß beschränkt werden. Insoweit ist ein legitimer Gesetzeszweck gegeben.

bb) Geeignetheit

Für die Powerline-Betreiber sorgt ein einheitlicher Grenzwert für klare und einhaltbare Vorgaben und ermöglicht ihnen so einen entsprechend angepaßten Betrieb ihrer PLC-Systeme. Durch die Grenzwertfestsetzung werden außerdem die späteren Emissionen, also auch die hierdurch hervorgerufenen Störwirkungen auf Funkdienste, beschränkt. Eine Regelung in Form der NB 30 ist also grundsätzlich geeignet, den genannten legitimen Zweck zu erreichen.

cc) Erforderlichkeit

Ein Grundrechtseingriff ist erforderlich, wenn der Gesetzeszweck durch ein gleich effektives, jedoch weniger eingriffsintensives anderes Eingriffsmittel nicht erreichbar ist. Diese Frage ist nicht ohne Brisanz. Sinn der Grenzwertfestsetzung ist es einerseits, eine für die Powerline-Betreiber allgemeingültige und vor allem technisch eindeutige Grenze zu ziehen, die diese nicht überschreiten dürfen und die ihnen dennoch einen sinnvollen PLC-Betrieb ermöglicht. Daneben sollen die Störwirkungen auf Funkdienste soweit wie möglich beschränkt werden.

Eine Grenzwertfestlegung als solche ist generell bereits deswegen erforderlich, weil eine diesbezüglich unklare rechtliche Situation dazu führen würde, daß zum einen jeder Powerline-Betreiber unterschiedlich starke Emissionen verursachen würde, und zum anderen auch die Störwirkungen durch die vermutlich zügellose Frequenznutzung unkalkulierbar würden. Daß also überhaupt eine Grenzwertfestlegung erfolgt, ist sowohl im Hinblick auf die Powerline-Betreiber als auch im Hinblick auf die Rundfunkbetreiber sinnvoll und im hier fraglichen Sinne erforderlich. Eine andere Regelung als eine Grenzwertfestsetzung, die weniger eingriffsintensiv ebenfalls zu einer Beschränkung der Emissionswerte führt, ist durch die vor allem technisch dominierte Rahmensituation nicht denkbar.[279]

Zu fragen ist jedoch auch nach einer Erforderlichkeit in dem Sinne, ob nicht möglicherweise ein niedrigerer, also strengerer Grenzwert denselben gesetzgeberischen Zweck herbeigeführt hätte, ohne jedoch die Rundfunkbetreiber so stark wie derzeit zu belasten. Ein strengerer Emissionsgrenzwert hätte nämlich dazu geführt, daß ein niedrigeres Störszenario die Folge des Powerlinebetriebes gewesen wäre, so daß im Ergebnis die Störwirkungen auf den Rundfunkbetrieb geringer ausgefallen wären. Einfacher ausgedrückt: Ein strengerer Grenzwert ist aus der Sicht der Rundfunkbetreiber gegenüber einem höheren, weniger strengen Grenzwert immer das mildere Mittel.

In diesem Zusammenhang stellen sich vor allem zwei Fragen. Zum einen ist unklar, wo genau der technische Grenzwert liegt, der später im täglichen Betrieb sowohl die Powerline-Betreiber als auch die Rundfunkbetreiber zufriedenstellt und auf beiden Seiten einen regulären technischen Betrieb ermöglicht. Auf der anderen Seite ist fraglich, ob die im Sinne einer Erforderlichkeit notwendig durchzuführende juristische Argumentation vor dem hier allein maßgeblichen technischen Hintergrund überhaupt greifen kann.

Die erste Frage kann einer endgültigen Beantwortung nicht zugeführt werden. Die Störungen des Rundfunkbetriebes durch Einwirkungen von Powerline-Emissionen lassen sich nicht an jedem Punkt des örtlichen Geltungsbereiches des Grundrechts auf Rundfunkfreiheit einheitlich bestimmen. Die Funkwellen der Rundfunkbetreiber sind nicht überall gleich stark, das bedeutet, daß sie an schwächer versorgten Orten für Störungen anfälliger sind als in gut versorgten Gebieten. Aus juristischer Sicht müßte somit im Sinne einer Erforderlichkeit ein

---

[279] Vgl. allgemein zu den Vor- und Nachteilen einer konkreten Grenzwertfestsetzung Buchholz, Integrative Grenzwerte und Umweltrecht, S. 13 ff.

„fließender Grenzwert" festgelegt werden. Dieser Begriff ist jedoch bereits in sich ein denklogischer Widerspruch. Ein Grenzwert muß begriffsnotwendig absolut, also im mathematischen Sinne stets eindeutig bestimmbar sein, wobei durchaus bestimmte mathematische Variablen für eine Veränderlichkeit des Grenzwerts sorgen können.[280] Es ist jedoch nicht möglich, einen Grenzwert mathematisch so zu formulieren, daß er sowohl für schwächer als auch für stärker versorgte Funkgebiete gleichermaßen Anwendung finden kann, zumal die Unterschiede zwischen Minimal- und Maximalwerten erheblich sein dürften. Die topographische Geländebeschaffenheit eines jeden geographischen Punktes im Anwendungsbereich der NB 30 ist mathematisch schlichtweg nicht erfaßbar. Außerdem wäre ein solcher Grenzwert nutzlos, weil er das mit ihm verfolgte Ziel der Schaffung einheitlicher und vorhersehbarer Betriebsbedingungen nicht erreichen könnte. Die Hersteller könnten sich hieran nicht orientieren, weil sie bei der Entwicklung ihrer technischen Produkte keine „fließenden", sondern nur feste Grenzwerte berücksichtigen können. Die Hersteller könnten lediglich den strengsten anzunehmenden Grenzwert als kleinsten gemeinsamen Nenner in die Produkte implementieren. Hierfür jedoch wäre die Festsetzung eines „fließenden" Grenzwertes überflüssig.

Nach all dem wird deutlich, daß ein juristisch nicht lösbares Paradoxon vorliegt. Der exakte mathematische Grenzwert kann mit juristischen Argumentationsmustern nicht ermittelt werden. Es greifen somit die Gesetze der allgemeinen Logik, wonach eine grundsätzliche Grenzwertfestlegung auch in der derzeitigen Form jedenfalls hinsichtlich des genannten legitimen Gesetzeszweckes sinnvoll und zumindest auch allgemein erforderlich ist.

Zur zweiten Frage ist festzuhalten, daß es in Form eines strengeren Grenzwertes immer noch eine mildere Alternative zu dem in Rede stehenden Ausgangsgrenzwert gibt. Jede beliebige technische Grenzwertfestlegung impliziert also, daß es immer noch einen niedrigeren, also strengeren technischen Grenzwert gibt. Eine juristische Überprüfung der Erforderlichkeit eines technischen Grenzwertes ist somit nur generell-abstrakt, nicht aber im Hinblick auf einen konkreten mathematischen Wert möglich.

---

[280] Auch die NB 30 enthält keinen fixen Wert, sondern legt die Störgrenzwerte anhand von Bedingungen und Formeln fest, so daß für unterschiedliche Frequenzen auch unterschiedliche Grenzwerte gelten (vgl. hierzu Kap. 4, Abb. 4). Dennoch sorgt die mathematische Kodierung der NB 30 dafür, daß in jedem Anwendungsfall ein eindeutiger Grenzwert bestimmbar ist.

Insoweit ist auf das bereits zur ersten Frage erzielte Ergebnis zurückzugreifen, so daß festgestellt werden muß, daß eine Grenzwertfestlegung jedenfalls grundsätzlich notwendig und sinnvoll ist, wobei sich der physikalisch-technische Grenzwert - abgesehen von einem extrem groben Rahmen - einer juristischen Erforderlichkeitsbeurteilung zwangsläufig entzieht.

Damit ist der durch die NB 30 festgelegte Emissionsgrenzwert ein insoweit erforderlicher Grundrechtseingriff.

dd) Verhältnismäßigkeit im engeren Sinne

(1) Wechselwirkungslehre

Im Zusammenhang mit den Anforderungen an ein allgemeines Gesetz im Sinne von Art. 5 Abs. 2 GG hat das Bundesverfassungsgericht die sogenannte Wechselwirkungslehre entwickelt, nach der das allgemeine Gesetz als Grundrechtsschranke in seiner das Grundrecht begrenzenden Wirkung selbst wieder eingeschränkt werden muß.[281] Die Wechselwirkungslehre ist somit eine Variante des Übermaßverbots, also des Verhältnismäßigkeitsgrundsatzes im weiteren Sinne.[282]

Die oben festgestellte mittelbar-faktische Grundrechtsbeeinträchtigung durch die NB 30 im Bereich der Rundfunkfreiheit schränkt dieselbe zwar ein, jedoch enthält die Regelung der NB 30 bereits selbst wiederum Einschränkungen dieser beschränkenden Wirkung. Gemäß Abs. 1 Nr. 1 NB 30 ist die freizügige Nutzung von Frequenzen für Telekommunikationsanlagen und Telekommunikationsnetze im Frequenzbereich von 9 kHz bis 3 GHz nur dann erlaubt, wenn sie in Frequenzbereichen erfolgt, in denen keine sicherheitsrelevanten Funkdienste betrieben werden. Soweit also ein Rundfunkbetreiber als Grundrechtsträger im Sinne des Art. 5 Abs. 1 S. 2 GG auch gleichzeitig Betreiber eines sicherheitsrelevanten Funkdienstes ist, wird ein Grundrechtseingriff insoweit bereits durch die Regelung der NB 30 selbst vermieden. Insoweit enthält der Wortlaut der NB 30 eine Selbstbeschränkung.

Des weiteren regelt Abs. 1 Nr. 2 NB 30, daß die am Ende der Norm tabellarisch festgelegten Grenzwerte in einem Abstand von drei Metern von den Powerline-Stromleitungen eingehalten werden müssen. Indem jedoch nach den Gesetzen

---

[281] BVerfGE 7, 198 (208 f.); vgl. auch BVerfGE 71, 206 (214).
[282] BVerfGE 67, 157 (173).

der Physik die Störfeldemission von Powerline-Leitungen mit zunehmender Entfernung abnimmt, ist somit sicher, daß das Störszenario an allen Orten, die weiter als drei Meter von einer Powerline-Leitung entfernt sind, jedenfalls geringer als der durch die NB 30 festgelegte Grenzwert ist.[283] Die Grenzwertfestlegung stellt also das absolute Maximum der Beeinträchtigung dar. Im übrigen ist auch rein faktisch nicht davon auszugehen, daß Rundfunkempfang generell nur im Abstand von wenigen Metern zu einer Powerline-Leitung durchgeführt wird. Zwar würde eine flächendeckende Einführung von Powerline in Deutschland dazu führen, daß sich das Störfeldszenario in Form des aus der Physik bekannten Grundrauschens insgesamt leicht anheben würde, und zwar auch an den Orten, an denen keine Powerline-Versorgung stattfindet, jedoch würden Rundfunkempfänger nach wie vor auch an Orten bereitgehalten werden, in deren unmittelbarer Nähe keine Powerline-Leitungen aktiv sind. Überhaupt erscheint eine Prognose nicht unbedingt praxisnah, die ernsthaft davon ausgeht, daß in absehbarer Zukunft eine flächendeckende deutschlandweite Einführung von Powerline-Systemen stattfinden wird. Powerline ist, wie bereits weiter oben dargestellt, ein ideales Ergänzungssystem zur bereits bestehenden datentechnischen Infrastruktur. Powerline wird somit von der Intention seiner Betreiber her niemals die bisherigen Übertragungswege wie Telefonkupferkabel, Glasfaser und W-LAN ersetzen. Insoweit ergibt sich auch aus dem praktischen Anwendungsbereich der NB 30 eine gewisse Selbstbeschränkung.

Neben diesen Aspekten stellt sich jedoch im Rahmen der Überprüfung der Angemessenheit einer Schrankennorm auch die Frage, ob die Schrankenwirkungen, also die konkrete Höhe des Grenzwertes in der NB 30, angemessen sind. Diese Frage ist generell im Wege einer Abwägung der betroffenen und kollidierenden Interessen und Rechtsgüter zu beantworten, wobei zunächst geklärt werden muß, welche Rechtsgüter und Rechtsgutsträger überhaupt durch die NB 30 betroffen sind.

---

[283] Diese Annahme kann nur in ihrer zugegebenermaßen nicht immer praxisgerechten, weil sehr theoretischen Form einer juristischen Betrachtung zugrundegelegt werden, da gerade die Stromleitungen des Niederspannungsnetzes in heute üblichen Gebäuden so dicht beieinander verlegt sind, daß es kaum noch einen Raum gibt, der über einen Meßpunkt verfügt, der von allen Stromleitungen mindestens drei Meter entfernt ist. Insbesondere die potentiell PLC-gestörten technischen Geräte, auf die in Kap. 6 noch näher eingegangen wird, verfügen so gut wie nie über so lange Stromanschlußleitungen, daß man sie ohne Verlängerungskabel überhaupt in einem Abstand von drei Metern zu einer Steckdose betreiben könnte.

(2) Von der NB 30 betroffene Rechtsgutsträger und Rechtsgüter

(a) Rechtsgutsträger

Die im Rahmen der hier vorzunehmenden Abwägung von der NB 30 betroffenen Rechtsgutsträger lassen sich in zwei Gruppen einteilen: Powerline-Betreiber und Rundfunkbetreiber.

Während sich ein grenzwertkonformer PLC-Betrieb für die Rundfunkbetreiber möglicherweise ortsabhängig negativ auswirkt, indem er die Empfangbarkeit der ausgestrahlten Sendungen verschlechtern kann, wirkt sich derselbe Grenzwert gleichzeitig auch negativ auf die Powerline-Betreiber aus, da diese durch den Grenzwert daran gehindert werden, höhere Übertragungsraten zu erzielen, die jedoch auch mit höheren Störwirkungen verbunden wären. Diese beiden Gruppen von Rechtsgutsträgern bleiben auch dann erhalten, wenn man den Grenzwert verschieben, also erhöhen oder verringern würde; in jedem Fall wären beide Gruppen mehr oder weniger stark betroffen, und durch die Verschiebung der Grenzwerthöhe würde man lediglich eine Verschiebung der Betroffenheitsintensität bei den genannten Rechtsgutsträgern erreichen, ohne die Betroffenheit selbst jedoch zumindest bei einer der beiden Gruppen entfallen lassen zu können.

(b) Rechtsgüter

Innerhalb der Verhältnismäßigkeitsabwägung im Rahmen einer Grundrechtsprüfung und im Hinblick auf die Wechselwirkungslehre kommen vor allem Grundrechte als betroffene Rechtsgüter in Betracht.

(aa) Rundfunkbetreiber

Auf der Seite der Rundfunkbetreiber ist nur das in Rede stehende Grundrecht auf Rundfunkfreiheit aus Art. 5 Abs. 1 S. 2 GG als betroffen anzusehen und somit in die Abwägung mit einzubeziehen.[284]

(bb) Powerline-Betreiber

Seitens der PLC-Betreiber kommen mehrere kollidierende Grundrechte in Betracht, die möglicherweise durch den NB 30-Grenzwert berührt sind. Dies sind

---

[284] Die Prüfung weiterer Grundrechte der Rundfunkbetreiber erfolgt später.

das Recht am eingerichteten und ausgeübten Gewerbebetrieb aus Art. 14 Abs. 1 GG, die Berufsfreiheit aus Art. 12 Abs. 1 GG, die Rundfunkfreiheit aus Art. 5 Abs. 1 S. 2 GG und das Recht auf wirtschaftliche Handlungsfreiheit aus Art. 2 Abs. 1 GG. Bei näherer Betrachtung ist diese Aufzählung jedoch wieder einzuschränken.

(a) Recht am Gewerbebetrieb - Art. 14 Abs. 1 GG

Zwar wird das Recht am eingerichteten und ausgeübten Gewerbebetrieb von Rechtsprechung[285] und Literatur[286] grundsätzlich als vom Schutzbereich des Art. 14 Abs. 1 GG erfaßt angesehen, jedoch hat das Bundesverfassungsgericht hierzu festgestellt, daß der Schutz des Gewerbebetriebs jedenfalls nicht weitergehen darf als der Schutz, den seine wirtschaftliche Grundlage genießt.[287] Tatsächliche Gegebenheiten und günstige Umweltbedingungen sowie die Möglichkeit einer Betriebserweiterung[288] fallen damit ebenso aus dem Schutzbereich heraus wie bloße Umsatz- und Gewinnchancen sowie Hoffnungen, Erwartungen und Aussichten.[289] Nur der Bestand eines Betriebes wird also geschützt.

Die Powerline-Technik steht noch am Anfang ihrer Vermarktung. Bisher sind von den Betreibern lediglich größere Feldtests durchgeführt worden, die im Maximalfall einen kleineren Stadtteil umfassen. Ein marktumfassendes Roll-Out hat jedoch bisher nicht stattgefunden. Während der gesamten Entwicklungsphase der letzten Jahre wurde bis zur endgültigen Verabschiedung der NB 30 eine Grenzwertdiskussion geführt, an der die Hersteller und PLC-Betreiber regen Anteil genommen haben. Bei allen derzeitigen Betreibern von PLC stellt die neue Technik lediglich eine Erweiterung ihres Produktangebotes dar. Regelmäßig handelt es sich dabei um Energieversorgungsunternehmen, die mit Powerline ihr Produktportfolio um energienahe Mehrwertdiensten und Telekommunikationsdienste erweitern wollen. Insoweit stellt Powerline für sie eine Betriebserweiterung dar, die vor allem unter dem Aspekt der zukünftigen Gewinnerzielung und der Ausbreitung der Marktanteile vorangetrieben wird. Zukunftsgerichtete wirtschaftliche Interessen stehen also bei den PLC-Betreibern im Mittelpunkt all

---

[285] Vgl. BGHZ 23, 157 (162 f.); 92, 34 (37); BVerwGE 62, 224 (226).
[286] Vgl. Schmidt-Bleibtreu/Klein, GG, Art. 14, Rn. 3e; Sachs/Wendt, GG, Art. 14, Rn. 47 ff.; Pieroth/Schlink, Grundrechte, Rn. 905, jeweils m. w. Nachw.
[287] BVerfGE 58, 300 (353).
[288] Vgl. hierzu BGHZ 95, 341.
[289] BVerfGE 68, 193 (222); 74, 129 (148).

ihrer Überlegungen. Die Powerline-Technik gehört also nicht zum bereits gesicherten Betriebsbestand im Sinne des Art. 14 Abs. 1 GG, sondern stellt lediglich die Grundlage für Umsatz- und Gewinnchancen dar. Damit ist Powerline im Hinblick auf die PLC-Betreiber derzeit noch nicht vom Schutzbereich des Art. 14 Abs. 1 GG umfaßt. Eine Grundrechtskollision scheidet daher aus.

(β)   Berufsfreiheit - Art. 12 Abs. 1 GG

Beruf im Sinne des Art. 12 Abs. 1 GG ist jede Tätigkeit, die auf gewisse Dauer angelegt ist und der Schaffung und Erhaltung einer Lebensgrundlage dient.[290] Die Berufsfreiheit ist nach allgemeiner Ansicht ein Grundrecht, das auch inländischen juristischen Personen des Privatrechts zusteht. Art. 12 Abs. 1 GG ist seinem Wesen nach auf diese anwendbar, soweit die in Rede stehende Tätigkeit ihrem Wesen und ihrer Art nach in gleicher Weise von juristischen und natürlichen Personen ausgeübt werden kann.[291]

Die Markteinführung von Powerline wird ausschließlich von Unternehmen angestrebt. Dies sind im Regelfall die Energieversorger, da nur sie die Möglichkeiten haben, zugleich mit der Energielieferung über dieselben Leitungen auch Daten an die angeschlossenen Haushalte zu leiten. Diese Unternehmen verfolgen wie angesprochen das Ziel, mit Powerline Gewinne zu machen und ihre Marktpositionen auszubauen. Damit dient ihre Tätigkeit stets auch der Schaffung und Erhaltung einer Lebensgrundlage. Insoweit unterscheiden sich diese Unternehmen in nichts von einer natürlichen Person, die dieselben Tätigkeiten mit derselben Zielsetzung ausübt. Art. 12 Abs. 1 GG ist somit für die Powerline-Betreiber regelmäßig einschlägig.

Das Grundrecht ist auch im Sinne eines Eingriffs betroffen, da wie dargestellt eine Grenzwertfestsetzung die Betreiber von PLC-Systemen daran hindert, die Übertragungsraten nach Belieben und technischem Know-how zu realisieren. Statt dessen müssen die Betreiber ihre Systeme unter Inkaufnahme von Leistungseinbußen drosseln, um die Vorgaben der NB 30 einzuhalten.

---

[290] BVerfGE 7, 377 (397); BVerfGE 32, 1 (28); Pieroth/Schlink, Grundrechte, Rn. 810 ff.
[291] BVerfGE 50, 290 (364).

(γ) Rundfunkfreiheit - Art. 5 Abs. 1 S. 2 GG

Wie bereits erörtert ist Rundfunk jede für die Allgemeinheit, also für eine unbestimmte Vielzahl von Personen, bestimmte Veranstaltung und Verbreitung von Darbietungen aller Art in Wort, Bild oder Ton durch elektromagnetische Schwingungen ohne Verbindungsleitungen oder längs oder mittels eines Leiters.[292] Sofern mittels Powerline durch die Betreiber überhaupt Inhalte übermittelt werden, die dem Schutzbereich der Rundfunkfreiheit unterfallen, ist dennoch das Merkmal der Allgemeinheit nicht erfüllt. Zwar sind die Anforderungen an dieses Merkmal niedrig anzusetzen, und es ist immer bereits dann als erfüllt anzusehen, wenn sich die Sendung nicht nur an von vornherein festgelegte Personen richtet.[293] Allerdings sind Powerline-Übertragungen immer nur an die begrenzte Kundenzahl des jeweiligen PLC-Betreibers gerichtet und damit nicht an eine unbestimmte Vielzahl von Personen. Die an den Kunden versandten Daten sind dabei auch regelmäßig zuvor von diesem angefordert worden und daher auch nur für diesen einen Kunden bestimmt. Durch die in Deutschland vorherrschende Stromnetztopographie ist die Adressatengruppe darüber hinaus stets sehr überschaubar. Daneben wird Powerline durch die Shared-Medium-Charakteristik und die große Zahl der Hausanschlüsse pro Versorgungsstrang selbst bei flächendeckender Einführung nicht als Medium zur Übertragung von qualitativ akzeptablen Bild- oder Tonsendungen genutzt werden können, da die Übertragungsrate hierfür nicht ausreicht. Der Versand von Powerline-Inhalten über Stromleitungen stellt damit keine von der Rundfunkfreiheit geschützte Betätigung dar.

(δ) Wirtschaftliche Handlungsfreiheit - Art. 2 Abs. 1 GG

Die wirtschaftliche Handlungsfreiheit ist nichts anderes als eine allgemeine Handlungsfreiheit auf wirtschaftlichem Gebiet. Sie ist damit lediglich ein Unterfall der allgemeinen Handlungsfreiheit gemäß Art. 2 Abs. 1 GG und als solche auch höchstrichterlich anerkannt.[294] Die allgemeine Handlungsfreiheit hat jedoch im Grundrechtskatalog nur eine Auffangfunktion, die einen lückenlosen

---

[292] Vgl. § 2 Abs. 1 S. 1 des Staatsvertrages der Länder zur Neuordnung des Rundfunkwesens. Text abgedruckt bei Hartstein/Ring/Kreile/Dörr/Stettner, Rundfunkstaatsvertrag. Vgl. hierzu auch Herzog, MD, Art. 5 Abs. I, II, Rn. 194 f.; Wendt, in: v. Münch/Kunig, GG, Art. 5, Rn. 58; Jarass/Pieroth, GG, Art. 5, Rn. 29.
[293] Jarass/Pieroth, GG, Art. 5, Rn. 29; Pieroth/Schlink, Grundrechte, Rn. 573.
[294] BVerfGE 12, 341 (347); 27, 375 (384); 29, 260 (266 f.); 50, 290 (366); 65, 196 (210f.).

Grundrechtsschutz sicherstellen soll.[295] Dieser wird vom Grundgesetz um der Menschenwürde willen gewährleistet.[296] Art. 2 Abs. 1 GG ist somit nur einschlägig, soweit nicht bereits speziellere Grundrechte die in Rede stehende Tätigkeit erfassen. Gerade im Hinblick auf wirtschaftliche Betätigungen ist jedoch Art. 12 Abs. 1 GG regelmäßig *lex specialis.*

Der Schutzbereich der Berufsfreiheit ist für die PLC-Betreiber wie dargelegt eröffnet. Art. 2 Abs. 1 GG ist somit hier thematisch verbraucht.

(ε) Zwischenergebnis

Festzuhalten ist nach dem oben Gesagten, daß der Rundfunkfreiheit der Rundfunkbetreiber aus Art. 5 Abs. 1 S. 2 GG im Rahmen der hier vorzunehmenden Interessen- und Rechtsgutabwägung lediglich ein kollidierendes Grundrecht der Powerline-Betreiber gegenübersteht, nämlich die Berufsfreiheit aus Art. 12 Abs. 1 GG.

(3) Abwägung der kollidierenden Rechtsgüter

Jeder Rechtsgutsabwägung ist die Frage voranzustellen, ob nicht eines der betroffenen Grundrechte durch die auf ihre Verhältnismäßigkeit hin zu überprüfende Maßnahme in seinem Wesensgehalt angetastet wurde. Diese Notwendigkeit ergibt sich aus Art. 19 Abs. 2 GG.

Was genau unter dem Wesensgehalt eines Grundrechts zu verstehen ist, ist bis heute weitgehend unklar und mußte bisher auch noch nicht näher bestimmt werden.[297] Das Bundesverfassungsgericht hat sich dahingehend geäußert, daß von einem Grundrecht trotz aller Eingriffe jedenfalls noch etwas übrig bleiben muß.[298] Im Zweifel ist der Wesensgehalt nicht im Wege einer allgemeinen, sondern durch eine einzelfallbezogene Betrachtung zu ermitteln.[299]

---

[295] Vgl. Sachs/Murswiek, GG, Art. 2, Rn. 10; Pieroth/Schlink, Grundrechte, Rn. 368 ff. m. w. Nachw.
[296] Vgl. BVerfGE 5, 85 (204); 27, 1 (6); 45, 187 (228).
[297] Pieroth/Schlink, Grundrechte, Rn. 300; zur Theorie vom relativen Wesensgehalt vgl. Maunz, MD, Art. 19 Abs. II, Rn. 16 ff.; zur Theorie vom absoluten Wesensgehalt vgl. Stern, StaatsR III/2, S. 865 ff.
[298] BVerfGE 2, 266 (285).
[299] Pieroth/Schlink, Grundrechte, Rn. 305.

Im Hinblick auf die Festsetzung von Grenzwerten für Powerline sind grundsätzlich drei Konstellationen denkbar: Man könnte den Grenzwert auf Null setzen, so daß keinerlei Störungen von Powerline verursacht werden dürfen. Außerdem könnte man überhaupt keinen Grenzwert festlegen, mit der Folge, daß die Störungen durch PLC ein beliebiges Ausmaß annehmen dürfen. Und schließlich könnte man einen Grenzwert festlegen, der jedenfalls größer Null ist und somit ein bestimmtes Maß an Störungen erlaubt und eine Überschreitung dieses Maßes gleichzeitig verhindert.

Die erste und zweite Konstellation bilden gegenüberliegende Extreme. Setzt man den Grenzwert auf Null und verbietet so jegliche PLC-Störung, dann können zwar die Sendungen der Rundfunkbetreiber weiterhin ungestört empfangen werden, allerdings auf Kosten hoher Einschränkungen bei den PLC-Betreibern. Diese müßten nämlich die effektive Datenübertragungsrate soweit reduzieren, daß ein sinnvoller oder wirtschaftlicher Betrieb von PLC kaum noch Sinn machen würde, weil wegen der stets unzureichenden Schirmung der Stromleitungen bei jeder Leitungsnutzung unweigerlich Emissionen entstehen.

Setzt man dagegen gar keinen Grenzwert fest, so dürften die PLC-Betreiber ungehindert ihre Systeme betreiben und Störungen beliebigen Umfangs produzieren. Die Folge hiervon wären vermutlich massive Beeinträchtigungen beim Empfang von Rundfunksendungen oder gar die lokale Unmöglichkeit des Empfangs.

In diesen beiden Extremfällen ist jeweils ein kollidierendes Rechtsgut zugunsten des anderen völlig verdrängt, so daß von ihm kein sinnvoller Gebrauch mehr gemacht werden kann. Lediglich in der dritten Konstellation besteht überhaupt die theoretische rechtliche Möglichkeit, daß von beiden Rechtsgütern gleichzeitig ein verwertbarer Rest für ihren jeweiligen Träger übrig bleibt.

Festzuhalten ist somit, daß in jedem Fall und unabhängig von seiner Höhe ein Grenzwert festgelegt werden muß, damit die kollidierenden Rechtsgüter von Rundfunk- und PLC-Betreibern in der Rechtswirklichkeit überhaupt nebeneinander zur Geltung kommen können.

Ob der derzeitige Grenzwert der NB 30 in seiner konkreten Ausprägung und Höhe im engeren Sinne verhältnismäßig ist, müßte nun anhand einer Abwägung der oben genannten Grundrechte erörtert werden. An dieser Stelle jedoch stellt sich ein dogmatisches Problem grundsätzlicher Art. Einerseits kann eine wirklich tragfähige Interessenabwägung stets nur im Einzelfall erfolgen. Andererseits muß aber ein Grenzwert gerade nicht nur im Einzelfall, sondern in allen Fällen gelten. Auch eine Anpassung von Fall zu Fall ist wie oben dargestellt nicht möglich, da es einen „fließenden Grenzwert" nicht geben kann. Im gesamten Bundesgebiet muß also für Powerline ein- und derselbe generelle Grenzwert ohne Variationsmöglichkeiten gelten, auch wenn die PLC-Systeme dabei unter völlig verschiedenen funkversorgungstechnischen Umgebungsbedingungen im Einsatz sind. Die Verhältnismäßigkeit des Grenzwertes muß somit nach allgemeinen Aspekten und losgelöst von einem Einzelfall beurteilt werden. Dies jedoch ist kaum möglich.

Als kollidierende Grundrechte wurden einerseits die Rundfunkfreiheit der Rundfunkbetreiber und andererseits die Berufsfreiheit der Powerline-Betreiber aufgezeigt. Die Rundfunkfreiheit ist jedoch im hier relevanten Zusammenhang regelmäßig nichts anderes als eine spezielle Ausprägung der Berufsfreiheit, da die Rundfunkbetreiber ihre Ausstrahlungen im Normalfall im Rahmen einer beruflichen Betätigung vornehmen.[300] Die Empfangbarkeit der Sendungen ist somit jedenfalls grundsätzlich vom Schutzbereich beider Grundrechte erfaßt. Damit steht hier das spezielle Berufsgrundrecht des Art. 5 Abs. 1 S. 2 GG dem allgemeinen Grundrecht auf Berufsfreiheit aus Art. 12 Abs. 1 GG gegenüber. Eine eindeutige oder offensichtliche Höherwertigkeit eines dieser beiden Rechtsgüter ist nicht ersichtlich, so daß eine Abwägung insofern nicht erleichtert wird.

Die Abwägung kann somit nur dann eine eindeutige Grenzwertfehlfestsetzung feststellen, wenn im Sinne der oben genannten Wesensgehaltsgarantie des Art. 19 Abs. 2 GG ein Grundrecht völlig gegenstandslos wird. Dies jedoch wäre nur dann der Fall, wenn beispielsweise trotz eines NB 30-konformen PLC-Betriebs ein Rundfunksender an jedem beliebigen Ort in Deutschland überhaupt nicht mehr empfangen werden könnte oder wenn umgekehrt die PLC-Betreiber aufgrund zu strenger Grenzwerte den PLC-Betrieb wegen technischer und wirtschaftlicher Unmöglichkeit einstellen müßten. In allen anderen Fällen, in denen zwar vereinzelt Störungen des Rundfunkempfangs vorkommen, der Rundfunkempfang als solcher jedoch nicht grundsätzlich gefährdet ist, entzieht sich ein konkreter Grenzwert einer juristischen Interessenabwägung. Er ist statt dessen vom Normgeber unter Zuhilfenahme entsprechenden technischen Sachverstan-

---

[300] Zur Betroffenheit der Berufsfreiheit der Rundfunkbetreiber und der Konkurrenz zwischen Art. 5 und Art. 12 GG siehe unten.

des festzulegen. Insoweit besteht also aus rechtlicher Sicht eine weite Einschätzungsprärogative des Normgebers.

Im Hinblick auf die Grenzwertfestsetzung in ihrer derzeitigen Form bestehen keine ersichtlichen Bedenken. Zum einen existiert ein Grenzwert, so daß jedenfalls generell den kollidierenden Grundrechten noch eine Bedeutung zukommt und keines von beiden völlig verdrängt ist. Zum anderen liefert der Grenzwert selbst auch derzeit keinerlei Anhaltspunkte dafür, daß er für die PLC-Betreiber zu streng oder für die Rundfunkbetreiber zu weitreichend ist. Nach all dem ist anhand des bisherigen Standes der technischen und rechtlichen Erkenntnis davon auszugehen, daß vorerst sowohl die Sendungen der Rundfunkbetreiber in den betroffenen Frequenzbereichen grundsätzlich empfangbar bleiben als auch die PLC-Betreiber ihre Systeme wirtschaftlich und technisch sinnvoll betreiben können.

Eine präzisere juristische Verhältnismäßigkeitsabwägung ist derzeit nicht möglich. Sie kann erst erfolgen, wenn Powerline in nennenswerter Masse auf dem Markt verfügbar ist. Sollten sich dann tatsächlich meßbare Funkstörungen von mehr als nur unerheblicher Intensität zeigen oder sollte sich herausstellen, daß aufgrund weiterentwickelter technischer Verfahren nennenswerte Funkstörungen selbst dann nicht zu befürchten sind, wenn man höhere Störemissionen erlaubt, so ist eine Verhältnismäßigkeitsabwägung erneut vorzunehmen und die rechtliche Zulässigkeit des Grenzwertes anhand der oben genannten Kriterien erneut zu überprüfen.

(4) Zwischenergebnis

Bis dahin ist festzustellen, daß die durch den Störgrenzwert in seiner derzeitigen Form erlaubten Beeinträchtigungswirkungen durch Powerline auf absehbare Zeit in einem angemessenen Verhältnis zum durch die NB 30 verfolgten legitimen Gesetzeszweck stehen werden. Anhaltspunkte für eine Fehlgewichtung eines der kollidierenden Rechtsgüter sind nicht ersichtlich. Darüber hinaus entzieht sich die Überprüfung des konkreten Grenzwertes einer juristischen Verhältnismäßigkeitsüberprüfung im engeren Sinne.

Insoweit stellt die NB 30 eine faktisch und daneben im Sinne der Wechselwirkungslehre auch in sich bereits rechtlich beschränkte Grundrechtsschranke dar, die die Rundfunkfreiheit auch unter Berücksichtigung aller betroffenen Rechtsgüter nur in einem angemessenen Maß beeinträchtigt.

ee) Ergebnis

Der Eingriff ist angemessen und damit im Ergebnis auch verhältnismäßig. Somit ist er auch gleichzeitig verfassungsrechtlich gerechtfertigt, so daß die NB 30 keine Verletzung des Grundrechts der Rundfunkbetreiber auf Rundfunkfreiheit gemäß Art. 5 Abs. 1 S. 2 GG darstellt.

2. *Berufsfreiheit - Art. 12 Abs. 1 GG*

Durch eine Grenzwertfestsetzung ist grundsätzlich auch eine Verletzung der Berufsfreiheit der Rundfunkbetreiber aus Art. 12 Abs. 1 GG denkbar.

Spielen - anders als bei der hier vorgenommenen Untersuchung - auch prozeßrechtliche Erwägungen eine Rolle, so ist zunächst die Frage der Grundrechtskonkurrenz zwischen der Berufs- und der Rundfunkfreiheit zu klären. Nach weit verbreiteter Ansicht besteht zwischen beiden Grundrechten Idealkonkurrenz.[301] Es wird jedoch auch vertreten, daß die Rundfunkfreiheit gegenüber der Berufsfreiheit *lex specialis* sei, sofern der Grundrechtsträger der Rundfunkfreiheit von seinem Freiheitsrecht beruflich Gebrauch mache.[302]

Eine Entscheidung kann an dieser Stelle unterbleiben, da sie vom jeweiligen prozessualen Einzelfall abhängt.

a) Personaler und sachlicher Schutzbereich

In personaler Hinsicht ist im Rahmen von Art. 12 Abs. 1 S. 1 GG zu beachten, daß die Berufsfreiheit nur Deutschen garantiert wird. Wer Deutscher ist bestimmt sich nach Art. 116 GG.

In sachlicher Hinsicht bildet Art. 12 Abs. 1 GG einen einheitlichen Schutzbereich der Berufsfreiheit,[303] zu dem gemäß Art. 12 Abs. 1 Satz 1 GG die Berufswahl und gemäß Satz 2 die Berufsausübung gehören. Beruf im Sinne des Art. 12 Abs. 1 GG ist jede Tätigkeit, die auf eine gewisse Dauer angelegt ist und die der Schaffung und Erhaltung einer Lebensgrundlage dient.[304]

---

[301] Herzog, MD, Art. 5 Abs. I, II, Rn. 142; Scholz, MD, Art. 12, Rn. 161 ff.
[302] Degenhart, BoK, Art. 5 Abs. 1 und 2, Rn. 758.
[303] Pieroth/Schlink, Grundrechte, Rn. 808.
[304] BVerfGE 7, 377 (397); BVerfGE 32, 1 (28); Pieroth/Schlink, Grundrechte, Rn. 810 ff.

aa) Private Rundfunkbetreiber

Die Tätigkeit der privaten Rundfunkbetreiber ist regelmäßig auf Dauer angelegt, und sie finanzieren sich vor allem durch eigene Einnahmen, die sie häufig vorrangig durch das Senden von Werbung erzielen. Damit dient ihre Tätigkeit der Schaffung und Erhaltung der eigenen Existenzvoraussetzungen und ist als Erwerbstätigkeit, mithin also als Beruf anzusehen. Insoweit steht einer Eröffnung des Schutzbereiches - abgesehen vom soeben angesprochenen Konkurrenzverhältnis zu Art. 5 GG - nichts entgegen.

Nicht ganz so einfach läßt sich jedoch die Frage beantworten, ob die hier zugrundezulegenden Beeinträchtigungen durch Powerline-Dienste noch vom sachlichen Schutzbereich des Grundrechts der Rundfunkbetreiber aus Art. 12 Abs. 1 GG erfaßt sind. Durch Störfeldemissionen wird der Empfang des ausgestrahlten Rundfunkprogrammes gestört oder in Extremfällen sogar gänzlich verhindert. Der Empfang des Rundfunkprogrammes durch den Empfänger stellt den Abschluß der rundfunktechnischen Betriebskette dar und geschieht nur beim Adressaten des ausgestrahlten Programmes. Insoweit könnte man vertreten, daß der jeweilige Sender in der Art und Weise seiner beruflichen Betätigung durch Powerline-Störungen gar nicht beeinflußt wird. Die Programmgestaltung und Ausstrahlung kann beliebig und uneingeschränkt erfolgen, lediglich das Ergebnis kann beim Adressaten der Sendungen möglicherweise aufgrund technischer Einwirkungen nicht zufriedenstellend verwertet werden.

Die grundrechtliche Garantie in Art. 12 GG hätte aber keinerlei Bedeutung und würde unterlaufen werden, wenn man die Empfangbarkeit aus dem Schutzbereich ausklammern würde. Nur weil der potentielle Eingriff in den Betriebsablauf erst sehr spät erfolgt, würde keine Schutzbereichseröffnung mehr vorliegen. Würde eine hoheitliche Maßnahme dagegen mit demselben Ergebnis, nämlich der eingeschränkten Empfangbarkeit, zu einem früheren Stadium auf den Rundfunkprozeß einwirken, beispielsweise durch unsachgemäße Vorschriften zur Drosselung der Sendeleistung auf nicht mehr akzeptable Werte, so wären die Signale beim Empfänger am Ende ebenfalls zu schwach, um die Sendung noch verfolgen zu können. In diesem Beispiel aber wäre die Einwirkung in jedem Fall vom Schutzbereich erfaßt. Durch eine unsachgemäße juristische Würdigung würde somit eine Beschränkung der Berufsfreiheit aus dem Schutzbereich derselben herausdefiniert werden.

Die Empfangbarkeit der ausgestrahlten Sendungen ist also nach der hier vertretenen Ansicht noch vom Schutzbereich des Art. 12 Abs. 1 GG erfaßt.

bb) Juristische Personen

Wie bereits eingangs erläutert, existieren kaum einzelne natürliche Personen, die einen Rundfunksender betreiben. Der Regelfall ist vielmehr der Betrieb eines solchen Senders durch Personenmehrheiten in Form juristischer Personen. Wiederum stellt sich die bereits oben angesprochene Frage nach der Grundrechtsfähigkeit juristischer Personen, diesmal hinsichtlich Art. 12 Abs. 1 GG, und wiederum ist Art. 19 Abs. 3 GG heranzuziehen.

Die Anwendbarkeit der Berufsfreiheit auf inländische juristische Personen des Privatrechts ist zwar nicht völlig unumstritten,[305] im Ergebnis wird jedoch vor allem bei Tätigkeiten im Erwerbsbereich ein Grundrechtsschutz durch Art. 12 Abs. 1 GG bejaht.[306] Das Bundesverfassungsgericht hat dazu geurteilt, daß eine juristische Person des Privatrechts jedenfalls dann eine Verletzung von Art. 12 Abs. 1 GG geltend machen kann, wenn die von ihr betriebene Erwerbstätigkeit nach Wesen und Art in gleicher Weise von einer juristischen wie von einer natürlichen Person ausgeübt werden kann.[307]

Grundsätzlich besteht zwischen dem Betrieb eines Rundfunksenders durch eine einzelne natürliche Person und einer juristischen Person kein Unterschied, in beiden Fällen werden dieselben Tätigkeiten mit demselben Ziel der Gewinnerzielung durchgeführt. Insofern ist die Vergleichbarkeit der Normunterworfenheit zwischen natürlicher und juristischer Person im Sinne des Bundesverfassungsgerichts hier gegeben. Damit liegt auch die wesensmäßige Anwendbarkeit gemäß Art. 19 Abs. 3 GG vor.

Soweit die Anwendbarkeit von Art. 12 Abs. 1 GG auf ausländische juristische Personen des Privatrechts in Frage steht, kann auf die bereits oben gemachten Ausführungen verwiesen werden. Zur Erhaltung des bewußt offen gehaltenen fremdenrechtlichen Aktionsspielraumes und unter Ermangelung einer unbeabsichtigten Gesetzeslücke muß der Schutz der Berufsfreiheit ausländischen Personenmehrheiten verwehrt bleiben. Daneben bestimmt auch Art. 12 Abs. 1 S. 1 GG selbst ausdrücklich, daß der Schutzbereich nur für Deutsche gilt, mithin also auch über Art. 19 Abs. 3 GG nur für deutsche juristische Personen.

---

[305] Vgl. zur Gegenansicht die Nachweise von Scholz, MD, Art. 12, Rn. 93, dort Fn. 2, sowie derselbe, Rn. 98 f.
[306] Vgl. BVerfGE 30, 292 ff.; 50, 290 ff.; 65, 210; 74, 129; BVerwGE 75, 114; Bethge, AöR 104 (1979), S. 54 ff.; Rüfner, DVBl. 1976, S. 688 ff. m. w. Nachw.
[307] BVerfGE 22, 380 ff.; 50, 363.

bb) Öffentlich-rechtliche Rundfunkanstalten

Bei öffentlich-rechtlichen Rundfunkanstalten gestaltet sich die Beantwortung der Frage nach dem Vorliegen eines Berufes etwas schwieriger. Diese erzielen ihre Einnahmen nämlich grundsätzlich durch die Erhebung von Rundfunkgebühren gemäß dem Rundfunkgebührenstaatsvertrag der Länder. Zwar senden auch öffentlich-rechtliche Rundfunkanstalten Werbung, jedoch in erheblich geringerem Umfang als die Privatsender. Im Ergebnis kann die Frage jedoch insoweit unbeantwortet bleiben, als öffentlich-rechtliche Rundfunkanstalten sich jedenfalls nur in erheblich reduziertem Maße auf Grundrechte berufen können.

Grundrechte sind ihrer Schutzkonzeption nach nämlich Abwehrrechte des Bürgers gegen den Staat beziehungsweise gegen hoheitliche Maßnahmen. Aus diesem Grunde ist die Grundrechtsfähigkeit juristischer Personen des öffentlichen Rechts erheblich eingeschränkt, da sie dem Staat regelmäßig nicht wie ein Privater gegenüberstehen, sondern oftmals staatlich inkorporiert sind.[308] Dies gilt auch bei erwerbswirtschaftlichem Handeln.[309] Für Rundfunkanstalten des öffentlichen Rechts ist eine Grundrechtsfähigkeit bisher nur bezüglich der Rundfunkfreiheit gemäß Art. 5 Abs. 1 S. 2 GG anerkannt. Somit sind sie vom Schutzbereich der Berufsfreiheit nicht erfaßt, so daß eine Grundrechtsverletzung mangels tauglicher Grundrechtsträgerschaft gar nicht möglich ist.[310]

b) Eingriff

Beeinträchtigungen der Berufsfreiheit ergeben sich regelmäßig aus Regelungen, die sich final auf die berufliche Betätigung beziehen und sie unmittelbar zum Gegenstand haben.[311] Einen unmittelbaren Eingriff stellt also diejenige hoheitliche Regelung dar, die final und unmittelbar in das durch Art. 12 Abs. 1 GG geschützte Rechtsgut eingreift.

Die NB 30 setzt wie bereits erörtert nur einen Grenzwert für die Powerline-Betreiber als Adressaten der Norm. Die Beeinträchtigung für die Rundfunkbetreiber besteht darin, daß seitens der Powerline-Betreiber die Notwendigkeit besteht, die Leitungskapazität optimal auszunutzen, was dazu führt, daß im

---

[308] Vgl. BVerfGE 21, 362 ff.; 45, 75 m. w. Nachw.; 68, 206 m. w. Nachw.
[309] Vgl. hierzu Huber, Wirtschaftsverwaltungsrecht, Bd. 2, S. 198; Hoffmann, DVBl. 1964, S. 460 m. w. Nachw.
[310] Zur Grundrechtsfähigkeit ausländischer juristischer Personen siehe oben.
[311] BVerfGE 13, 181 (185).

späteren Dauerbetrieb permanent knapp unterhalb der Höchstmarke des NB 30-Grenzwertes operiert werden wird. Die NB 30 stellt damit aufgrund dieser technischen Notwendigkeit der optimalen Leitungsausnutzung gleichzeitig auch eine sicher vorhersehbare Beeinträchtigung für die Rundfunkbetreiber dar. Insoweit wurde bereits oben dargestellt, daß es sich hierbei um einen mittelbar-faktischen Grundrechtseingriff in die Rundfunkfreiheit handelt. Wird Rundfunk nunmehr beruflich betrieben, so daß der Schutzbereich der Berufsfreiheit eröffnet ist, so ist mit einem Eingriff in die Rundfunkfreiheit gleichzeitig auch ein Eingriff in die Berufsfreiheit gegeben.

Das Bundesverfassungsgericht hat im Zusammenhang mit Art. 12 Abs. 1 GG im Apothekenurteil[312] die sogenannte Drei-Stufen-Theorie entwickelt. Mit der Drei-Stufen-Theorie hat das Bundesverfassungsgericht die verschiedenen möglichen Eingriffsintensitäten in drei Intensitätsstufen unterteilt. Als niedrigste Eingriffsstufe gilt seitdem die Berufsausübungsregelung. Als Berufsausübungsregelung wird ein Eingriff bezeichnet, wenn er lediglich das „Wie" der beruflichen Tätigkeit regelt.[313] Demgegenüber regeln die sogenannten Berufswahlregelungen das „Ob" einer beruflichen Betätigung.[314] Innerhalb der Berufswahlregelung wird nochmals unterschieden. Eine sogenannte subjektive Berufswahlregelung ist dann gegeben, wenn eine hoheitliche Maßnahme als Eingriff an Kriterien anknüpft, die in der Person des Grundrechtsträgers selbst zu finden sind.[315] Als objektive Berufswahlregelung wird ein Eingriff bezeichnet, der unabhängig von persönlichen Fähigkeiten des Grundrechtsträgers allein anhand objektiver Kriterien die berufliche Tätigkeit des Betroffenen regelt.[316]

Die NB 30 macht nicht die gesamte berufliche Betätigung als Rundfunkbetreiber unmöglich. Sie sorgt lediglich für eine Beeinträchtigung bei der Verwertung des „Produktes" Rundfunk, das der Rundfunkbetreiber im Rahmen seiner beruflichen Betätigung produziert und ausgestrahlt hat. Die NB 30 intendiert keine zielgerichtete Beeinträchtigung der beruflichen Tätigkeit der Rundfunkbetreiber,

---

[312] BVerfGE 7, 377 ff.
[313] BVerfGE 7, 377 (405 ff.); 16, 286 (297); 65, 116 (125); 70, 1 (28); 77, 308 (332); 78, 155 (162); 81, 70 (84); 85, 248 (259); 93, 362 (369).
[314] BVerfGE 7, 377 (405 ff.); Sachs/Tettinger, GG, Art. 12, Rn. 101 ff.
[315] BVerfGE 9, 338 (345); 64, 72 (82); BVerfG NJW 1993, 1575; vgl. Sachs/Tettinger, GG, Art. 12, Rn. 103, Fn. 400 mit umfangreichen Nachw.
[316] BVerfGE 7, 377 (415 ff.); 9, 39 (48 f.); 11, 30 (43 f.); 11, 168 (186 ff.) sowie Sachs/Tettinger, GG, Art. 12, Rn. 103, Fn. 401 mit umfangreichen Nachw.

sie bringt diese lediglich in rechtlicher Hinsicht mit sich. Rein tatsächlich wird der Empfang auch nicht generell unmöglich gemacht, sondern lediglich in bestimmten Bereichen, in denen sich in unmittelbarer Nähe Powerline-Stromleitungen befinden, erschwert. Selbst wenn im Einzelfall an einem bestimmten Ort der Empfang einer Rundfunksendung aufgrund von Powerline-Störfeldern nicht mehr möglich sein sollte, ist dies lediglich die tatsächliche Folge einer Verkettung von technischen Umständen. Indem jedoch wie bereits dargelegt Powerline nie flächendeckend zum Einsatz kommen wird, ist zumindest auch im Zeitpunkt der Normsetzung der NB 30 davon auszugehen, daß die grundsätzliche Betätigung der Rundfunkbetreiber hinsichtlich ihres Berufs nicht beeinträchtigt werden wird.

Indem also die NB 30 gegebenenfalls dazu führen kann, daß an einem bestimmten Ort Rundfunkempfang nicht möglich ist, führt dies nicht zu einer Einordnung der NB 30 als „partielle Berufswahlregelung", sondern zu einer Einordnung als „generelle" Berufsausübungsregelung. Diese Einschätzung fußt vor allen Dingen auf der derzeit wahrscheinlichen Annahme, daß es zu keinen flächendeckenden Powerline-Störungen kommen wird. Im Sinne der Drei-Stufen-Theorie ist die NB 30 damit als Berufsausübungsregelung einzustufen. Ein über das Maß einer bloßen Belästigung hinausgehender Eingriff in den Schutzbereich ist durch die belastende Wirkung der NB 30 auf die Rundfunkbetreiber somit gegeben.

c) Schranken

Die NB 30 ist, wie bereits oben erörtert, eine insoweit formell verfassungsmäßige, das heißt also grundsätzlich taugliche Grundrechtsschranke. Der durch sie verursachte Eingriff in die Berufsfreiheit der Rundfunkbetreiber ist somit auf seine Verhältnismäßigkeit hin zu untersuchen.

d) Verhältnismäßigkeit

Die NB 30 verfolgt den legitimen Zweck, die durch den Powerline-Betrieb verursachten Störfeld-Emissionen einerseits einzuschränken, andererseits für alle Powerlinebetreiber eine gleichmäßige technische Orientierungsgrundlage zu erreichen und daneben den ordnungsgemäßen Betrieb anderer Funkdienste im Powerline-Frequenzband weiterhin zu ermöglichen. Zur Erreichung dieses Zwecks ist die NB 30 auch grundsätzlich geeignet. Sie ist erforderlich, indem rechtlich effektivere Alternativen nicht denkbar und technisch mildere nicht juristisch abwägbar sind.³¹⁷ Im Hinblick auf die Drei-Stufen-Theorie und das Subsidiaritätsverhältnis zwischen den einzelnen Stufen ist durch das Vorliegen einer bloßen Berufsausübungsregelung als niedrigster Eingriffsstufe auch keine mildere Eingriffsstufe denkbar.

Dies führt im Ergebnis auch hier zu einer Angemessenheit des Eingriffs, da die NB 30 zu einem schonenden Ausgleich der Interessen der beteiligten Gruppen führt. Wie bereits oben dargestellt ist durch die NB 30 sowohl ein ungestörter Powerline- als auch ein ungestörter Rundfunkbetrieb wenigstens grundsätzlich und wohl auch im technisch-praktischen Regelfall möglich. Hierbei handelt es sich auch um vernünftige Erwägungen des Allgemeinwohles, die grundsätzlich ausreichen, eine Berufsausübungsregelung zu legitimieren.³¹⁸ Der Eingriff ist damit angemessen und somit auch insgesamt verhältnismäßig.

e)   Ergebnis

Aufgrund der verfassungsrechtlichen Rechtfertigung wird durch die NB 30 keine Verletzung des Grundrechts der Rundfunkbetreiber aus Art. 12 Abs. 1 GG herbeigeführt.

3.   Eigentumsfreiheit - Art. 14 Abs. 1 GG

Fraglich ist, ob die Beeinträchtigung des Empfangs von Rundfunksendungen eine Grundrechtsverletzung der Rundfunkbetreiber in Art. 14 Abs. 1 GG darstellt. Hierzu müßte zunächst der Schutzbereich von Art. 14 Abs. 1 GG eröffnet sein.

a)   Schutzbereich

Die Eigentumsgarantie des Art. 14 Abs. 1 GG ist ein elementares Grundrecht und zugleich eine Wertentscheidung von besonderer Bedeutung.³¹⁹ Eingriffsfähige Rechtsposition ist grundsätzlich jedes vom Gesetzgeber gewährte konkrete

---

[317] Vgl. bereits die obigen, argumentativ gleichartigen Erörterungen zur Verhältnismäßigkeit des Eingriffs in das Grundrecht der Rundfunkfreiheit.
[318] Vgl. zur Rechtfertigung von Berufsausübungsregelungen durch das Allgemeinwohl BVerfGE 7, 377 (405 f.); 16, 286 (297); 65, 116 (125); 70, 1 (28); 77, 308 (332); 78, 155 (162); 81, 70 (84); 85, 248 (259); 93, 362 (369).
[319] BVerfGE 14, 263 (277); ähnlich BVerfGE 21, 150 (155).

vermögenswerte Recht,[320] solange es durch Entfaltung eines Leistungswillens entstanden ist.[321] Neben dem Eigentum im zivilrechtlichen Sinne fallen somit in den sachlichen Schutzbereich des Art. 14 Abs. 1 GG auch alle anderen dinglichen Rechte, Ansprüche und Forderungen des privaten Rechts.[322] Das Eigentum im Sinne des Art. 14 Abs. 1 GG ist somit nicht unbedingt mit dem zivilrechtlichen Eigentumsbegriff identisch, sondern vielmehr weiter gefaßt.[323]

Fraglich ist nun, ob der Empfang beziehungsweise die Empfangbarkeit von Rundfunksendungen, also die technisch optimale Ausnutzung von Funkfrequenzen, eine von Art. 14 Abs. 1 GG geschützte vermögenswerte Rechtsposition darstellt. Eine ähnliche Frage wurde bereits im Rahmen der Berufsfreiheit angesprochen.

Die Antwort auf diese Frage hängt im wesentlichen davon ab, wie und in welcher Form einem Rundfunkbetreiber die von ihm zukünftig zu nutzende Funkfrequenz zugeteilt wird. Betroffen von Powerline-Störungen können vor allem die Rundfunksender im Lang-, Mittel- und Kurzwellenbereich sein, da diese Sender Frequenzen bis etwa 30 MHz, mithin also den für Powerline derzeit relevanten Frequenzbereich nutzen.[324]

Die Frequenzzuteilung an private Rundfunkbetreiber erfolgt gemäß § 3 Abs. 1 FreqZutVO im Wege der sogenannten Einzelzuteilung. Gemäß § 3 Abs. 3 FreqZutVO ist die Einzelzuteilung ein Verwaltungsakt der Regulierungsbehörde für Telekommunikation und Post. Die Nutzung der Frequenzen wird im Regelfall auf unbestimmte Zeit erlaubt, ein Widerruf beziehungsweise ein Erlöschen der Zuteilung ist jedoch gemäß § 8 FreqZutVO möglich. Bereits hieraus wird deutlich, daß Frequenzen nicht verkauft, das heißt als dauerhafte Vermögensposition vereinnahmt oder erworben, sondern durch staatliche Behörden zugeteilt werden. Nach Zuteilung und im Rahmen der technischen Auflagen und Vorschriften, die mit der Zuteilung verbunden sein können, ist eine Nutzung der Frequenz für die bei der Zuteilung angegebenen Zwecke erlaubt. Indem somit zwar die Nutzung der Frequenzen erlaubt wird, eine Weiterveräußerung oder zweckfremde Nutzung jedoch nicht möglich ist, ist Eigentum im zivilrechtlichen Sinne an

---

[320] BVerfGE 24, 367 (396); 53, 257 (290); 58, 300 (336).
[321] BVerfGE 31, 229 (240 ff.); 51, 193 (218).
[322] BVerfGE 28, 110 (141); 68, 193 (222); 83, 201 (208 f.).
[323] Bryde, in: v. Münch/Kunig, GG, Art. 14, Rn. 11.
[324] Zu den im Detail betroffenen Frequenzbereichen vgl. oben Kap. 3.

den zugeteilten Frequenzen jedenfalls nicht möglich.[325] Diese sind auch insofern keine vermögenswerten Rechte, als der Frequenznutzungsberechtigte über die ihm zugeteilten Frequenzen nicht wie ein Eigentümer verfügen und sie beispielsweise verkaufen kann. Eine umfassende Herrschafts- und Verfügungsbefugnis ist jedoch wesentliche Voraussetzung für das Vorliegen von Eigentum im Sinne von Art. 14 Abs. 1 GG[326] Sie sind vielmehr öffentlich-rechtliche Positionen. Ein subjektives Recht öffentlich-rechtlicher Natur wird nur dann von Art. 14 Abs. 1 GG geschützt, wenn es „dem einzelnen eine Rechtsposition verschafft, die derjenigen des Eigentümers entspricht".[327] Für die Abgrenzung zwischen geschützten und nicht geschützten Rechtspositionen kommt es insbesondere darauf an, ob das Recht auf eine eigene Leistung zurückgeht.[328] Auch ist wichtig, ob die fragliche Rechtsposition dem Rechtsinhaber „nach Art eines Ausschließlichkeitsrechts zugeordnet ist".[329] Ansprüche, die der Staat nur in Erfüllung von Fürsorgepflichten anerkennt und einräumt, ohne daß diesem Anspruch eine individuelle Gegenleistung des Leistungsempfängers gegenübersteht, fallen nicht in den Schutzbereich des Art. 14 Abs. 1 GG.[330]

Die Problematik des Schutzes öffentlich-rechtlicher Vermögenspositionen im Rahmen von Art. 14 Abs. 1 GG wird regelmäßig im Zusammenhang mit sozialrechtlichen Ansprüchen diskutiert. Art. 14 Abs. 1 GG schützt beispielsweise Renten der Sozialversicherung einschließlich Anwartschaften.[331] Bereits in diesem Zusammenhang wird beim Vergleich von Sozialversicherung und Funkfrequenzen klar, daß Funkfrequenzen eine anders geartete öffentlich-rechtliche Position darstellen als die sozialversicherungsrechtlichen Ansprüche. Zwar werden Funkfrequenzen dem Rundfunkbetreiber zur alleinigen Nutzung zugewiesen, so daß er eine Ausschließlichkeitsposition innehat, die ihm auch Abwehransprüche

---

[325] Daneben ist Eigentum im zivilrechtlichen Sinne gem. § 903 BGB ohnehin nur an Sachen möglich, vgl. BGHZ 44, 288; Palandt/Bassenge, § 903, Rn. 2; Jauernig, BGB, Vor § 903, Rn. 11 ff.
[326] BVerfGE 52, 1 (30); Roellecke, Staat und Recht 39 (1990), S. 778 (781); Bryde, in: v. Münch/Kunig, GG, Art. 14, Rn. 65 ff.; Podlech, Der Staat 15 (1976), S. 31 (47 f.); Hecker, Eigentum als Sachherrschaft, S. 88 f.
[327] BVerfGE 18, 392 (397); 53, 257 (289); BGHZ 92, 94 (106); vgl. auch Bryde, in: v. Münch/Kunig, GG, Art. 14, Rn. 25.
[328] BVerfGE 48, 403 (413); BSGE 65, 272 (278).
[329] BVerfGE 69, 272 (300); 72, 175 (195).
[330] BVerfGE 48, 403 (413); 53, 257 (291 f.); 72, 175 (193).
[331] BVerfGE 53, 257 (290); 58, 81 (109); 66, 234 (247); 76, 256 (293); 64, 87 (97); 70, 101 (110); 75, 78 (96 f.); BSGE 60, 158 (162); einschränkend Papier, MD, Art. 14, Rn. 147.

gegen konkurrierende Rundfunkbetreiber einräumt. Jedoch ist offensichtlich, daß Rundfunkfrequenzen nicht auf Grund einer äquivalenten Gegenleistung des Rundfunkbetreibers zugeteilt werden.

Der Staat räumt dem Rundfunkbetreiber lediglich aus einer Art „rundfunkrechtlicher Fürsorgepflicht" und aus seiner übergeordneten Stellung als Frequenzverwalter heraus eine zwar regelmäßig zeitlich unbegrenzte, jedoch in vielerlei Hinsicht begrenzbare Nutzungsmöglichkeit an den zugewiesenen Frequenzen ein.

b) Ergebnis

Zugeteilte Rundfunkfrequenzen sind kein vermögenswertes Recht beziehungsweise keine vermögenswerte öffentlich-rechtliche Rechtsposition, die in den Schutzbereich des Art. 14 Abs. 1 GG fällt. Eine Grundrechtsverletzung der Rundfunkbetreiber in ihrem Grundrecht auf Eigentum aus Art. 14 Abs. 1 GG durch die Grenzwertfestlegung der NB 30 ist somit auszuschließen.

Soweit öffentlich-rechtliche Rundfunkanstalten durch die NB 30 betroffen sind, ist eine Grundrechtsverletzung des Art. 14 Abs. 1 GG ebenfalls ausgeschlossen, da den öffentlich-rechtlichen Rundfunkanstalten diesbezüglich die Grundrechtsberechtigung fehlt.

4. Recht auf freie Entfaltung der Persönlichkeit - Art. 2 Abs. 1 GG

Das Grundrecht auf freie Entfaltung der Persönlichkeit gemäß Art. 2 Abs. 1 GG ist nicht mehr einschlägig, da es ein Auffanggrundrecht darstellt.[332] Indem jedoch bereits der Schutzbereich sowohl der Rundfunk- als auch der Berufsfreiheit eröffnet ist, bleibt kein Anwendungsspielraum mehr für Art. 2 Abs. 1 GG. Das Recht auf freie Entfaltung der Persönlichkeit ist somit thematisch verbraucht.

II. Grundrechtsrelevanz für die Empfänger

Nachdem wie oben dargestellt Grundrechtsverletzungen der Rundfunkbetreiber durch eine Grenzwertfestsetzung in der NB 30 nicht erkennbar sind, bleibt dennoch fraglich, ob bei den Empfängern von Rundfunksendungen Grundrechtsverletzungen durch die Regulierung in der NB 30 eintreten.

---

[332] Pieroth/Schlink, Grundrechte, Rn. 368 ff. m. w. Nachw.

1. Rundfunkfreiheit - Art. 5 Abs. 1 S. 2 GG

Wie bereits dargestellt ist der Schutzbereich der Rundfunkfreiheit grundsätzlich sehr weit auszulegen, so daß man daran denken könnte, auch den einzelnen Bürger als reinen Empfänger von Rundfunksendungen dem Schutzbereich der Rundfunkfreiheit zu unterstellen. Dies wird jedoch ganz allgemein abgelehnt und ergibt sich auch bereits aus dem Wortlaut des Grundgesetzes, der als grundrechtlich geschütztes Verhalten nur die Berichterstattung durch Rundfunk nennt.[333] Solange sich der Bürger nicht selbst als Rundfunkveranstalter betätigt, wird er nicht als Träger des Grundrechts auf Rundfunkfreiheit angesehen. Als bloßer Empfänger geht es ihm lediglich um den ungestörten Zugang zu den ausgestrahlten Rundfunksendungen. Insoweit ist jedoch das Grundrecht der Informationsfreiheit gemäß Art. 5 Abs. 1 S. 1 GG thematisch einschlägig.[334] Dies entspricht im übrigen auch der allgemeinen Tendenz, eine allzu weitgehende „Subjektivierung" der Rundfunkfreiheit möglichst zu vermeiden.[335]

In der Grenzwertfestlegung der NB 30 ist also keine Verletzung der Rundfunkfreiheit zu sehen, soweit die Empfänger von Rundfunksendungen als potentiell Verletzte in Frage stehen.

Für sie kommt diesbezüglich aber eine Verletzung ihres Grundrechtes auf Informationsfreiheit gemäß Art. 5 Abs. 1 S. 1 GG in Betracht.

2. Informationsfreiheit - Art. 5 Abs. 1 S. 1 GG

a) Schutzbereich

Daß sich in der heutigen Fassung des Grundgesetzes eine derart explizite Informationsfreiheitsgarantie findet, ist auf die Rundfunkempfangsverbote der Verordnung vom 01.09.1939 zurückzuführen.[336] Die Verordnung sollte verhindern, daß das deutsche Volk nach Beginn des Zweiten Weltkrieges ausländische Sender hörte und so die Möglichkeit objektiver externer Informationen bekam.

---

[333] BVerfGE 79, 29 (42); BVerfG NJW 1990, S. 311; Degenhardt, BoK, Art. 5 Abs. 1 und 2, Rn. 723; BVerwG, DVBl. 1978, S. 640; Jarass/Pieroth, GG, Art. 5, Rn. 41.
[334] BVerfG JZ 1989, S. 339, m. Anm. Bethge.
[335] Vgl. dazu Goerlich/Radeck, NJW 1990, S. 302.
[336] Verordnung über außerordentliche Rundfunkmaßnahmen vom 1. September 1939, RGBl. I S. 1683, abgedruckt auch bei Herrmann, Rundfunkrecht, § 4, Rn. 20.

Das Bundesverfassungsgericht sieht heute in dem Grundrecht auf Informationsfreiheit ein die freiheitlich-demokratische Grundordnung konstituierendes Recht des Bürgers, das neben der Freiheit der Meinungsäußerung eine der wichtigsten Voraussetzungen der freiheitlichen Demokratie darstellt und gleichwertig neben der Meinungs- und Pressefreiheit steht.[337]

Jeder potentielle Rundfunkempfänger ist grundsätzlich auch Träger des Grundrechts auf Informationsfreiheit. Auch wenn die Grundrechtsträgerschaft fast ausschließlich natürlichen Personen zufallen dürfte, steht die Informationsfreiheit über Art. 19 Abs. 3 GG auch inländischen Personengemeinschaften zu.[338]

Das Grundrecht auf Informationsfreiheit umfaßt nicht nur das aktive Handeln, also das Beschaffen, sondern auch die schlichte Entgegennahme von Informationen. Selbst die bloße Chance, unbestellte Informationen einfach nur ungehindert empfangen zu können, wird vom Schutzbereich erfaßt.[339] Der Grund hierfür liegt darin, daß der Empfänger die gesendeten Informationen erst einmal besitzen muß, um aus ihnen eine Auswahl treffen zu können.[340] Auch durch Auslegung läßt sich der Schutzbereich nicht auf bestimmte Arten von Informationen beschränken.[341]

Hörfunk und Fernsehen sind taugliche Informationsquellen im Sinne des Art. 5 Abs. 1 S. 1 GG.[342] Das Grundgesetz fordert weiterhin eine allgemeine Zugänglichkeit der Informationsquellen. Allgemeine Zugänglichkeit ist regelmäßig dann gegeben, wenn die Informationsquelle in technischer Hinsicht dazu bestimmt und geeignet ist, Informationen an einen individuell nicht bestimmbaren Personenkreis, also an die Allgemeinheit zu vermitteln. Entscheidend ist also, wie die Information vom Absender tatsächlich abgegeben wird.[343] Selbst wenn Rundfunksendungen über Kabel oder Satellit ausgestrahlt werden, so daß der Rundfunkveranstalter den Empfängerkreis selektiv bestimmen könnte, handelt es sich immer noch um eine allgemein zugängliche Quelle im Sinne der Grundgesetznorm, da der Empfängerkreis immer noch aus einer unbestimmten Viel-

---

[337] BVerfGE 27, 71 (81 f.); 20, 162 (174); 7, 198 (208).
[338] Sachs/Bethge, GG, Art. 5, Rn. 54, 58.
[339] Sachs/Bethge, GG, Art. 5, Rn. 53.
[340] BVerfGE 27, 71 (83).
[341] BVerfGE 90, 27 (32).
[342] BVerfGE 27, 71 (83 f.); 35, 307 (309); 90, 27 (32).
[343] Sachs/Bethge, GG, Art. 5, Rn. 56.

zahl von Personen besteht.[344] Rundfunk ist damit eine allgemein zugängliche Quelle im Sinne des Art. 5 Abs. 1 S. 1 GG. Dies gilt auch für Rundfunksendungen aus dem Ausland, die hier mit durchschnittlichem Antennenaufwand empfangbar sind.[345]

Können also Rundfunkempfänger durch powerline-basierte Störfeldemissionen Rundfunksendungen nicht oder nur mit technischen Störungen behaftet empfangen, so ist hierdurch jedenfalls der Schutzbereich der Informationsfreiheit eröffnet.

b) Eingriff

Auf die Argumentation, mit der bereits oben ein Eingriff in das Grundrecht auf Rundfunkfreiheit der Rundfunkveranstalter festgestellt wurde, kann hier verwiesen werden, wenn es um die Beantwortung der Frage geht, ob ein Grundrechtseingriff vorliegt. In den Fällen, in denen es tatsächlich zu Empfangsstörungen kommt, die sich eindeutig auf Powerline-Störfeldemissionen zurückführen lassen, weil die Powerline-Betreiber die Betriebsstörungen nahe an der maximal zulässigen Grenze halten, ist ein mittelbarer Grundrechtseingriff in die Informationsfreiheit durch die Grenzwertfestsetzung zu bejahen.

c) Schranken

Die NB 30 stellt auch im Hinblick auf das Grundrecht der Informationsfreiheit eine formell verfassungsmäßige Schranke dar. Sie ist wie oben erörtert kein Sonderrecht, da sie nicht den Empfang von Sendungen oder Informationen bestimmten Inhalts verhindert, sondern sich durch ihren rein technischen Charakter gleichmäßig auf alle Sendungen auswirkt, die im betroffenen Frequenzbereich bis etwa 30 MHz ausgestrahlt werden.

Die negative Wirkung der NB 30 kommt erst durch die damit verbundene faktische Festlegung der normalen Betriebsemission zustande, erst so konnte oben überhaupt ein Grundrechtseingriff bejaht werden. Dies ändert jedoch nichts an der Einstufung der NB 30 als allgemeines Gesetz im Sinne des Art. 5 Abs. 2 GG und somit als generell taugliche Grundrechtsschranke auch im Hinblick auf die Informationsfreiheit.

---

[344] Herrmann, Rundfunkrecht, § 5, Rn. 17.
[345] BVerfGE 73, 197.

d) Verhältnismäßigkeit

Auch im Rahmen der Verhältnismäßigkeitsprüfung des Eingriffs durch die Grenzwertfestsetzung in das Grundrecht auf Informationsfreiheit kann auf das bereits Gesagte verwiesen werden.

Die NB 30 dient dem legitimen Zweck einer gleichmäßigen, kalkulierbaren und sicheren Grenzwertfestsetzung sowie einer Limitierung der praktischen PLC-Störwirkungen. Sie ist grundsätzlich geeignet, diesen Zweck zu erreichen und auch erforderlich, da eine technisch-physikalische Grenzwertfestsetzung wie gezeigt juristisch nur stark eingeschränkt überprüfbar ist.

Die NB 30 enthält Einschränkungen, die die mit ihr getroffenen Festlegungen relativieren und somit im Sinne der Erfordernisse der Wechselwirkungslehre selbstbeschränkend wirken. Die durch Powerline erwarteten praktischen Störwirkungen sind nach derzeitiger Prognose relativ gering, so daß der mit der NB 30 erzielte regulatorische Nutzen die heute erwarteten und erwartbaren Nachteile jedenfalls überwiegt.

Eine Abwägung fällt zugunsten einer Grenzwertfestsetzung in der derzeitigen Form aus, da die praktischen Störungswirkungen nach Intensität und Häufigkeit eher gering, der somit erreichte Schutz und die Ermöglichung eines geordneten Frequenzbetriebes und einer möglichst freizügigen Nutzung aber immens hoch sind. Außerdem wirkt sich auch hier die NB 30 durch die Grenzwertfestsetzung grundsätzlich zugunsten der Grundrechtsträger der Informationsfreiheit aus, denn durch die Begrenzung der störenden Wirkungen von Powerline-Diensten ermöglicht sie auch den verbesserten Empfang von Informationen. Ohne eine solche Regelung wären die Emissionen durch PLC noch deutlich höher, da die Betreiber von Powerline-Diensten dann regelmäßig noch höhere Frequenzen nutzen beziehungsweise mit höheren Leistungen arbeiten würden, so daß die Störungen noch wesentlich dramatischer ausfallen würden. Eine freiwillige Selbstbeschränkung oder eine freiwillig niedrigere Emission der PLC-Betreiber ohne die Existenz der NB 30 kann mit Sicherheit ausgeschlossen werden, wie die vehemente Kritik der beteiligten Hersteller und PLC-Anbieter an den vermeintlich viel zu gering angesetzten Grenzwerten deutlich zeigt.

Im Ergebnis ist die Angemessenheit der Grenzwertfestsetzung auch hier zu bejahen. Der durch die NB 30 verursachte mittelbare Eingriff in das Grundrecht auf Informationsfreiheit ist gerechtfertigt, eine Grundrechtsverletzung liegt somit nicht vor.

3. Recht auf freie Entfaltung der Persönlichkeit - Art. 2 Abs. 1 GG

Der Schutzbereich des Grundrechts auf Informationsfreiheit ist, wie oben dargestellt, eröffnet. Daher bleibt für eine Anwendbarkeit des Rechts auf freie Entfaltung der Persönlichkeit kein Raum mehr. Das Grundrecht ist somit thematisch verbraucht.

B. Grundrechtsrelevanz hinsichtlich des Amateurfunkdienstes

Neben den Betreibern und Empfängern von Rundfunksendungen sind die Sender und Empfänger des Amateurfunkdienstes möglicherweise in ihren Grundrechten betroffen, wenn durch die Powerline-Technik Störungen auftreten, die negative Auswirkungen auf den Betrieb des Amateurfunkdienstes haben. Nachfolgend wird nach einer allgemeinen Einführung in die Thematik des Amateurfunks untersucht, welche Grundrechte hierbei vorrangig in Frage kommen und inwiefern rechtliche Beeinträchtigungen zu besorgen sind.

I. Einleitung

Der Amateurfunk kann heute auf eine fast 100jährige Geschichte zurückblicken. Die Anfänge des Amateurfunks lassen sich etwa um das Jahr 1909 herum in den USA und England ausmachen. Im Jahre 1921 kam die erste Amateurfunkverbindung zwischen Europa und den USA zustande.[346] In Deutschland fand die Möglichkeit, mit weit entfernten Personen über Funk zu kommunizieren, eine rasch wachsende Zahl von Anhängern. 1927 gründeten Funkamateure den „Deutschen Amateur-Sender- und Empfangsdienst e.V." (DASD).[347] Auf der zwischenstaatlichen Ebene enthielt die allgemeine Vollzugsordnung zum Weltfunkvertrag von Washington vom 25.11.1927 die ersten Begriffsbestimmungen. Hieraus stammt auch der Begriff der Funkfreunde, der sogenannten „amateurs".[348]

---

[346] Vgl. Röll, Faszination Amateurfunk, 1988, S. 18.
[347] Vgl. Röll, Faszination Amateurfunk, 1988, S. 18.
[348] Art. 1 AVollzOW; vgl. Gesetz zur Einführung des Weltfunkvertrages, RGBl. 1929 II, S. 265 vom 02.05.1929.

Dennoch waren die rechtlichen Rahmenbedingungen für den Amateurfunkdienst in Deutschland schlecht, das Funken war entweder gar nicht oder nur unter sehr restriktiven Einschränkungen erlaubt.[349] Mit Ausbruch des Krieges beschlagnahmte die Reichspost alle Amateurfunkgeräte, der Amateurfunk als solches wurde - von einigen sogenannten Kriegsfunklizenzen abgesehen - verboten.[350] Dieses Verbot bleib auch nach dem Krieg während der Besatzungszeit bestehen. Die Funkhoheit ging nach dem Zusammenbruch Deutschlands auf die Besatzungsmächte über, jede Übermittlung von Nachrichten im Wege des Fernmeldeverkehrs war verboten.[351]

Im Laufe der Jahrzehnte entwickelte sich der Amateurfunk nach und nach zu einem immer attraktiver werdenden Hobby für viele Technikbegeisterte. Die rechtlichen Lockerungen und die zunehmende Verfügbarkeit entsprechender Funkgeräte im Nachkriegsdeutschland sorgten für eine rasch anwachsende Nutzergemeinde.[352]

Mittlerweile gibt es in der Bundesrepublik Deutschland rund 80.000 Amateurfunker. Die für sie heute[353] einschlägigen rechtlichen Bedingungen werden vor allem durch das Amateurfunkgesetz (AFuG)[354] und die Verordnung zum Gesetz über den Amateurfunk (AFuV)[355] gesetzt. Der Amateurfunk ist gemäß § 2 Nr. 2 AFuG ein Funkdienst, der von Funkamateuren untereinander zu experimentellen und technisch-wissenschaftlichen Studien, zur eigenen Weiterbildung, zur Völkerverständigung und zur Unterstützung von Hilfsaktionen in Not- und Katastrophenfällen wahrgenommen wird.[356] Gemäß § 5 Abs. 4 AFuG darf eine Amateurfunkstelle nicht zu gewerblich-wirtschaftlichen Zwecken und nicht zum Zwecke des geschäftsmäßigen Erbringens von Telekommunikationsdiensten betrieben werden.

---

[349] Sehr ausführlich zur historischen Entwicklung des Amateurfunkdienstes Ronellenfitsch, VerwArch 1990, S. 113 ff.
[350] Neugebauer, Probleme bei einer Neuregelung des Rechts der Privatfernmeldeanlagen, in: Jahrbuch des Postwesens 1940, S. 36 ff.
[351] Vgl. dazu Art. 9 der Erklärung des Kontrollrates über die Niederlage Deutschlands vom 05.06.1945, ABlKR, Erg.-Bl. Nr. 1, S. 7 ff.
[352] Zur Entwicklung des Amateurfunks im Nachkriegsdeutschland vgl. Ronellenfitsch, VerwArch 1990, S. 117 ff.
[353] Zur historischen Entwicklung der Rechtsgrundlagen des Amateurfunks vgl. Ronellenfitsch, VerwArch 1990, S. 120 ff.
[354] BGBl. I 1997, S. 1494 vom 23.06.1997.
[355] BGBl. I 1998, S. 42 ff. vom 23.12.1997.
[356] Vgl. hierzu auch die gleichlautende Definition in Art. 1 Nr. 78 VOFunk.

Unter einer Amateurfunkstelle ist gemäß § 2 Nr. 3 AFuG eine Funkstelle zu verstehen, die aus einer oder mehreren Sende- und Empfangsfunkanlagen bestehen kann. Diese bereits gesetzlich getroffene Unterscheidung wird nachfolgend noch von Relevanz sein, da die Tätigkeiten des Sendens und des Empfangens von verschiedenen grundrechtlichen Schutzbereichen erfaßt werden.

II. Grundrechtsrelevanz für Amateurfunksender

Im Hinblick auf die Amateurfunksender[357], also diejenigen Personen, die aktiv am Funkverkehr teilnehmen und dabei auch selbst Funksprüche senden, kommt zunächst eine Beeinträchtigung des Grundrechts der Rundfunkfreiheit in Betracht, wenn durch die NB 30 in ihrer derzeitigen Form Grenzwertfestsetzungen für die maximal zulässigen Emissionen bei der freizügigen Nutzung in und längs von Leitern erfolgen.

1. Rundfunkfreiheit - Art. 5 Abs. 1 S. 2 GG

Hinsichtlich der Rundfunkfreiheit ist die Ausgangslage im Prinzip vergleichbar mit derjenigen der Rundfunkbetreiber. Es werden durch einen Amateurfunksender Funkausstrahlungen vorgenommen, die beim Empfänger aufgrund von Powerline-Störfeldern nicht mehr oder nur unter qualitativen Einschränkungen empfangen werden können. Zunächst müßte der personale und sachliche Schutzbereich der Rundfunkfreiheit eröffnet sein.

a) Personaler Schutzbereich

Hinsichtlich des personalen Schutzbereiches sind keine Probleme ersichtlich. Die sendenden Teilnehmer des Amateurfunkdienstes im Geltungsbereich der NB 30 sind bereits tatsächlich ausschließlich inländische natürliche Personen. Die aktive Teilnahme am Amateurfunkdienst in Deutschland ist außerdem gemäß § 3 Abs. 1 AFuG grundsätzlich auch nur natürlichen Personen gestattet, die eine entsprechende Prüfung abgelegt haben.[358] Die Problematik in- und ausländischer juristischer Personen, gleich ob öffentlich-rechtlicher oder privatrechtlicher Natur, stellt sich hier also erst gar nicht.

---

[357] Der Begriff Amateurfunksender soll hier der Kürze wegen nicht für das technische Sendegerät, sondern für diejenige Person gebraucht werden, die einen solchen Sender betreibt.
[358] Zur Amateurfunkprüfung siehe § 4 AFuG i.V.m. § 2 ff. AFuV.

b) Sachlicher Schutzbereich

In sachlicher Hinsicht ist die Eröffnung des Schutzbereiches jedoch nicht ganz so schnell zu bejahen. Die Kernfrage lautet, ob der Amateurfunk Rundfunk im Sinne des Grundgesetzes ist. Wie bereits dargestellt ist Rundfunk jede an eine unbestimmte Vielzahl von Personen, also an die Allgemeinheit gerichtete drahtlose oder drahtgebundene Übermittlung von Gedankeninhalten durch physikalische Wellen.[359] Der Amateurfunksender übermittelt Sprache anhand von Wellen in den Äther. Jedenfalls in sendetechnisch-physikalischer Hinsicht erfüllt der Amateurfunkdienst somit die genannten Voraussetzungen.

Allerdings läßt sich der verfassungsrechtliche Rundfunkbegriff nicht auf sendetechnische Aspekte reduzieren. Art. 5 Abs. 1 S. 2 GG schützt die Berichterstattung durch Rundfunk. Hieran wird deutlich, daß mittels Rundfunk auch bestimmte Informationen übertragen werden müssen.[360] Da Meinung und Bericht nur schwer voneinander abgegrenzt werden können, versteht man unter Berichterstattung sowohl die Verbreitung von Meinungen als auch von Tatsachen.[361] Es kommt damit nicht darauf an, ob die Ausstrahlung der Information, Unterhaltung, Bildung oder sonstigen Zwecken dient.[362]

Das wesentliche Merkmal des Rundfunks ist jedoch, daß er an die Allgemeinheit gerichtet und somit ein Massenkommunikationsmittel ist.[363] Dies ergibt sich bereits aus dem Normzusammenhang mit den Massenkommunikationsmitteln Film und Presse in Art. 5 Abs. 1 GG.[364] Die bereits genannte unbestimmte Vielzahl von Personen, also der unbestimmte Personenkreis, an den der Rundfunk gerichtet sein muß, steht stets im Mittelpunkt.[365] Wendet sich die Ausstrahlung dagegen nur an einen bestimmten oder bestimmbaren Kreis von Teilnehmern, so ist

---

[359] Herzog, MD, Art. 5 Abs. I, II, Rn. 194 f.; Wendt, in: v. Münch/Kunig, GG, Art. 5, Rn. 58; Jarass/Pieroth, GG, Art. 5, Rn. 29.
[360] Degenhart, BoK, Art. 5 Abs. 1 und 2, Rn. 510.
[361] Herzog, MD, Art. 5 Abs. I, II, Rn. 200 f.; Starck, in: v. Mangoldt/Klein/Starck, Art. 5 Abs. 1, 2, Rn. 65.
[362] BVerfGE 10, 231 (258); Jarass/Pieroth, GG, Art. 5, Rn. 30; Starck, in: v. Mangoldt/ Klein/Starck, Art. 5 Abs. 1, 2, Rn. 65 ff.
[363] Degenhart, BoK, Art. 5 Abs. 1 und 2, Rn. 510; Herzog, MD, Art. 5 Abs. I, II, Rn. 195; Schroeder, ZUM 1994, S. 471 (476).
[364] BVerfGE 12, 205 (260); vgl. auch Degenhart, BoK, Art. 5 Abs. 1 und 2, Rn. 510.
[365] Degenhart, BoK, Art. 5 Abs. 1 und 2, Rn. 195; Herzog, MD, Art. 5 Abs. I, II, Rn. 195; Jarass/Pieroth, GG, Art. 5, Rn. 29; Wendt, in: v. Münch/Kunig, Art. 5, Rn. 58.

diese Voraussetzung nicht erfüllt.³⁶⁶ So sind beispielsweise der Eisenbahn-, Schiffs-, Polizei- und Flugsicherungsfunk nicht vom Rundfunkbegriff des Grundgesetzes erfaßt.³⁶⁷

Aufgrund der eingangs genannten einfachgesetzlichen Rechtsgrundlagen des Amateurfunkdienstes, insbesondere aus § 2 Nr. 2 AFuG und der Notwendigkeit einer behördlichen Erlaubnis zur aktiven Aussendung von Funksprüchen, ergibt sich, daß der Amateurfunk lediglich ordnungsgemäß ermächtigte Amateurfunker als Adressaten kennt, die den Dienst „untereinander"³⁶⁸ nutzen. Wiederholt wird dies in § 5 Abs. 5 S. 1 AFuG, wonach der Funkamateur nur mit anderen Amateurfunkstellen Funkverkehr abwickeln darf. Nachrichten, die nicht den Amateurfunk betreffen, dürfen gemäß § 5 Abs. 1 S. 2 AFuG für und an Dritte nicht übermittelt werden. Der Amateurfunk ist damit sowohl hinsichtlich des personellen Kreises der Beteiligten als auch hinsichtlich des Inhalts der Übermittlungen stark reguliert und eingeschränkt.³⁶⁹ Er ist insoweit nicht an die Allgemeinheit gerichtet und stellt damit kein Massenkommunikationsmittel dar.

Daß die ausgestrahlten Funksprüche theoretisch von jedermann empfangen werden können, der ein entsprechend geeignetes Funkgerät bereithält, ändert an dieser Einschätzung nichts. Denn auch die theoretische technische allgemeine Empfangbarkeit führt nicht dazu, daß sich die Adressatenbestimmung der ausgestrahlten Sendungen oder der Inhalt derselben ändert. Gerade die Inhalte aber richten sich bereits nach der Intention des jeweiligen Absenders nicht an die Allgemeinheit, sondern an einen bestimmten Empfänger oder höchstens an einen sehr eng umgrenzten Kreis von Empfängern.³⁷⁰ Die Situation ist mit der des Polizeifunkdienstes vergleichbar; auch der Polizeifunk wird nicht zum öffentlichen Funkdienst, wenn sich ein Bürger ein entsprechendes Funkgerät beschafft und die nicht für ihn bestimmten Inhalte abhört.³⁷¹ Außerdem kann der Amateurfunk aufgrund seiner sehr speziellen, gesetzlich vorgeschriebenen Inhalte auch keinen nennenswerten Einfluß auf die öffentliche Meinungsbildung

---

[366] Schroeder, ZUM 1994, 471 (476).
[367] Degenhart, BoK, Art. 5, Abs. 1 und 2, Rn. 510.
[368] Vgl. § 2 Nr. 2 S. 1 Hs. 1 AFuG.
[369] Dieselben Voraussetzungen galten auch schon früher vor der Außerkraftsetzung der Durchführungsverordnung zum Amateurfunkgesetz (DV-AFuG); vgl. dazu Kremser, Der Rundfunkbegriff und der Amateurfunk, ZUM 1996, S. 504 f.
[370] Ebenso Kremser, ZUM 1996, S. 505.
[371] Lerche, Rundfunkmonopol, 1970, S. 25; Scharf, BayVBl. 1968, S. 337 (341); Köbele, Archiv PF 1989, S. 28 (35).

halte auch keinen nennenswerten Einfluß auf die öffentliche Meinungsbildung nehmen. Dies aber ist Voraussetzung für Rundfunk im Sinne des Art. 5 GG.[372]

c) Ergebnis

Der Amateurfunkdienst ist somit kein Rundfunkdienst im Sinne des Art. 5 GG. Der sachliche Schutzbereich der Rundfunkfreiheit gemäß Art. 5 Abs. 1 S. 2 GG ist somit nicht eröffnet. Eine entsprechende Grundrechtsverletzung der Amateurfunksender durch die Grenzwertfestlegungen der NB 30 ist nicht gegeben.

2. *Meinungsäußerungsfreiheit - Art. 5 Abs. 1 S. 1 GG*

Indem der Amateurfunkdienst nach dem oben Gesagten nicht Rundfunk, sondern vielmehr ein Sonderfunkdienst zur Individualkommunikation ist, stellt sich die Frage, ob durch die Grenzwertfestsetzungen der NB 30 statt der Rundfunkfreiheit möglicherweise die Meinungsäußerungsfreiheit der Amateurfunksender verletzt sein könnte. Durch die NB 30 werden Grenzwerte erlaubt, die es einem Sender theoretisch unmöglich machen könnten, von bestimmten, weiter entfernten Stationen noch empfangen zu werden.

a) Schutzbereich

Grundrechtsträger der Meinungsäußerungsfreiheit kann zunächst jede natürliche Person sein, eine Beschränkung auf Deutsche erfolgt nicht. Über Art. 19 Abs. 3 GG dient die Meinungsäußerungsfreiheit auch dem Schutz privatrechtlicher juristischer Personen. Zwar kann eine juristische Person als solche keine Meinung haben, aber sie kann die Meinung ihrer Mitglieder verbreiten und insoweit an dem Grundrecht teilhaben.[373] Juristische Personen des öffentlichen Rechts können sich dagegen nach zutreffender Ansicht grundsätzlich nicht auf die Meinungsäußerungsfreiheit berufen.[374] Hinsichtlich der Problematik der ausländischen juristischen Personen kann auf die oben zur Rundfunkfreiheit gemachten Ausführungen verwiesen werden. Derartige Personenmehrheiten können sich ebenfalls grundsätzlich nicht auf deutsche Grundrechte berufen, um den vom Parlamentarischen Rat bewußt offen gehaltenen fremdenrechtlichen Aktionsspielraum nicht zu beseitigen.

---

[372] BVerfGE 12, 205 (260).
[373] Sachs/Krüger, GG, Art. 19, Rn. 71.
[374] Vgl. Sachs/Krüger, GG, Art. 19 Rn. 81 ff.

Meinungsäußerung ist, was von Elementen des Dafürhaltens und der Stellungnahme[375] im Rahmen einer geistigen Auseinandersetzung[376] geprägt ist, wobei es nicht auf Wert, Richtigkeit oder Vernünftigkeit der Äußerungen ankommt.[377] Der Inhalt der Funksendungen, die durch Amateurfunksender ausgestrahlt werden, ist regelmäßig eine Art der privaten Individualkommunikation, die aufgrund der technischen Umstände an eine in sich geschlossene Gruppe gerichtet ist. Es handelt sich inhaltlich regelmäßig um persönliche Aussagen und Ansichten. Daß daneben möglicherweise auch bloße Tatsachen technischer Art übermittelt werden, die als solche und für sich alleine gesehen die genannten Anforderungen an eine Meinungsäußerung nicht erfüllen,[378] ist unschädlich, solange noch der individuelle Einschlag der Funksprüche erhalten bleibt.

Die Teilnahme am Amateurfunkdienst als aktiver Sender fällt somit in den Schutzbereich der Meinungsäußerungsfreiheit.

b) Eingriff

Bei der Frage nach dem Vorliegen eines Eingriffs durch die Grenzwertfestsetzung ist auf die obigen Ausführungen zum mittelbar-faktischen Grundrechtseingriff zurückzugreifen. Zwar schützt die NB 30 grundsätzlich die Amateurfunksender, indem sie allzu hohe Powerline-Emissionen verhindert. Die PLC-Betreiber werden jedoch technisch permanent knapp unterhalb der oberen Grenze des Erlaubten bleiben müssen, um ihre Betriebsabläufe für die Endkunden optimieren und hohe Übertragungsraten erzielen zu können.

Damit ist aus der Sicht der Amateurfunksender mit gleicher Argumentation wie oben auch ein mittelbar-faktischer Grundrechtseingriff in die Meinungsäußerungsfreiheit zu bejahen.

c) Schranken und Verhältnismäßigkeit

Die NB 30 als grundsätzlich taugliche Grundrechtsschranke ist ein allgemeines Gesetz im Sinne von Art. 5 Abs. 2 GG, das den Anforderungen der Wechselwirkungslehre genügt. Sie ist dazu geeignet, den von ihr verfolgten legitimen

---

375 BVerfGE 90, 241 (247); 93, 266 (289); Schulze-Fielitz, in: Dreier, GG, Art. 5 I, II, Rn. 44; Grimm, NJW 1995, S. 1697 (1698); Vesting, AöR 122 (1997), S. 339 f.
376 Vgl. BVerfGE 61, 1 (8).
377 BVerfGE 30, 336 (347); 42, 163 (171); 61, 1 (8); 65, 1 (41); 85, 1 (14).
378 Vgl. Sachs/Bethge, GG, Art. 5, Rn. 27.

Zweck einer geordneten und für alle Beteiligten vorhersehbaren Frequenznutzung zu erreichen, wobei eine Grenzwertfestsetzung auch erforderlich ist, da kein milderes Mittel existiert, welches in gleicher Effektivität die PLC-Störungen zu mindern in der Lage wäre wie eine technisch-physikalische Limitierung. Ebenso wie oben bei der Rundfunkfreiheit ist auch hier im Rahmen der Angemessenheit festzustellen, daß der Schutz der durch die NB 30 vorrangig verfolgten und erreichten Ziele und Rechtsgüter, nämlich die Funktionsfähigkeit sicherheitsrelevanter Funkdienste und der schonende Interessenausgleich der frequenznutzenden Dienste insgesamt, gegenüber dem Schutz des Amateurfunkdienstes Vorrang hat, zumal die zu erwartenden Störungen beim Amateurfunkdienst eher gering ausfallen dürften. Die NB 30 schützt also auch im Zusammenhang mit der Meinungsäußerungsfreiheit der Amateurfunksender das im Rahmen einer direkten Abwägung als höherrangig erscheinende Ziel. Insbesondere ist auch in diesem Zusammenhang nochmals deutlich darauf hinzuweisen, daß die nach dem derzeitigen Erkenntnisstand der Technik zu erwartenden tatsächlichen PLC-Störungen sehr gering ausfallen dürften und höchstens lokal begrenzt zum Tragen kommen, während die NB 30 ihre ausgleichende Wirkung im gesamten bundesdeutschen Geltungsbereich entfaltet. Von der Angemessenheit des Eingriffs und damit auch von seiner Verhältnismäßigkeit ist hiernach auszugehen.

d)   Ergebnis

Der durch die NB 30 verursachte Eingriff in die Meinungsäußerungsfreiheit der Amateurfunksender ist verhältnismäßig und daher gerechtfertigt. Eine Grundrechtsverletzung liegt nicht vor.

3.   Recht auf freie Entfaltung der Persönlichkeit - Art. 2 Abs. 1 GG

Indem der Schutzbereich der Meinungsäußerungsfreiheit eröffnet ist, bleibt für Art. 2 Abs. 1 GG kein Raum mehr; das Grundrecht ist thematisch verbraucht.

III.   Grundrechtsrelevanz für Amateurfunkempfänger

Der bloß passive Empfang vom Amateurfunksendungen ist nicht nur technisch, sondern auch rechtlich anders zu beurteilen als die aktive Aussendung. Insofern ergibt sich die Vergleichbarkeit der technischen Ausgangssituation zu der bei den allgemeinen Rundfunkdiensten. Der Empfänger eines Amateurfunkspruches, der durch die in der NB 30 festgelegten Grenzwerte nicht mehr oder nur unter größeren Schwierigkeiten in der Lage ist, bestimmte Funksignale verwertbar zu empfangen, könnte - vergleichbar zu den obigen Ausführungen zum Rundfunkdienst - in seinem Grundrecht auf Informationsfreiheit betroffen sein.

1. Informationsfreiheit - Art. 5 Abs. 1 S. 1 GG

Es wurde bereits dargestellt, daß zwischen dem Rundfunk und dem Amateurfunkdienst zwar gewisse technische Parallelen, andererseits aber vor allem auf der rechtlichen Seite auch deutliche Unterschiede bestehen, die im Ergebnis auch zu unterschiedlichen Beurteilungen geführt haben. Insofern ist bei der Frage nach der Eröffnung des Schutzbereichs der grundgesetzlichen Informationsfreiheit eine gewisse Vorsicht vor allzu schnellen Bewertungen ratsam.

Auf die obigen Erörterungen zur allgemeinen verfassungsrechtlichen Bedeutung sowie zum personalen und sachlichen Schutzbereich der Informationsfreiheit soll hier verwiesen werden. Wesentliche Voraussetzung für eine Eröffnung des Schutzbereiches ist das Vorliegen einer allgemein zugänglichen Quelle im Sinne von Art. 5 Abs. 1 S. 1 GG. Hierunter fällt somit nicht jede Information, sondern nur diejenige, deren Verfügbarkeit eine gewisse Schwelle überschreitet.[379] Dies ist dann der Fall, wenn die Informationsquelle technisch dazu geeignet und bestimmt ist, der Allgemeinheit, also einem individuell nicht bestimmbaren Personenkreis, Informationen zu verschaffen.[380]

Hinsichtlich des Amateurfunkdienstes liegen soweit ersichtlich keine höchstrichterlichen Entscheidungen darüber vor, ob der Funkdienst eine allgemein zugängliche Informationsquelle darstellt oder nicht. Zieht man jedoch den bereits erwähnten Vergleich zwischen Amateurfunk und Polizeifunk, so läßt sich sagen, daß die Allgemeinzugänglichkeit eben nicht nur von der theoretischen technischen Empfangbarkeit durch jedermann, sondern auch und vor allem von der Absicht des Inhabers der Informationsquelle abhängt.[381] Der Sender eines Funkspruches wünscht im Regelfall - wie beim Polizeifunk - nicht, daß die Allgemeinheit Kenntnis von den Inhalten des Funkverkehrs bekommt. Vielmehr soll

---

[379] Schmidt-Jortzig, HStR VI, § 141 - Meinungs- und Informationsfreiheit, Rn. 31.
[380] BVerfGE 27, 71 (83); Jarass/Pieroth, GG, Art. 5, Rn. 13; Sachs/Bethge, GG, Art. 5, Rn. 55.
[381] Schmidt-Jortzig, HStR VI, § 141 - Meinungs- und Informationsfreiheit, Rn. 33.

der abgesendete Funkspruch höchstens den Kreis derjenigen erreichen, die vom Absender vorhersehbar und einkalkuliert sind, also den Kreis der zugelassenen Funkamateure.[382] Dieser Kreis ist im Gegensatz zur Allgemeinheit bestimmbar, vor allem wegen der Notwendigkeit der Ablegung einer Prüfung und der bis heute eher kleinen Zahl von Amateurfunkern in Deutschland.

Im Ergebnis stellt damit der Amateurfunkdienst keine allgemein zugängliche Informationsquelle dar. Der Amateurfunkempfänger kann sich somit nicht auf eine Verletzung des Grundrechts der Informationsfreiheit aus Art. 5 Abs. 1 S. 1 GG berufen, wenn er bestimmte Funksprüche aufgrund von powerline-basierten Störungen nicht empfangen kann.

2. Recht auf freie Entfaltung der Persönlichkeit - Art. 2 Abs. 1 GG

Indem das Grundrecht der Informationsfreiheit für die Empfänger von Amateurfunksendungen nicht einschlägig ist und andere möglicherweise einschlägige Grundrechte insoweit nicht ersichtlich sind, kommt als Auffanggrundrecht nur das Recht auf freie Entfaltung der Persönlichkeit gemäß Art. 2 Abs. 1 GG in Betracht.

a) Schutzbereich

Die allgemeine Handlungsfreiheit schützt nicht wie die anderen Grundrechte einen bestimmten, abgegrenzten Lebensbereich, sondern jegliches menschliche Verhalten.[383] Sie ist das Grundrecht des Bürgers, nur aufgrund solcher Vorschriften mit einem Nachteil belastet zu werden, die formell und materiell verfassungsgemäß sind.[384] Daher wird Art. 2 Abs. 1 GG auch als Generalklausel bezeichnet und dient als Auffanggrundrecht gegenüber den spezielleren Grundrechten.[385]

Indem wie gezeigt kein spezielleres Grundrecht einschlägig beziehungsweise ersichtlich ist, muß die Eröffnung des Schutzbereiches von Art. 2 Abs. 1 GG in personaler und sachlicher Hinsicht angenommen werden. Entgegenstehende

---

[382] Vgl. auch Kremser, ZUM 1996, S. 507.
[383] Pieroth/Schlink, Grundrechte, Rn. 368.
[384] BVerfGE 29, 402 (408).
[385] Pieroth/Schlink, Grundrechte, Rn. 368 ff. m. w. Nachw.

Anhaltspunkte dafür, daß sich der Empfänger von Amateurfunksendungen nicht auf die allgemeine Handlungsfreiheit berufen könnte, existieren nicht.[386]

b)   Eingriff

Insbesondere wegen der fortschreitenden Auflösung des klassischen Eingriffsbegriffes und des sehr weiten Schutzbereiches von Art. 2 Abs. 1 GG ist das Vorliegen eines Eingriffs regelmäßig relativ einfach zu bejahen. Ein Eingriff in das Grundrecht der allgemeinen Handlungsfreiheit kann mit dem Argument des mittelbar-faktischen Grundrechtseingriffs bejaht werden. Auf die Ausführungen im Rahmen der Rundfunkfreiheit wird verwiesen.

c)   Schranken und Verhältnismäßigkeit

Art. 2 Abs. 1 GG nennt selbst eine Schrankentrias, die Eingriffe in das Grundrecht zu rechtfertigen vermag. Genannt werden die verfassungsmäßige Ordnung, die Rechte anderer und das Sittengesetz.

Der Begriff der Rechte anderer umfaßt unter Ausschluß bloßer Interessen alle subjektiven Rechte; diese jedoch sind bereits vollständig in dem Merkmal der verfassungsmäßigen Ordnung enthalten.[387] Diese Rechte haben daneben also keine eigenständige Bedeutung.

Das Sittengesetz im Sinne der altbewährten und praktikablen Rechtsbegriffe[388] hat im Zusammenhang von Powerline, Amateurfunkempfang, Emissionen und NB 30 keine erkennbare Bedeutung.

Damit bleibt lediglich die verfassungsmäßige Ordnung als möglicher Rechtfertigungsgrund für einen Eingriff in Form der NB 30. Die Rechtsprechung versteht hierunter die Gesamtheit aller Normen, die formell und materiell verfassungsmäßig sind.[389] Insoweit handelt es sich um einen einfachen Gesetzesvorbehalt.[390] Die NB 30 ist eine taugliche Grundrechtsschranke, eine erkennbare Verfassungswidrigkeit abgesehen von der hier zu prüfenden Frage einer möglichen

---

[386] Die Anwendbarkeit der allgemeinen Handlungsfreiheit speziell für den Amateurfunkempfänger ebenfalls bejahend Kremser, ZUM 1996, S. 507.
[387] Pieroth/Schlink, Grundrechte, Rn. 385.
[388] Näher hierzu Dürig, MD, Art. 2 Abs. I, Rn. 16.
[389] BVerfGE 6, 32 (38); 80, 137 (153).
[390] Pieroth/Schlink, Grundrechte, Rn. 383.

Grundrechtsverletzung liegt nicht vor, und auch nach allen obigen Betrachtungen ist eine Verfassungswidrigkeit bis hierher nicht erkennbar.

Damit stellt sich die Frage nach der Verhältnismäßigkeit des Eingriffs. Das Bundesverfassungsgericht hat hierzu gefordert, daß die Rechtfertigungsgründe um so sorgfältiger gegen den grundsätzlich bestehenden Freiheitsanspruch des Bürgers abgewogen werden müssen, je mehr der gesetzliche Eingriff elementare Äußerungsformen der menschlichen Handlungsfreiheit berührt.[391]

Trotz dieser nachvollziehbaren Forderung ergeben sich bei der Verhältnismäßigkeitsüberprüfung des NB 30-Eingriffes keine Besonderheiten, Abweichungen oder neue Aspekte zu den bereits oben vorgebrachten Argumenten hinsichtlich des verfolgten legitimen Zwecks sowie der Geeignetheit, Erforderlichkeit und Angemessenheit einer Grenzwertfestsetzung. Der Eingriff ist damit angemessen und somit auch insgesamt verhältnismäßig.

d) Ergebnis

Auch der Eingriff in das Grundrecht auf freie Entfaltung der Persönlichkeit ist gerechtfertigt.

C. Gesamtergebnis

Die NB 30 hat durch die Grenzwertfestlegung eine umfangreiche Grundrechtsrelevanz sowohl für die Betreiber und Empfänger von Rundfunkdiensten als auch für die am Amateurfunkdienst beteiligten Sender und Empfänger. Soweit bei den in Frage kommenden Grundrechten der Schutzbereich eröffnet ist, ist grundsätzlich auch ein Eingriff zu bejahen. Der Grundrechtseingriff besteht in jeder überprüften Konstellation darin, daß die Grenzwertfestsetzung die Betreiber sicher vorhersehbar dazu bewegt, im alltäglichen PLC-Betrieb ihre Powerline-Anlagen knapp unterhalb der höchstzulässigen Grenzwerte zu betreiben, um das Dilemma zwischen rechtlicher Beschränkung und maximaler technischer Ausbeute optimal zu lösen. Kein Betreiber wird freiwillig deutlich unterhalb der Grenzwerte bleiben, um die Grenzwerte somit in jedem Fall und unter Inkaufnahme von Leistungseinbußen einhalten zu können.

---

[391] BVerfGE 17, 306 (314).

Alle festgestellten Grundrechtseingriffe sind jedoch verfassungsrechtlich gerechtfertigt. Im Rahmen einer Abwägung wurde in jeder Konstellation das Ergebnis erzielt, daß die NB 30 höherrangige Interessen und Rechtsgüter auf Kosten der Zufriedenheit einzelner beteiligter anderer Grundrechtsträger schützt. Darüber hinaus war hierbei auch zu bedenken, daß einerseits die praktischen Störwirkungen auf absehbare Zeit mangels flächendeckender Einführung von Powerline in Deutschland sehr gering ausfallen dürften, und andererseits die bisher gewonnenen Meßergebnisse auch nicht zweifelsfrei darauf schließen lassen, daß es zu großflächigen oder nachhaltigen PLC-Störungen kommen wird.[392] Sollte sich an diesen in die Abwägungen zwingend mit einzubeziehenden Tatsachen später etwas ändern, etwa dann, wenn es tatsächlich zu einem flächendeckenden Roll-Out von Powerline gekommen ist, dann kann die Grenzwertfestsetzung immer noch den neuen Gegebenheiten angepaßt werden.

Bis dahin aber ist die NB 30 als in jeder Hinsicht verfassungs- und grundrechtskonform anzusehen.

---

[392] Vgl. die in Kap. 3 zitierten Studien.

KAPITEL 6
Elektromagnetische Verträglichkeit

A. Einleitung

In den vorangegangenen Kapiteln wurde dargestellt, daß die durch Powerline verursachten Störstrahlungen Auswirkungen tatsächlicher und rechtlicher Art haben können. Dabei wurde insbesondere aus verfassungsrechtlicher Sicht auf die möglichen Störungen des Rundfunkdienstes sowie des Amateurfunkdienstes eingegangen. Hierbei wurde - ohne dies für die spätere Praxis unterstellen zu wollen - vor allem davon ausgegangen, daß der durch Powerline verursachte Störnebel die Empfangbarkeit der Funkwellen durch Abschattung und Überlagerung verschlechtert beziehungsweise ihre Reichweite beim Senden negativ beeinflußt.

Nunmehr erfolgt eine Betrachtung der potentiellen Störwirkungen unter Würdigung der einfachgesetzlichen Ebene. Der in tatsächlicher Hinsicht abzudeckende Bereich der folgenden Betrachtung ist größer als der bisher zugrundegelegte. Es soll dabei nicht nur davon ausgegangen werden, daß - neben der Einwirkung auf die Funkwellen des Rundfunk- und Amateurfunkdienstes - die an diesen Funkdiensten unmittelbar beteiligten Geräte gestört werden, sondern daß sich PLC-Störungen auch auf andere Geräte auswirken könnten, die nicht unmittelbar mit der Nutzung oder dem Betrieb eines der oben genannten Funkdienste in Zusammenhang stehen. Der Kreis der von der nachfolgenden Betrachtung erfaßten Geräte ist somit extrem groß. Er umfaßt beispielsweise auch nicht frequenznutzende Geräte wie Haushaltsmaschinen oder Lampen.

Die rechtliche Würdigung der durch Powerline möglicherweise verursachten Störungen soll anhand der derzeitigen Rechtslage dargestellt und auf Regelungslücken hin überprüft werden. Hierbei konzentriert sich die Untersuchung auf die Hardware-Komponenten von Powerline als potentielle, aktive Verursacher von Störungen und nicht auf die von diesen Komponenten gestörten Geräte.

Ausgangspunkt ist hierbei zunächst die EMV-Richtlinie 89/336/EWG und das hierauf basierende Gesetz über die elektromagnetische Verträglichkeit von Geräten (EMVG).

Im Anschluß daran wird die Einschlägigkeit des Gesetzes über Funkanlagen und Telekommunikationsendeinrichtungen (FTEG), des Gesetzes über die Umweltverträglichkeitsprüfung (UVPG) und des Bundesimmissionsschutzgesetzes (BImSchG) in Verbindung mit der 4. und 26. Bundesimmissionsschutzverordnung untersucht.

B. Regelungen durch die EMV-Richtlinie und das EMVG

Den Ausgangspunkt einer rechtlichen Beurteilung der elektromagnetischen Verträglichkeit von Geräten bildet jeweils das Gesetz über die elektromagnetische Verträglichkeit von Geräten (EMVG).[393] Das EMVG betrifft ausschließlich technische Geräte, die Auswirkungen elektromagnetischer Felder auf den Menschen werden durch das EMVG nicht berührt.

Das EMVG stellt die deutsche Umsetzung der EMV-Richtlinie 89/336/EWG dar.[394] Die EMV-Richtlinie ist Bestandteil des sogenannten New Approach[395], der zur Harmonisierung der mitgliedstaatlichen Vorschriften im Bereich Technik und Normung beitragen soll. Die Harmonisierungsrichtlinien im Bereich des New Approach legen lediglich die grundlegenden Anforderungen fest, die die

---

[393] Gesetz vom 18.09.1998, BGBl. I 1998, S. 2882 (2. Novellierung); geändert durch Art. 50 des Gesetzes vom 10.11.2001, BGBl. I 2001, S. 2992, geändert durch § 19 Abs. 2 des Gesetzes vom 31.01.2002, BGBl. I 2002, S. 170, geändert durch Art. 22 des Gesetzes vom 07.05.2002, BGBl. I 2002, S. 1529. Ursprüngliche Fassung des EMVG vom 09.11.1992 siehe BGBl. I 1992, S. 1864; 1. Novellierung vom 30.08.1995 siehe BGBl. 1995 I, S. 1119.
[394] Richtlinie des Rates vom 03.05.1989 zur Angleichung der Rechtsvorschriften der Mitgliedstaaten über die elektromagnetische Verträglichkeit, ABl. EG 1989 Nr. L 139, S. 19 ff., geändert durch Richtlinie 91/263/EWG, ABl. EG 1991 Nr. L 128, S. 1 ff., durch Richtlinie 92/31/EWG, ABl. EG 1992 Nr. L 126, S. 11 ff. und durch Richtlinie 93/68/EWG, ABl. EG 1989 Nr. L 220, S. 1 ff. Zur EMV-Richtlinie vgl. Scherer/Schimanek, Jahrbuch des Umwelt- und Technikrechts 2002, S. 295 (310 ff.).
[395] Vgl. Entschließung des Rates vom 07.05.1985 über eine neue Konzeption auf dem Gebiet der technischen Harmonisierung und der Normung, ABl. EG 1985 Nr. C 136/1. Näher hierzu Keßler, EuZW 1993, S. 751 ff.; Klindt, EuZW 2002, S. 133 ff.; derselbe, NJW 1999, S. 175; Reuter, BB 1990, S. 1213 ff.; Breulmann, Normung und Rechtsangleichung in der Europäischen Wirtschaftsgemeinschaft, 1993; Langner, in: Dauses, Handbuch des EU-Wirtschaftsrechts, Bd. 1, Teil C VI, Rn. 6 ff.; Krieger, UPR 1992, S. 401; Anselmann, RIW 1986, S. 936 (938).

Produkte erfüllen müssen, um am innergemeinschaftlichen freien Warenverkehr teilnehmen zu können.[396]

Elektromagnetische Verträglichkeit ist die Fähigkeit eines Gerätes, in der elektromagnetischen Umwelt zufriedenstellend zu arbeiten, ohne dabei selbst elektromagnetische Störungen zu verursachen, die für andere in dieser Umwelt vorhandene Geräte unannehmbar wären. Diese Legaldefinition findet sich in Art. 1 Nr. 4 der EMV-Richtlinie und in § 2 Nr. 9 EMVG. Drei wichtige Faktoren spielen also eine Rolle: Die Eigenstörfestigkeit, die Fremdstörfestigkeit und der Störemissionsgrad.[397]

Die Regelungen des EMVG haben enorme praktische Bedeutung. Zwar bestehen die meisten von Laien wahrgenommenen elektromagnetischen Störungen nur in elektromagnetischem Rauschen, unerwünschten Signalen oder dem Knakken von Radiogeräten bei gleichzeitigem Betreib von Bohrmaschinen oder Küchengeräten. Weitaus gefährlicher sind jedoch beispielsweise unkontrollierte Airbag-Auslösungen oder ABS-Aussetzer in Kraftfahrzeugen in der Nähe von leistungsstarken Sendeanlagen oder sogar durch den Betrieb von Mobiltelefonen.[398]

Um die Anwendbarkeit der inhaltlichen Regelungen der EMV-Richtlinie beziehungsweise des EMVG beurteilen zu können, muß zunächst geklärt werden, in welchem Verhältnis die EMV-Richtlinie und das bereits oben erwähnte FTEG zueinander stehen.

Beide Normenkomplexe betreffen die elektromagnetische Verträglichkeit, und beide sehen die Vergabe des mittlerweile auch in Verbraucherkreisen bekannten CE-Kennzeichens für Geräte vor. Das FTEG stellt die deutsche Umsetzung der sogenannten R&TTE-Richtlinie 1999/5/EG dar.[399] Auch die R&TTE-Richtlinie

---

[396] Kommission, Leitfaden für die Umsetzung der nach dem neuen Konzept und dem Gesamtkonzept verfaßten Richtlinien, 2000, S. 7; vgl. Klindt, NJW 1999, S. 175 (176); Anselmann, Technische Vorschriften und Normen in Europa, 1991, S. 29.
[397] Stamm, Entwicklungsstand und Perspektiven von Powerline Communication, S. 11.
[398] Vgl. Klindt, NJW 1999, S. 175.
[399] Richtlinie 1999/5/EG des Europäischen Parlaments und des Rates vom 09.03.1999 über Funkanlagen und Telekommunikationsendeinrichtungen und die gegenseitige Anerkennung ihrer Konformität, ABl. EG 1999 Nr. L 91, S. 10; die Richtlinie ist unter ihrem englischen Titel bekannter als R&TTE-Richtlinie (Radio and Telecommunications Terminal Equipment and the Mutual Recognition of their Conformity). Näher zur R&TTE-Richtlinie vgl. Scherer/Schimanek, Jahrbuch des Umwelt- und Technikrechts 2002, S. 295 (312).

entspricht dem oben genannten New Approach zur Harmonisierung mitgliedstaatlicher Vorschriften. Wesentliches Ziel der Richtlinie ist auch in diesem Fall die Gewährleistung des freien Warenverkehrs.[400]

Gemäß Art. 2 Abs. 2 EMV-Richtlinie ist diese nicht anwendbar, wenn in Einzelrichtlinien - also Richtlinien mit einem spezielleren oder weitergehenden Regelungsinhalt - Schutzanforderungen für bestimmte Geräte harmonisiert werden. Für den Fall inhaltlicher Überschneidungen gilt also die speziellere Einzelrichtlinie und nicht die EMV-Richtlinie. Insoweit erscheint fraglich, ob und inwiefern EMV-Richtlinie und R&TTE-Richtlinie nebeneinander existieren. Insbesondere wenn die R&TTE-Richtlinie als Einzelrichtlinie im Sinne des Art. 2 Abs. 2 EMV-Richtlinie anzusehen ist, müßte letztere unangewendet bleiben.

Diesbezüglich führt jedoch die R&TTE-Richtlinie selbst eine eindeutige Klarstellung herbei: Nach Art. 20 Abs. 2 S. 1 R&TTE-Richtlinie handelt es sich hierbei ausdrücklich nicht um eine Einzelrichtlinie im Sinne der Richtlinie 89/336/EWG. Insoweit kommt es also zu keiner Verdrängung der Anwendbarkeit der EMV-Richtlinie. Allerdings schränkt Art. 20 Abs. 2 S. 2 R&TTE-Richtlinie den somit erhalten gebliebenen Anwendungsbereich der EMV-Richtlinie gleich wieder ein, indem er festlegt, daß die EMV-Richtlinie dennoch nicht auf diejenigen Geräte Anwendung findet, die unter die R&TTE-Richtlinie fallen. Als Ausnahme werden allerdings die Schutzbestimmungen des Art. 4 und des Anhangs III sowie des Konformitätsbewertungsverfahrens in Art. 10 Abs. 1, 2 und Anhang I der EMV-Richtlinie genannt. Im Ergebnis kommt es damit zwar zu keinem vollständigen Anwendungsvorrang der R&TTE-Richtlinie aufgrund der Einzelrichtlinienklausel in Art. 2 Abs. 2 der EMV-Richtlinie, allerdings ist diese durch die Regelungen in Art. 20 Abs. 2 R&TTE-Richtlinie dennoch nur stark eingeschränkt anwendbar.

EMV- und R&TTE-Richtlinie koexistieren somit ohne vollständige gegenseitige Verdrängung. Die nachfolgende Betrachtung wird sich daher mit beiden Normenkomplexen im Hinblick auf die für Powerline relevanten Regelungen befassen.

---

[400] Siehe die Erwägungsgründe Nr. 2 und Nr. 12 der R&TTE-Richtlinie.

I. Voraussetzungen der EMV-Richtlinie und des EMVG

Wie soeben erörtert findet die EMV-Richtlinie neben der R&TTE-Richtlinie nur eingeschränkt Anwendung. Zur Anwendung kommt letztendlich nur Art. 4 in Verbindung mit dem Anhang III der EMV-Richtlinie, der auch unabhängig von den R&TTE-Regelungen Geltung beansprucht.

Art. 4 S. 1 lit. a) und b) EMV-Richtlinie beziehungsweise der hiernach ähnlich formulierte § 3 Abs. 1 Nr. 1 EMVG stellen die rechtlichen Kernforderungen der Gewährleistung elektromagnetischer Verträglichkeit dar. Danach müssen Geräte so beschaffen sein, daß - bei vorschriftsmäßiger Installierung, angemessener Wartung und bestimmungsgemäßem Betrieb[401] gemäß den Angaben des Herstellers - die Erzeugung elektromagnetischer Störungen soweit begrenzt wird, daß ein bestimmungsgemäßer Betrieb von Funk- und Telekommunikationsgeräten sowie sonstigen Geräten möglich ist.[402] Eine elektromagnetische Störung in diesem Sinne ist gemäß Art. 1 Nr. 2 EMV-Richtlinie, § 2 Nr. 8 EMVG jede elektromagnetische Erscheinung, die die Funktion eines Gerätes[403] beeinträchtigen könnte. Als Beispiele für derartige Störungen werden in beiden Normtexten elektromagnetisches Rauschen, unerwünschte Signale oder eine Veränderung des Ausbreitungsmediums genannt.

Bereits an dieser Stelle wird deutlich, daß der Gesetzgeber - zumindest im Hinblick auf frequenznutzende Geräte - nicht zwischen einer unmittelbaren Einwirkung auf das elektrische Innenleben eines Gerätes und einer mittelbaren Einwirkung auf die durch das Gerät genutzten Frequenzen unterscheidet. Beide Einwirkungen gelten also gleichermaßen als elektromagnetische Störung. Der Grund hierfür liegt auf der Hand: In beiden Fällen ist die Nutzung des betroffe-

---

[401] Diese zusätzlichen Formulierungen wurden erst durch Art. 5 Nr. 2 der Richtlinie 93/68/EWG des Rates vom 22.07.1993, ABl. 1993 Nr. L 220, S. 1 (7) in die EMV-Richtlinie eingefügt und später auch in ähnlicher Formulierung in § 3 Abs. 1 EMVG übernommen.

[402] Die zweite Forderung in Art. 4 lit. b) EMV-Richtlinie beziehungsweise § 3 Abs. 1 Nr. 2 EMVG bezieht sich darauf, daß jedes Gerät im Sinne der Norm auch eine gewisse eigene Störfestigkeit gegenüber externen Einflüssen aufweisen muß. Es geht also um die Frage, ob und inwiefern PLC-Modems gegen Störungen anderer Funkdienste resistent sind. Dies jedoch ist nicht Gegenstand dieser Untersuchung.

[403] Art. 1 Nr. 2 EMV-Richtlinie benutzt statt des Begriffs „Gerät" die Begriffe „Apparat, Anlage oder System". Insoweit ergibt sich jedoch kein Unterschied zum EMVG, da Geräte gemäß Art. 1 Nr. 1 EMV-Richtlinie, § 2 Nr. 3 EMVG die Unterbegriffe Apparat, System und Anlage umfassen.

nen, also gestörten Gerätes gleichermaßen beeinträchtigt, ohne daß der Nutzer hierauf Einfluß nehmen kann. Für eine Differenzierung bestünde also kein nachvollziehbarer Grund.

Gemäß Art. 4 und Art. 2 Abs. 1 EMV-Richtlinie, § 1 Abs. 1 EMVG finden die Vorschriften grundsätzlich auf alle Geräte Anwendung, die elektromagnetische Störungen verursachen können. Unter einem Gerät sind nach Art. 1 Nr. 1 EMV-Richtlinie, § 2 Nr. 3 EMVG alle elektrischen Apparate, Systeme und Anlagen zu verstehen, die elektrische oder elektronische Bauteile enthalten. Der deutsche Gesetzgeber hat in § 2 Nr. 3, 7 EMVG noch den Begriff der Netze[404] aufgenommen, der in der EMV-Richtlinie selbst nicht vorkommt. Insoweit umfaßt das EMVG in technischer Hinsicht einen weiteren Bereich als die EMV-Richtlinie. Hierauf wird später noch näher einzugehen sein.

Auch wenn Art. 20 Abs. 2 S. 2 R&TTE-Richtlinie nicht selbst Art. 1 Nr. 1 EMV-Richtlinie und § 2 Nr. 3 ff. EMVG für anwendbar erklärt, müssen diese Regelungen dennoch im Rahmen der Anwendung des Art. 4 EMV-Richtlinie, § 3 Abs. 1 EMVG Beachtung finden, da sie die insofern notwendigen Begriffsbestimmungen enthalten.

Bevor die Einschlägigkeit der EMV-Richtlinie und des EMVG im Hinblick auf Powerline weiter untersucht werden kann, ist zu klären, ob und welche PLC-Teile von diesen Vorschriften und den jeweiligen Begriffsbestimmungen überhaupt erfaßt sind.

1. *Apparate*

Während sich in der EMV-Richtlinie keine nähere Definition des Begriffes Apparat findet, hat der deutsche Gesetzgeber diesen Begriff konkretisiert. Ein Apparat ist gemäß § 2 Nr. 4 EMVG ein Endprodukt mit einer eigenständigen Funktion, einem eigenen Gehäuse und gegebenenfalls gebräuchlichen Verbindungen für den Endbenutzer.

Die derzeit üblichen Powerline-Modems und PLC-Hauskoppler sind ausnahmslos externe, mit eigenem Gehäuse ausgestattete Geräte. Die Modems sind zum Anschluß an einen Computer konstruiert, wobei dieser Anschluß entweder über

---

[404] Netzbegriff eingefügt durch die 2. Novellierung des EMVG vom 18.09.1998, BGBl. I 1998, S. 2882.

die USB-Schnittstelle[405] oder über eine Netzwerkkarte erfolgt. Daneben verfügen sie über einen handelsüblichen Stecker, der einfach in eine Steckdose gesteckt wird und der das Modem mit Strom versorgt sowie gleichzeitig eine bidirektionale Datenverbindung zum Stromnetz ermöglicht. Interne PLC-Modems sind derzeit noch nicht auf dem Markt, da aufgrund der Datenübertragung über die Stromleitung eine direkte Verbindung zum Stromnetz notwendig ist, die bei einer Stromversorgung über interne PC-Netzteile wie bei sonst üblichen internen PC-Komponenten nicht möglich wäre.

PLC-Modems ermöglichen das Hinzufügen (Koppeln) von Dateninformationen zur Netzspannung oder das Trennen (Entkoppeln) solcher Informationen von derselben; diese Aufgabe könnte ein Computer alleine, also ohne Zuhilfenahme gesonderter Hardware, nicht bewältigen. Damit hat ein PLC-Modem jedenfalls auch eine gegenüber dem Computer eigenständige Funktion. In Form von Strom- und Netzwerk- beziehungsweise USB-Anschlüssen verfügen die Modems auch über für Endbenutzer gebräuchliche Verbindungen. Damit sind die derzeit verfügbaren PLC-Modems Apparate gemäß § 2 Nr. 4 EMVG.

Ähnliche Aussagen treffen auch auf die PLC-Hauskoppler zu.[406] Sie verfügen normalerweise über keine für Endbenutzer gebräuchlichen Verbindungen, da sie von einem Fachmann fest installiert werden müssen. Solche Verbindungen sind jedoch laut Normtext („gegebenenfalls") auch nicht zwingend erforderlich. Die Koppler übernehmen die Aufgabe der Entkopplung der PLC-Signale von der elektrischen Hauszuleitung, um sie hinter dem Stromzähler wieder auf das Niederspannungshausnetz zu koppeln.[407] Die Aufgabenstellung ist damit technisch derjenigen bei Modems sehr ähnlich. Sie sind damit ebenfalls Apparate.

Indem Modems und Koppler somit Apparate sind, sind auch die Voraussetzungen des Oberbegriffs Gerät im Sinne von Art. 1 Nr. 1 EMV-Richtlinie, § 2 Nr. 3 EMVG erfüllt.

Zur Datenübertragung mit Powerline werden jedoch nicht nur ein oder mehrere PLC-Modems, sondern zwingend auch Stromleitungen zwischen den Modems und den Kopplern benötigt. Die Stromleitungen sind von der Definition eines Apparates im oben beschriebenen Sinne nicht erfaßt. Dies ergibt sich bereits aus

---

[405] Universal Serial Bus; weit verbreitete Computer-Schnittstelle zum Anschluß von externem Computerzubehör. Zur USB-Schnittstellen-Spezifikation vgl. [http://www.usb.org].
[406] Vgl. dazu Kap. 3.
[407] Vgl. zum Powerline-Signalweg Abb. 3 in Kap. 3.

der Forderung des Gesetzes nach einem Gehäuse, also nach einem äußeren Abschluß, so daß nachgeordnete (Strom-)Leitungen jenseits des Gehäuses - mit Ausnahme der fest verbundenen Stromleitung des Modems selbst, die jedoch aufgrund ihrer regelmäßig nur sehr kurzen Ausführung außer Betracht bleiben kann - jedenfalls nicht mehr vom Begriff des Apparates im Sinne des § 2 Nr. 4 EMVG erfaßt sein können. Insofern müssen die übrigen (Geräte-)Begriffe der EMV-Richtlinie beziehungsweise des EMVG auf Einschlägigkeit hin betrachtet werden.

2. Systeme

Der Begriff des Systems ist ebenfalls nicht in der EMV-Richtlinie legaldefiniert. Gemäß § 2 Nr. 5 EMVG ist ein System eine Kombination aus mehreren Apparaten oder gegebenenfalls elektrischen oder elektronischen Bauteilen, die vom selben Hersteller so entwickelt, hergestellt oder zusammengestellt wurden, daß die Bestandteile miteinander eine bestimmte Aufgabe erfüllen. Ein System muß dabei als funktionelle Einheit in den Verkehr gebracht werden.

PLC-Modems werden im Rahmen der derzeit laufenden (Versuchs-)Projekte zumeist als Paket ausgeliefert, in dem sich ein oder zwei Modems samt Verbindungskabeln zum Anschluß an den Computer befinden. Parallel dazu wird am elektrischen Hausanschluß ein PLC-Signalkoppler integriert.

Wie bereits erörtert erfüllen Modems und Koppler jeweils die Voraussetzungen eines Apparates gemäß § 2 Nr. 4 EMVG. Sie sind - zumindest derzeit - auch regelmäßig vom selben Hersteller entwickelt, hergestellt oder zusammengestellt worden. Der Grund hierfür liegt in der unterschiedlichen technischen Ausgestaltung der Modems der verschiedenen Anbieter im Hinblick auf Modulations- und Übertragungsverfahren, da es derzeit noch an einheitlichen Standards und Normen für hochbitratiges Powerline mangelt.[408] Derzeit ist es noch nicht möglich, daß PLC-Modems unterschiedlicher Hersteller zusammen funktionieren. Es steht zu erwarten, daß dies ohne die Schaffung von Standards und Normen für hochbitratiges Powerline in Zukunft auch so bleiben wird, da die Hersteller ihre Kunden möglichst an die eigenen Geräte binden wollen. Erst das Zusammenspiel der Apparate sorgt weiterhin dafür, daß überhaupt Daten vom Computer bis zu einem Übergabepunkt übertragen werden können; jedes oben genannte

---

[408] Vgl. hierzu Kap. 8.

Gerät ist also – sofern im herstellerspezifischen Systemaufbau integriert – unabdingbar zur Datenübertragung notwendig, alle Apparate zusammen erfüllen so miteinander eine bestimmte Aufgabe und sind als funktionelle Einheit anzusehen.

Insoweit liegen die Voraussetzungen für ein System vor. Daneben verlangt die Legaldefinition noch, daß ein Inverkehrbringen erfolgt ist. Hierunter ist gemäß § 2 Nr. 2 EMVG das erstmalige entgeltliche oder unentgeltliche Bereitstellen eines der Richtlinie 89/336/EWG unterliegenden Gerätes im Markt der EU-Mitgliedstaaten zum Zwecke seines Vertriebs oder seines Betriebs auf dem Gebiet eines Mitgliedstaates zu verstehen. Es ist dabei gleichgültig, ob es sich dabei um Einzelanfertigungen oder Seriengeräte handelt. Lediglich das Aufstellen und Vorführen solcher Geräte auf Messen wird ausgenommen.

In Anlage I lit. f) EMVG beziehungsweise Anhang III lit. f) EMV-Richtlinie werden informationstechnologische Geräte, in lit. j) Telekommunikationsgeräte als Beispiele für Geräte im Sinne der Richtlinie genannt. Wie bereits in Kapitel 4 dargestellt, dienen PLC-Modems der Telekommunikation.[409] Damit fallen sie unter beide Begriffsgruppen, zumal lit. j) bereits von seiner Wortbedeutung her sehr weit gefaßt ist. Die Modems werden zumindest im Falle von Access-Powerline regelmäßig entweder als Leihgabe oder als (subventioniertes) Kaufgerät[410] in Zusammenhang mit einem Internet- oder Strom-Anschlußvertrag an die Kunden ausgegeben. Daneben wird man aber in naher Zukunft auch PLC-Modems für das private Heimnetzwerk, also zur reinen hausinternen Verwendung, kaufen können.[411] Sowohl eine entgeltliche als auch eine unentgeltliche Bereitstellung ist somit denkbar. Daß es sich bei den derzeitigen Modems größtenteils noch um Vorserienprodukte, teilweise sogar um handgefertigte Geräte handelt, schadet nach obiger Definition ebenfalls nicht.[412] Ein Inverkehrbringen liegt demnach auch im derzeitigen Frühstadium der Powerline-Nutzung bereits vor.

---

[409] Vgl. § 3 Nr. 16 TKG.
[410] Das Prozedere ist dann in etwa vergleichbar mit der Abgabe von DSL-Modems an Kunden einer DSL-Flatrate bis Ende des Jahres 2001 oder mit der vergünstigten Abgabe eines Mobiltelefones in Verbindung mit einem langfristigen Mobilfunkvertrag.
[411] Der Preis für ein Vorserien-Gerätepaar beträgt derzeit rund 230,- Euro, er dürfte aber bei einer allgemeinen Markteinführung noch deutlich fallen.
[412] Zur Erfassung auch von Vorserien-Geräten s. Klindt, NJW 1999, S. 177.

Im Ergebnis sind alle zwingenden Voraussetzungen des § 2 Nr. 5 EMVG erfüllt. Es handelt sich bei den derzeitigen Powerline-Installationen um Systeme im Sinne von § 2 Nr. 5 EMVG, Art. 1 Nr. 1 EMV-Richtlinie.

Zu beachten ist jedoch, daß die elektrischen Leitungen nicht Bestandteil der System-Pakete sind, die von den PLC-Anbietern in Verkehr gebracht werden. Es ist die geradezu zwingende Grundvoraussetzung eines jeden PLC-Systems, auf bereits vorhandene Stromleitungen in Haus oder Wohnung des Käufers oder Kunden aufzubauen und diese für Zwecke der Datenübertragung zu nutzen. Indem die Leitungen nicht Bestandteil des Systems sind, liegen zwar alle Voraussetzungen von § 2 Nr. 5 EMVG, Art. 1 Nr. 1 EMV-Richtlinie vor, jedoch ist dies der Beantwortung der Ausgangsfrage, ob das EMVG beziehungsweise die EMV-Richtlinie auch auf die Stromleitungen Anwendung finden, nicht dienlich.

3. *Anlagen*

Ein weiteres relevantes Gerät im Sinne der EMV-Richtlinie und des EMVG ist die sogenannte Anlage, für die sich ebenfalls nur im EMVG eine Legaldefinition findet. Gemäß § 2 Nr. 6 EMVG ist eine Anlage eine Zusammenschaltung von Apparaten, Systemen oder elektrischen oder elektronischen Bauteilen an einem gegebenen Ort derart, daß diese Bestandteile miteinander eine bestimmte Aufgabe erfüllen. Die Bestandteile müssen dabei nicht als funktionelle oder kommerzielle Einheit in den Verkehr gebracht werden.

Bei den derzeit erhältlichen PLC-Modems und Kopplern handelt es sich wie dargelegt um Apparate und Systeme, die miteinander eine bestimmte Aufgabe erfüllen.

Der Anlagenbegriff weicht jedoch andererseits auch von den vorangegangenen Begriffen ab. Es wird keine Kombination, sondern eine Zusammenschaltung vorausgesetzt, es ist eine Zusammenarbeit an einem bestimmten Ort erforderlich, und im Hinblick auf das Inverkehrbringen wird keine funktionelle Einheit der Komponenten gefordert. Während sich die Notwendigkeit örtlicher Nähe der PLC-Einzelteile beim System daraus ergibt, daß die einzelnen Apparate vom selben Hersteller stammen und eine funktionelle Einheit bilden müssen, so ergibt sie sich bei der Anlage aus dem Gesetzeswortlaut. Daraus läßt sich schlußfolgern, daß bei einem System grundsätzlich eine sehr enge räumliche Nähe der Komponenten gegeben sein muß, während die Komponenten bei der Anlage durchaus auch weiter voneinander entfernt sein können. Der Begriff des gegebenen Ortes in § 2 Nr. 6 EMVG ist also nach der hier vorgeschlagenen Definition normativ und in jedem Einzelfall zu erfassen und entzieht sich einer genaueren Definition. So wird man bei einer Installation innerhalb desselben Gebäudes regelmäßig von einer ausreichenden räumlichen Nähe ausgehen können, auch wenn es sich um ein extrem großes Gebäude wie beispielsweise ein Hochhaus handelt. Andererseits erscheint die örtliche Nähe nicht mehr gegeben, wenn zwei nebeneinander stehende Einfamilienhäuser jeweils Teile einer Installation enthalten. Durch das Überschreiten der Grundstücksgrenze kann somit normativ nicht mehr von „einem gegebenen Ort" gesprochen werden. Die Grundstücksgrenze ist damit ein guter Anhaltspunkt für die räumliche Nähe.

Ein weiteres, vor allem bei Powerline anwendbares Kriterium ist die Versorgung über eine gemeinsame Leitung. Solange die Komponenten einer PLC-Installation an ein und demselben Stromstrang angeschlossen sind, kann von einem gegebenen Ort gesprochen werden. Im Fall der beiden nebeneinanderliegenden Einfamilienhäuser ist somit auch hier eine örtliche Nähe im Sinne von § 2 Nr. 6 EMVG zu verneinen. Durch die stets physikalisch begrenzte maximale Länge der Stromleitungen in der Niederspannungsebene ist die vorgeschlagene Definition zumindest im Hinblick auf das hier allein relevante Powerline auch hinreichend bestimmbar und läßt für ausufernde Auslegungen keinen Raum.

Unter einer Zusammenschaltung soll das koordinierte Zusammenwirken der beteiligten Komponenten innerhalb eines bestimmten, auch größeren räumlichen Bereiches verstanden werden, wobei die Komponenten innerhalb dieses Bereiches voneinander eine gewisse räumliche Trennung aufweisen. Dieser Definitionsvorschlag erlaubt eine hinreichend trennscharfe Abgrenzung zum Begriff der Kombination in § 2 Nr. 5 EMVG. Sie ergibt sich aus dem Gesetzeswortlaut bereits ansatzweise, indem keine funktionelle Einheit beim Inverkehrbringen gefordert wird. Eine Anlage kann damit theoretisch auch aus Systemen unterschiedlicher Hersteller bestehen, womit die hier vorgeschlagene Definition für eine zukünftige technische Weiterentwicklung der PLC-Technik offen ist.

Powerline-Modems sind grundsätzlich ortsfest und leitungsbedingt auch ortsabhängig, wobei der Leitungslänge und damit dem Radius des Ortsbereichs physikalische Grenzen gesetzt sind. Die Aufgabe der gezielten Datenübertragung erfordert grundsätzlich eine koordinierte Zusammenarbeit. Durch die Kombination mit den übrigen Komponenten, also den Stromleitungen, anderen PLC-Modems und den Kopplereinheiten am Hausanschluß, werden die PLC-Systeme gleichzeitig auch zusammengeschaltet. Damit erfüllen Sie eine bestimmte Aufgabe an einem gegebenen Ort im Sinne der Norm.

Hinsichtlich der - hier nicht geforderten - funktionellen Einheit ergibt sich im Vergleich zum bisher Gesagten kein weiterer Unterschied. Die Modems und Koppler an sich sind Apparate und in Kombination miteinander auch Systeme. Indem sie miteinander eine bestimmte Aufgabe an einem gegebenen Ort erfüllen, liegen auch alle Voraussetzungen einer Anlage im Sinne von § 2 Nr. 6 EMVG, Art. 1 Nr. 1 EMV-Richtlinie vor.

Wiederum bleibt jedoch wie bereits oben die Frage offen, ob auch die Stromleitungen unter den Anlagenbegriff fallen. Die gesetzliche Definition läßt vom Wortlaut her keine offensichtliche Subsumtion der Leitungen unter den Anlagenbegriff zu.

4. Elektrische und elektronische Bauteile

Als bisher noch nicht näher betrachtetes Merkmal kommen weiterhin noch die elektrischen oder elektronischen Bauteile gemäß Art. 1 Nr. 1 EMV-Richtlinie, § 2 Nr. 5, 6 EMVG in Betracht. Fraglich ist, ob sich die Stromleitungen über den Bauteilbegriff erfassen lassen. Dieser ist zwar nicht als gesondertes Gerät im EMVG oder der EMV-Richtlinie erfaßt, indem jedoch an einer Access-Powerline-Installation ohnehin stets mindestens zwei Geräte - Modem und Hauskoppler - beteiligt sind, geht es nicht darum, die Voraussetzungen des Apparate-, Anlagen- oder Systembegriffes zu überprüfen, sondern deren Reichweite bei Powerline-Installationen, ob also die Leitungen bereits hiervon erfaßt sind oder gegebenenfalls gesondert betrachtet werden müssen.

Eine Legaldefinition für den Begriff der elektrischen und elektronischen Bauteile existiert nicht, so daß der Begriff durch Normauslegung zu konkretisieren ist.

a) Wortlaut

Behält man die Ausgangsfrage streng im Auge, also die Frage, ob Stromleitungen Bauteile im hier relevanten Sinne sind, und legt dann den Apparatebegriff des EMVG zugrunde, so fällt auf, daß § 2 Nr. 4 EMVG im Gegensatz zu den Nummern 3, 5 und 6 nicht den Begriff Bauteile, sondern den Begriff Verbindungen verwendet. Bereits vom Wortlaut her trifft das Wort Verbindung jedoch auf eine Leitung eher zu als das Wort Bauteil. Zwar können Datenverbindungen auch per Funk und elektrische Verbindungen auch per kabellosem, direktem

Stecksystem[413] hergestellt werden, Verbindungen durch Kabel sind jedoch derzeit noch die am häufigsten anzutreffende Lösung für die Strom- und Datenübertragung. Dies muß auch dem Gesetzgeber bei der Formulierung des Wortlauts bewußt gewesen sein, da für ein Redaktionsversehen keine Anhaltspunkte ersichtlich sind. Im übrigen ist dem Wortlaut der Nr. 4 auch nicht zu entnehmen, daß nur Daten- und nicht auch elektrische Verbindungen erfaßt sein sollen. In § 6 Abs. 3 Nr. 3 EMVG findet sich außerdem die Formulierung „für den Betrieb des Bauteils eventuell notwendige ... Verbindungen". Auch hierdurch wird deutlich, daß Verbindung und Bauteil begrifflich nicht deckungsgleich sein können.

Nach der Definition in § 2 Nr. 7 EMVG sind Netze eine Zusammenfassung mehrerer Übertragungsstrecken, die durch Anlagen, Systeme, Apparate oder Bauteile verbunden sind. Wenn aber Übertragungsstrecken durch Bauteile verbunden werden können, dann können sie mit diesen insoweit nicht identisch sein. Und auch in diesem Kontext paßt der sehr weit gefaßte Begriff Übertragungsstrecke wie schon der Begriff Verbindung bereits vom Wortlaut her besser auf eine (Powerline-)Stromleitung als das Wort Bauteil.

Da der Gesetzgeber im selben Normkontext die unterschiedlichen Begriffe Bauteil, Übertragungsstrecke und Verbindung verwendet, spricht viel dafür, daß eine Stromleitung entweder als Verbindung oder aber als Übertragungsstrecke, nicht aber als Bauteil anzusehen ist.

b)   Systematik

Betrachtet man die Nummern 3 bis 7 in § 2 EMVG im Rahmen einer systematischen Auslegung, so stellt man fest, daß der Begriff Geräte im Sinne der Nr. 3 den Oberbegriff für die nachfolgenden Nummern 4 bis 7 darstellt. Apparate, Systeme, Anlagen und Netze sind jedoch nur dann auch Geräte, wenn sie elektrische oder elektronische Bauteile - nachfolgenden nur noch Bauteile genannt - enthalten. Weiterhin wird der durch die einzelnen Definitionen erfaßte Bereich mit aufsteigender Nummer stets größer. Ein Apparat bildet das kleinstmögliche, nach außen abgeschlossene Gerät, ein System besteht bereits aus mehreren, also mindestens zwei Apparaten. Eine Anlage wiederum besteht aus Apparaten oder Systemen, also ebenfalls aus mindestens zwei, regelmäßig aber eher deutlich

---

[413] Kompakte, kabellose Stecksysteme sind in allen heutigen Computersystemen üblich, um beispielsweise AGP- oder PCI-Karten gleichzeitig mit Stromanschluß und Dateninterface auszustatten.

mehr Apparaten. Ein Bauteil muß also im Vergleich zu einem Apparat im Sinne dieser Hierarchie geringwertiger sein, weil es in ihm bereits enthalten ist. Eine geringere Wertigkeit ist hierbei vorrangig im Sinne einer kleineren technischen Wirksamkeit, Wertigkeit oder Nachhaltigkeit zu verstehen, erst danach eventuell auch im Sinne von Größe oder Materialwert. Diese Systematik führt auch § 6 Abs. 3 Nr. 1 bis 3 EMVG fort, indem ein Bauteil dann als Gerät anzusehen ist, wenn es eine eigenständige Funktion besitzt, einzeln in den Verkehr gebracht wird und von einem durchschnittlichen, also eher laienhaften Endbenutzer verwendet werden kann. § 6 EMVG trägt dabei die gesetzliche Überschrift „Ausnahmen und besondere Festlegungen". Im Umkehrschluß ist ein Bauteil also regelmäßig ohne eigenständige Funktion, es wird nicht einzeln als Einheit in den Verkehr gebracht und es ist nicht von einem Laien unmittelbar zu nutzen. Ein Bauteil ist also normalerweise kein, ein Gerät in Form eines Apparates aber gemäß § 2 Nr. 4 EMVG stets ein selbständig nutzbares Endprodukt.

Leitungen - beispielsweise in Form von Verlängerungskabeln oder Kabeltrommeln, die übrigens für Powerline ebenso gut geeignet sind wie die üblichen Unterputzleitungen - können durchaus eine eigenständige Funktion haben sowie vom Endbenutzer direkt eingesetzt werden. Sie werden auch regelmäßig einzeln in den Verkehr gebracht. Nach dem bisher Gesagten spricht somit einiges dafür, Stromleitungen nicht als Bauteile anzusehen.

c) Gesetzeszweck

Zweck der Regelungen über die elektromagnetische Verträglichkeit ist gemäß Art. 4 S. 1 lit. a), b) EMV-Richtlinie, § 3 Abs. 1 S. 1 Nr. 1, 2 EMVG die Begrenzung der aktiven Erzeugung elektromagnetischer Störungen sowie die Sicherstellung der passiven Störfestigkeit von Geräten. Die Normgeber haben hierbei vor allem an die in Anhang III EMV-Richtlinie beziehungsweise in Anlage 1 EMVG unter lit. a) bis l) aufgeführten Endbenutzer-Geräte gedacht, deren störungsfreien Betrieb man sicherstellen wollte. Im Vergleich der dort genannten Geräte mit einer Stromleitung wird deutlich, wie wenig die Leitung in diesen Kontext hineinpaßt. Diese Sichtweise macht Sinn, da eine Leitung als solche, also ohne Anschluß an ein elektrisches Gerät, niemals selbst elektromagnetische Störungen verursachen kann. Die schlechte Schirmung einer Stromleitung ist zwar die Hauptursache für die durch Powerline emittierten Störstrahlungen, schaltet man jedoch die angeschlossenen Geräte, insbesondere die PLC-Modems und Kopplereinheiten, ab, so fließt nur noch die normale Netzspannung mit einer Frequenz von 50 Hz. Die Leitung ist zwar wichtigster Faktor, aber nicht selbst Auslöser oder Ursache des technischen und juristischen Hauptproblems der PLC-Technik. Die EMV-Richtlinie und das EMVG konzentrieren sich jedoch in ihrem gesamten Kontext auf die Bekämpfung der Ursachen elektromagnetischer Störungen. Eine Leitung alleine, gleichgültig ob sie zur Übertragung von Energie, Daten oder beidem verwendet wird, ist im technischen Gesamtkonzept der EMV-Normen quasi der kleinste Faktor. Sie besteht nur aus gezogenem Metall und ist auf einfachste Weise isoliert. Ein im oben beschriebenen Sinne einer technischen Nachhaltigkeit noch geringerwertiges Element als eine Leitung ist schlichtweg kaum denkbar.

Es kann somit nicht die Intention der beiden Normgeber, des Rates und des Bundestages, gewesen sein, eine schlichte Drei-Draht-Leitung des Niederspannungsnetzes in den Regelungskontext des Gerätebegriffes mit aufzunehmen. Eine Stromleitung ist nach all dem kein Bauteil im Sinne des EMVG.

Im Ergebnis liegt somit bei einer ortsgebundenen Zusammenschaltung von Powerline-Apparaten oder -Systemen zwar eine Anlage im Sinne von Art. 1 Nr. 1 EMV-Richtlinie, § 2 Nr. 6 EMVG vor, die Stromleitungen als Übertragungsmedien werden hiervon jedoch nicht erfaßt.

5. Netze

Als letzter noch nicht erörterter Begriff bleiben nur die Netze gemäß § 2 Nr. 7 EMVG übrig. Den Begriff des Netzes hat der Rat weder in der EMV-Richtlinie noch in allen sie ändernden nachfolgenden Richtlinien verwendet. Er hat erst mit der zweiten Novellierung des deutschen EMVG Eingang in dieses Gesetz gefunden. Wie oben bereits angesprochen ist ein Netz gemäß § 2 Nr. 7 EMVG eine Zusammenfassung mehrerer Übertragungsstrecken, die an einzelnen Punkten elektrisch oder optisch mittels einer Anlage, eines Systems, eines Apparates oder eines Bauteils verbunden sind.

Eindeutig ist bereits anhand dieser Definition, daß jedenfalls die PLC-Modems als solche nicht unter den so bestimmten Netzbegriff fallen können. Ein Netz besteht aus Übertragungsstrecken, die durch Apparate, Systeme oder Anlagen verbunden sind, nicht aber aus ebensolchen Geräten, die durch Übertragungsstrecken verbunden sind. Eine Umkehrung der Definition würde vor allem im Hinblick auf den Anlagenbegriff wenig Sinn machen, da ansonsten bei Vorliegen einer Anlage auch immer das gleichzeitige Vorliegen eines Netzes bejaht werden müßte, was eine gesonderte Definition des letztgenannten Begriffes in § 2 Nr. 7 EMVG entbehrlich machen würde.

Die Netzdefinition bezieht sich vielmehr ausschließlich auf die Übertragungsmedien der zuvor genannten Geräte und ist insoweit in ihrer Bedeutung von diesen grundsätzlich unabhängig zu sehen.

Unter einer Übertragungsstrecke ist nach der hiermit vorgeschlagenen Definition jedes erdgebundene Medium zu verstehen, das physikalisch zumindest grundsätzlich dazu geeignet ist, elektromagnetische Signale über eine räumliche Distanz zielgerichtet so zu übermitteln, daß diese Signale an einem anderen als dem Einspeisungsort von einem Gerät im Sinne der EMV-Richtlinie beziehungsweise des EMVG empfangen oder weitervermittelt werden können.

Die Beschränkung auf erdgebundene Medien ergibt sich aus Gründen der Denklogik. Betrachtet man nämlich Geräte, die mittels Funkverbindungen Informationen senden, weitervermitteln oder empfangen, so wird deutlich, daß bei diesen Geräten die Frage, ob im Sinne des EMVG relevante Störemissionen auf die Geräte oder das Übertragungsmedium - hier also die Funkwelle - zurückzuführen sind, keinen Sinn macht. Bei derartigen Geräten wird die emittierte Strahlung ja gerade zielgerichtet erzeugt und eingesetzt, bei Störemissionen ist also das Gerät und nicht die Funkstrecke die Störquelle. Somit sind von den Übertragungsstrecken im Sinne des § 2 Nr. 7 EMVG ausschließlich materielle, leitende Gegenstände, allen voran Drahtleitungen jeder Art, erfaßt. Das - für sich allein genommen jedoch nicht eindeutige - Erfordernis einer elektrischen oder optischen Verbindung unterstützt diese Sichtweise.

Bei Niederspannungsleitungen handelt es sich um Drahtleitungen, also um erdgebundene Medien, die zu einer Signalweiterleitung geeignet sind. Bei einem üblichen PLC-System oder einer üblichen PLC-Anlage sind regelmäßig mindestens zwei Übertragungsgeräte notwendig, um Daten zwischen zwei Punkten zu übertragen. In diesem Minimalfall ist nur eine Übertragungsstrecke vorhanden - beispielsweise wenn innerhalb eines Raumes Daten von einer Steckdose zur anderen übertragen werden -, so daß kein Netz vorliegt. Sobald jedoch die Daten über eine größere Entfernung übertragen werden, ändert sich dies. So sind in jedem Fall zwei verschiedene Übertragungsstrecken gegeben, wenn im Falle von Access-Powerline die Daten mittels PLC-Modem vom Computer zum Hausanschlußpunkt, also einem Gerät im Sinne des EMVG, und von da weiter zur Transformatorstation geführt werden. Bereits in diesem Fall handelt es sich um zwei Übertragungsstrecken, die mittels eines Gerätes verbunden sind, wobei ein Gerät nach dem Wortlaut des § 2 Nr. 7 EMVG als Verbindungsglied bereits ausreichend ist. Ein Netz im vorgenannten Sinne liegt damit in den genannten Fällen regelmäßig vor.

Vereinfacht ausgedrückt ergibt sich hieraus, daß regelmäßig jedenfalls dann vom Vorliegen eines Netzes gesprochen werden kann, wenn PLC-Daten die Haus- beziehungsweise Grundstücksgrenze überschreiten.

6. Zwischenergebnis

PLC-Modems sind jedenfalls Apparate im Sinne von § 2 Nr. 3 EMVG. Je nach lokaler Konfiguration und Einsatzzweck können - und werden regelmäßig - auch die Voraussetzungen für die Subsumtion unter die Begriffe Systeme und Anlagen vorliegen. PLC-Modems sind also insoweit auch Geräte im Sinne des Art. 1 Nr. 1 EMV-Richtlinie beziehungsweise des § 2 Nr. 3 EMVG. Sie müssen damit den Anforderungen der Richtlinie und des EMVG hinsichtlich der elektromagnetischen Verträglichkeit entsprechen.

Die bei Powerline immer vorhandenen und zur Übertragung von Informationen zwingend notwendigen Stromleitungen sind von den Begriffen Apparat, System und Anlage nicht erfaßt. Sie stehen insoweit in keinem direkten Zusammenhang zu den von den Powerline-Anbietern ausgelieferten Modems. Die Stromleitungen sind zumindest grundsätzlich losgelöst und selbständig von den Modems zu betrachten. Soweit mindestens zwei Übertragungsstrecken zur Datenübertragung eingesetzt und mittels eines Gerätes verbunden werden - zum Beispiel bei Access-Powerline -, handelt es sich aber um ein Netz im Sinne des § 2 Nr. 7 EMVG. Ein solches Strom-Daten-Netz ist ebenfalls ein Gerät im Sinne des § 2 Nr. 3 EMVG. Der deutsche Gesetzgeber hat somit den Anwendungsbereich des Art. 1 Nr. 1 EMV-Richtlinie für den deutschen Rechtskreis erweitert.

Insofern müssen die Stromleitungen ebenfalls den Anforderungen der Richtlinie 89/336/EWG und des EMVG hinsichtlich einer elektromagnetischen Verträglichkeit entsprechen. Die Richtlinie und das EMVG sind damit auf Powerline grundsätzlich anwendbar. Modems und Stromleitungen müssen allerdings gesondert betrachtet werden.

II. Schutzanforderungen von EMV-Richtlinie und EMVG

1. Allgemeine Schutzanforderungen

Wie bereits einleitend erwähnt, besteht der allgemeine Schutzzweck der EMV-Richtlinie und des EMVG gemäß Art. 4 S. 1 lit. a) EMV-Richtlinie, § 3 Abs. 1 S. 1 Nr. 1 EMVG darin, die Erzeugung elektromagnetischer Störungen soweit zu begrenzen, daß der bestimmungsgemäße Betrieb von Funk-, Telekommunikations- und sonstigen Geräten möglich ist. Weitere Voraussetzung ist dabei gemäß Art. 4 S. 1 lit. b) EMV-Richtlinie, § 3 Abs. 1 S. 1 Nr. 2 EMVG jedoch, daß die Geräte auch selbst eine gewisse Festigkeit gegen solche Störungen aufweisen. Ein Gerät darf also weder andere Geräte stören noch sich selbst allzu leicht stören lassen. Die Anforderungen an die elektromagnetische Verträglichkeit sind also in zweierlei Schutzrichtungen hin formuliert, nämlich Fremd- und Eigenschutz. Hier sind nur die Fremdstöreigenschaften von Powerline von Bedeutung, da sie die Interessen derjenigen Personengruppen berühren, deren Rechte Gegenstand dieser Untersuchung sind. Ob die an Powerline beteiligten Geräte also beispielsweise durch Rundfunk- oder Amateurfunkdienste gestört und somit Rechte von Powerline-Anbietern oder -nutzern beeinträchtigt werden, bleibt hier bewußt offen und bildet einen völlig anderen Untersuchungsgegenstand.

Art. 4 S. 2 EMV-Richtlinie und § 3 Abs. 1 Nr. 2 EMVG verweisen bezüglich der Anforderungen an die Beschaffenheit von Geräten auf den Anhang III der Richtlinie beziehungsweise auf die insoweit nahezu gleichlautende Anlage I zum EMVG. Diese Anlagen enthalten jedoch statt technischer Grenzwerte lediglich die Aussage, daß der Höchstwert der von den Geräten ausgehenden elektromagnetischen Störungen so bemessen sein muß, daß der Betrieb anderer Geräte nicht beeinträchtigt wird; in den Buchstaben a) bis l) erfolgt sodann eine nicht abschließende Aufzählung von zwölf verschiedenen Gerätegruppen. Schon anhand der hier nur beispielhaft genannten Gerätegruppen wird deutlich, daß nahezu jedes elektrische Gerät, das in einem heutigen Haushalt üblicherweise vorhanden ist, vom Schutzbereich der Richtlinie und des EMVG erfaßt ist. Insbesondere diejenigen Geräte, die der Vermittlung von Informationen dienen, also beispielsweise Fernseh- und Radiogeräte gemäß lit. a), Mobiltelefone gemäß lit. b) oder Modems als Telekommunikationsgeräte gemäß lit. j), sind erfaßt. Ein Grund hierfür dürfte vor allem darin zu sehen sein, daß elektromagnetische Störungen bei derartigen Geräten eher auffallen und vom Betroffenen als einschneidender empfunden werden als Störungen bei sonstigen Haushaltsgeräten wie einem Backofen oder einem Mikrowellenherd gemäß lit. g). Beide Regelungen verzichten auf die Festlegung bestimmter technischer Grenzwerte. Statt dessen wird lediglich gefordert, daß der Betrieb insbesondere der genannten Geräte nicht beeinträchtigt werden darf.

Unter einer Beeinträchtigung muß hierbei ein von außen wirkender, durch ein anderes Gerät verursachter Einfluß verstanden werden, der die Erfüllung der bestimmungsgemäßen Aufgaben des betroffenen Gerätes in nicht unerheblichem Maße negativ beeinflußt. Da die Beeinträchtigung im Zusammenhang mit elektromagnetischen Störungen stehen muß, diese aber gemäß Art. 1 Nr. 2 S. 2 EMV-Richtlinie, § 2 Nr. 8 Hs. 2 EMVG sowohl bei Einwirkungen auf die Geräte selbst als auch auf ihre Ausbreitungsmedien vorliegen, ist eine Beeinträchtigung auch dann anzunehmen, wenn nicht auf das Gerät selbst, sondern nur auf das Ausbreitungsmedium Einfluß im eben genannten Maße genommen wird.

2. *PLC-Modems*

Powerline-Modems selbst emittieren beim Betrieb nur geringe Mengen an Störstrahlungen. Die derzeit verfügbaren Geräte tragen daher bereits jetzt die CE-Kennzeichnung, und die Hersteller haben auch die entsprechenden EG-Konformitätserklärungen abgegeben.

Sofern PLC-Modems beim Betrieb elektromagnetische Störungen verursachen und Geräte des Anhangs III zur EMV-Richtlinie beziehungsweise der Anlage I zum EMVG im soeben definiertem Maße beeinträchtigen, verletzen sie die Bestimmungen der Richtlinie und des EMVG. Dies wäre beispielsweise der Fall, wenn die Modems den Empfang von Rundfunkdiensten im Lang-, Mittel- und Kurzwellenbereich stören würden.

Derartige Beeinträchtigungen können - zumindest aus Sicht des Normtextes der Richtlinie und des EMVG - jederzeit beim Betrieb eines Gerätes vorkommen. Der Hersteller kann allerdings allein anhand der EMV-Richtlinie oder des EMVG keine konkreten Schutzmaßnahmen für seine Geräte veranlassen, sondern muß sich auf seine Erfahrungswerte oder selbst durchgeführte Tests verlassen. Um diese unbefriedigende Situation zumindest für die deutschen Hersteller zu verbessern, hat die RegTP eine „Technische Empfehlung für Grenzwerte der elektromagnetischen Störaussendung von Geräten und Anlagen leitergebundener

Telekommunikation" herausgegeben.[414] Diese Empfehlung ermöglicht es den Herstellern von PLC-Modems, bereits während der Entwicklung solcher Geräte Messungen durchzuführen und die so gewonnenen Erkenntnisse mit den Empfehlungen zu vergleichen. Bei Einhaltung der Empfehlungen kann dann zumindest grundsätzlich von einem späteren störungsfreien Betrieb ausgegangen werden.

Die RegTP kann gemäß § 7 Abs. 2 Nr. 1, § 8 Abs. 2 S. 1 EMVG jederzeit sowohl bereits im Verkehr befindliche als auch noch nicht erhältliche Geräte, also etwa PLC-Modems, auf die Einhaltung der EMVG-Anforderungen hin stichprobenweise überprüfen. Für den Fall, daß sie dabei Unregelmäßigkeiten oder Störungen feststellt, kann sie nach § 8 Abs. 2, 3 EMVG Anordnungen erlassen, die die Störungsemissionen unterbinden. Für den Fall der Nichteinhaltung dieser Anordnungen - beispielsweise bei PLC-Modems, die bereits auf dem Markt oder bei Testkunden im Einsatz sind - kann die RegTP das Inverkehrbringen des entsprechenden Gerätes einschränken, unterbinden oder rückgängig machen. Die RegTP hat somit umfassende Kontroll- und Reaktionsmöglichkeiten hinsichtlich elektromagnetischer Störungen.

Zusammenfassend ist festzuhalten, daß trotz der zunächst wenig hilfreichen Formulierung des Wortlauts der EMV-Richtlinie und des EMVG dennoch - vor allem in Form von Empfehlungen der Regulierungsbehörde - hinreichend exakte Kriterien zur Verfügung stehen, die den Herstellern vor dem Inverkehrbringen eine effektive Produktplanung ermöglichen. Bei später auftretenden Störungen stehen der RegTP ebenfalls ausreichende Abhilfemöglichkeiten zur Verfügung.

3. *Powerline-Stromleitungen*

a) *Problematik der Emissionsverursachung*

Die an der PLC-Datenübertragung beteiligten Stromleitungen sind wie bereits dargelegt in bestimmten Fällen als Netze, also als Geräte im Sinne von § 2 Nr. 3, 7 EMVG zu klassifizieren. Indem sie wie dargestellt von den PLC-Modems getrennt betrachtet werden müssen, stellt sich auch hier die Frage, inwiefern aufgrund der EMV-Richtlinie und des EMVG Maßnahmen bei elektromagnetischen PLC-Störungen ergriffen werden können. Relevant ist dies insbesondere deswegen, weil die maßgeblichen Störstrahlungsemissionen bei PLC-Systemen nicht

---

[414] ABl. RegTP 1998, Nr. 3 vom 18.02.1998, Mitteilung Nr. 37, S. 653 (RegTP 322 TE 03).

durch die beteiligten Modems, sondern durch die Stromleitungen abgestrahlt werden.[415] Dennoch können die beteiligten PLC-Geräte, insbesondere also die Modems, hierbei nicht außer Betracht gelassen werden, da bereits § 2 Nr. 7 EMVG ein Netz nur dann als gegeben ansieht, wenn die Übertragungsstrecken durch (PLC-)Geräte verbunden werden. Verkompliziert wird dies noch dadurch, daß die Niederspannungsleitungen bereits in den Räumlichkeiten vorhanden sind, bevor sie für PLC genutzt werden.

Die Niederspannungsnetze müssen, da sie Geräte sind, ebenfalls den bereits dargestellten Schutzanforderungen des EMVG entsprechen. Sie dürfen also gemäß § 3 Abs. 1 S. 1, 2 EMVG nur soweit stören, daß ein bestimmungsgemäßer Betrieb anderer Geräte bei vorschriftsmäßiger Installation, angemessener Wartung und bestimmungsgemäßem Betrieb der Netze selbst noch möglich ist.

Es kann davon ausgegangen werden, daß die Stromleitungen regelmäßig vorschriftsmäßig installiert wurden. Eine Wartung ist bei solchen Leitungen außer bei Reparaturen normalerweise nicht notwendig und kann hier außen vor bleiben. Interessant ist allerdings der Begriff des bestimmungsgemäßen Betriebs. Dieser richtet sich grundsätzlich nach den Vorgaben und Vorstellungen des Herstellers. Die Hersteller von Niederspannungsleitungen allerdings sind - zumindest bisher - bei der Produktion von Stromleitungen für Hausinstallationen grundsätzlich davon ausgegangen, daß lediglich Elektrizität, also Wechselspannung mit einer Netzfrequenz von 50 Hz, übertragen werden soll. Allein aus diesem Grunde wurden Stromleitungen für Hausinstallationen bisher lediglich mit einem dünnen Kunststoffmantel umgeben; eine weitergehende Schirmung war nicht vorgesehen und erschien auch nicht notwendig. Aus dieser Perspektive stellt die Nutzung solcher Stromleitungen zur hochfrequenten Datenübertragung eine völlig andere Nutzung dar, die nicht mehr den Vorstellungen der Hersteller bei der Produktion entspricht. Insofern stellt die PLC-Nutzung keinen bestimmungsgemäßen Betrieb mehr dar.

Damit ergibt sich nunmehr augenscheinlich eine pervertierte Regelungssituation: Die Modems sind zwar voll regulierungsfähig im Sinne der EMV-Richtlinie und des EMVG, verursachen aber selbst nicht unmittelbar das maßgebliche Emissionsproblem. Die Stromnetze dagegen sind eigenständige, also getrennt zu beurteilende Geräte, die jedoch die Strahlung wiederum nicht selbst, sondern erst mittelbar nach Einspeisung durch die PLC-Modems erzeugen. Da jedoch

---

[415] Vgl. Stamm, Entwicklungsstand und Perspektiven von Powerline Communication, S. 41.

hinsichtlich dieser Netze ein bestimmungsgemäßer Betrieb nicht mehr vorliegt, sind die Anforderungen des EMVG insofern nicht erfüllt.

Diese Situation ist äußerst unbefriedigend. Die Hersteller von PLC-Hardware hätten somit die Schuld für PLC-Störungen auf die Hersteller der Stromleitungen abgewälzt. Da nur die Netze nicht den Anforderungen des EMVG entsprechen, könnte die RegTP also auch nur bei den Herstellern der Netze die entsprechenden, bereits oben angesprochenen Maßnahmen ergreifen. Diese jedoch würden sich darauf berufen, daß ihre Leitungen im Rahmen der von ihnen ursprünglich vorgesehenen Nutzungen durchaus den Anforderungen des EMVG entsprechen und PLC eine unvorhergesehene Zweckentfremdung darstelle. Das Nachsehen hierbei hätten in jedem Fall die Nutzer von PLC.

Damit stellt sich die Frage, ob das EMVG auch für dieses rechtliche Dilemma eine zufriedenstellende Lösungsmöglichkeit bietet.

b)   Vermutung der Konformität

Ein denkbarer Lösungsansatz besteht darin, die Übereinstimmung mit den Anforderungen des EMVG zu vermuten. In Fällen elektromagnetischer Störungen würden somit sowohl die PLC-Modems als auch die Netze als grundsätzlich EMVG-konform gelten. Die RegTP könnte dann durch die juristische Patt-Situation möglicherweise - bei Vorliegen weiterer Voraussetzungen - gegen diejenige PLC-Komponente störungsvermindernde Maßnahmen erlassen, die am ehesten zu einer Beseitigung der Störungen beitragen könnte.

Gemäß § 6 Abs. 6 S. 1 Nr. 1, 2 EMVG wird das Einhalten von Schutzanforderungen für Anlagen vermutet, wenn die Angaben zum bestimmungsgemäßen Betrieb der verwendeten Anlagenteile und die allgemein anerkannten Regeln der Technik eingehalten wurden. Gemäß § 6 Abs. 8 EMVG gelten diese Vorschriften für Netze entsprechend. Zugunsten von PLC-Netzen wird also das Einhalten der Schutzanforderungen vermutet, wenn neben den allgemein anerkannten Regeln der Technik vor allem die Angaben zum bestimmungsgemäßen Betrieb der einzelnen Netzteile eingehalten wurden. Zu den Netzen gehören gemäß § 2 Nr. 7 EMVG sowohl die Verbindungsglieder, also die Modems und sonstigen Kopplereinheiten, als auch die Leitungen.

Hinsichtlich der Leitungen jedoch ist auf das soeben Gesagte zu verweisen: Die PLC-Nutzung bewegt sich jedenfalls außerhalb der Angaben der Leitungshersteller zum bestimmungsgemäßen Gebrauch dieser Produkte. Damit ist eine

Konformitätsvermutung gemäß § 6 Abs. 8 und 6 EMVG bereits nicht mehr möglich.

c) *Abhilfebefugnis der RegTP*

Eine andere Möglichkeit der Lösung des Konflikts besteht in der Ausnutzung der Befugnisse, die das EMVG der RegTP verleiht. Gemäß § 8 Abs. 6 S. 1 Nr. 1 EMVG kann sie bei auftretenden elektromagnetischen Unverträglichkeiten die notwendigen Maßnahmen zur Ermittlung ihrer Ursache durchführen und Abhilfemaßnahmen in Zusammenarbeit mit den Beteiligten veranlassen.

Die RegTP muß sich bei der Feststellung der eigentlichen Ursache der Störstrahlungen und der Sondierung der zu ergreifenden Maßnahmen vom Grundsatz der Verhältnismäßigkeit leiten lassen. Im Sinne einer effizienzmäßigen Geeignetheit wäre es noch grundsätzlich irrelevant, ob man die Störemissionen durch den Einsatz besser geschirmter Leitungen oder durch Modifikationen an den PLC-Modems herbeiführt. Erforderlich und angemessen hingegen ist nur eine Anordnung der Ursachenbeseitigung durch die Modemhersteller.

Gegenüber einer Erneuerung der betroffenen Niederspannungsleitungen ist eine technische Umkonzeption der Modems in jedem Fall eine deutlich niedrigere, aber gleich effektive Eingriffsstufe, zumal die Erneuerung der Leitungen letztendlich zum Nachteil des betroffenen Nutzers gereichen würde, da die Hersteller der Leitungen sich ihm gegenüber immer auf eine den bestimmungsgemäßen Gebrauch übersteigende Nutzung berufen würden. Der Gedanke der gerechten Lastenverteilung greift dann auch bei der Interessenabwägung. Vor allem der Hersteller der erst nachträglich an die Stromleitungen angeschlossenen PLC-Geräte ist für die Störemissionen verantwortlich. Indem er die gängige und für Hochfrequenzanwendungen grundsätzlich ungeeignete Schirmung der üblichen Niederspannungsstromleitungen kennt, die später unweigerlich zusammen mit seinen Produkten eingesetzt werden, und die Emissionen erst dadurch zustande kommen, daß - zugunsten der bandbreitenmäßigen Attraktivität der PLC-Modems und Powerline überhaupt - hohe Frequenzbereiche zur Übertragung genutzt werden, muß er auch in erster Linie alleine die Konsequenzen einer Nichteinhaltung der gesetzlichen Bestimmungen tragen.

Daher kann die RegTP sich bei der Überprüfung, welche Geräte die Störungen verursachen, in den vorgenannten Fallkonstellationen auf die PLC-Modems als zumindest mittelbare Störquellen festlegen und die bereits angesprochenen Maßnahmen gemäß § 8 Abs. 3 EMVG ergreifen. Insbesondere wird die RegTP die erforderlichen Anordnungen erlassen, um den Hersteller zu verpflichten, die PLC-Geräte ab sofort EMVG-konform zu bauen.

4. Zusammenfassung

Hinsichtlich der Schutzanforderungen der EMV-Richtlinie und des EMVG ist festzuhalten, daß die einschlägigen Regelungen es den Herstellern insbesondere von PLC-Geräten ermöglichen, Vorkehrungen gegen Störungen zu treffen. Die Regelungen ermöglichen weiterhin in jeder Hinsicht ausreichende Maßnahmen für den Fall, daß elektromagnetische Störungen durch PLC-Modems - auch im Zusammenhang mit unzureichend geschirmten Stromleitungen - tatsächlich auftreten. Insbesondere im deutschen Rechtskreis sorgen die hinreichenden Kompetenzen im EMVG in Verbindung mit dem Verhältnismäßigkeitsgrundsatz dafür, daß die RegTP eine angemessene und interessengerechte Auswahl der störenden Geräte beziehungsweise deren Hersteller treffen und die notwendigen Abhilfemaßnahmen effektiv ergreifen kann.

C. Regelungen der R&TTE-Richtlinie und des FTEG

I. Anwendungsbereich der R&TTE-Richtlinie und des FTEG

Neben dem EMVG sieht auch das Gesetz über Funkanlagen und Telekommunikationsendeinrichtungen (FTEG)[416] eine CE-Kennzeichnung von Geräten vor. Insofern ergeben sich zwischen diesen beiden Gesetzen Parallelen. Die rechtliche Koexistenz beider Regelungen wurde oben bereits erörtert. Danach sind die EMV-Richtlinie beziehungsweise das deutsche EMVG und die R&TTE-Richtlinie 1999/5/EG beziehungsweise das deutsche FTEG im Falle von Powerline nebeneinander anwendbar, wobei hinsichtlich der EMV-Richtlinie und des EMVG gemäß Art. 20 Abs. 2 S. 2 R&TTE-Richtlinie nur wie dargestellt die Schutzbestimmungen des Art. 4 und des Anhangs III zur EMV-Richtlinie beziehungsweise des § 3 und der Anlage I zum EMVG Anwendung finden.

Das FTEG dient hauptsächlich der Umsetzung der sogenannten R&TTE-Richtlinie 1995/5/EG des Europäischen Parlaments und des Rates.[417] Mit dieser

---

[416] BGBl. 2001 I, S. 170 vom 31.01.2001.
[417] Richtlinie 1999/5/EG des Europäischen Parlaments und des Rates vom 09.03.1999, ABl. EG Nr. L 91, S. 10.

Richtlinie sollen insbesondere der freie Warenverkehr mit den betroffenen Geräten innerhalb des europäischen Binnenmarktes sowie gleiche Anforderungen an die Geräte in allen Mitgliedstaaten sichergestellt werden.

Erfaßt werden grundsätzlich - wie schon bei der EMV-Richtlinie und beim EMVG - Geräte, jedoch mit dem Unterschied, daß unter einem Gerät hier nicht dasselbe verstanden wird wie in Art. 1 Nr. 1 EMV-Richtlinie, § 2 Nr. 3 EMVG. Gemäß Art. 2 lit. a) R&TTE-Richtlinie, § 2 Nr. 1 FTEG ist ein Gerät hier entweder eine Funkanlage, eine Telekommunikationsendeinrichtung oder eine Kombination von beiden. Eine Telekommunikationsendeinrichtung wird durch Art. 2 lit. b) R&TTE-Richtlinie, § 2 Nr. 2 FTEG definiert als ein die Kommunikation ermöglichendes Erzeugnis oder ein wesentliches Bauteil davon, das für den mit jedwedem Mittel herzustellenden direkten oder indirekten Anschluß an Schnittstellen von öffentlichen Telekommunikationsnetzen bestimmt ist. Hieraus und aus dem Wortlaut des Art. 20 Abs. 2 S. 2 R&TTE-Richtlinie wird deutlich, daß diese Richtlinie beziehungsweise das FTEG vom Grundgedanken her die vorrangig anzuwendenden Normen sein sollen, wenn die elektromagnetische Verträglichkeit von Telekommunikationsendeinrichtungen in Rede steht.

Der Begriff der Telekommunikationsendeinrichtung rückt damit in den Vordergrund. Der Anwendungsbereich der R&TTE-Richtlinie und des FTEG im Hinblick auf Powerline ist dabei wie schon oben hinsichtlich der PLC-Modems und der Stromleitungen getrennt zu betrachten.

II. PLC-Modems

Wie bereits im Rahmen der Ausführungen zur Lizenzpflichtigkeit von Access-Powerline gemäß § 6 TKG ausgeführt, ist ein PLC-Modem wie jedes andere Modem auch in der Lage, den Zugang zu einem öffentlichen Telekommunikationsnetz herzustellen. Dieser Zugang erfolgt zunächst über die Hausstromleitungen und den Transformator des Niederspannungsnetzes bis hin zu den Kopplereinheiten des PLC-Access-Anbieters. Dieser wiederum sorgt für den Austausch der Daten zwischen Stromleitung und „normalem" Datennetz. Die konkrete Ausgestaltung der Anbindung an das Datennetz ist dabei im Hinblick auf das Modem nicht maßgeblich, zumal dieses die unterschiedlichen Verbindungsverfahren wie Glasfaser, Richtfunk, Datenkabel oder PLC-Mittelspannungsleitung regelmäßig auch gar nicht voneinander unterscheiden kann. Auf diese Weise können sich PLC-Nutzer als Alternative zur Telefonleitung über das

Stromnetz mit dem Internet verbinden.[418] Die Parallele zu einem gewöhnlichen Analog-Modem, einer ISDN-Karte oder einem DSL-Modem ist hier offensichtlich.

PLC-Modems sind somit Telekommunikationsendeinrichtungen und damit auch Geräte im Sinne von Art. 1 lit. a), b) R&TTE-Richtlinie, § 2 Nr. 1, 2 FTEG. Sie müssen daher den in den genannten Regelungskomplexen normierten Anforderungen entsprechen.

Eine zusätzliche Einstufung von PLC-Modems als Funkanlagen gemäß Art. 2 lit. c) R&TTE-Richtlinie, § 2 Nr. 3 FTEG ist neben dem soeben Gesagten nicht denkbar. Funkanlagen müssen nach den dort genannten Definitionen durch Ausstrahlung und Empfang von Funkwellen kommunizieren können. Bei Powerline werden jedoch gerade keine Funkwellen zur Kommunikation abgestrahlt, sondern die Kommunikation erfolgt grundsätzlich leitungsgebunden, während die Abstrahlungen ungewollte, also nicht der eigentlichen Kommunikation dienende, elektromagnetische Nebeneffekte darstellen.

III. Stromleitungen

Gemäß Art. 1 Abs. 4 in Verbindung mit Anhang 1 Nr. 3 R&TTE-Richtlinie, § 1 Abs. 3 Nr. 3 FTEG sind Kabel und Drähte grundsätzlich nicht vom Regelungsbereich erfaßt. Damit sind die Stromleitungen zwar Netze, also Geräte im Sinne des EMVG, jedoch keine Geräte im Sinne der R&TTE-Richtlinie und des FTEG. Insoweit ist hinsichtlich der Stromleitungen abschließend auf die obigen Ausführungen zu verweisen, zusätzliche Erkenntnisse lassen sich nicht gewinnen.

Die R&TTE-Richtlinie und das FTEG sind somit nur auf die Powerline-Modems anwendbar. Als nächster Schritt sind die Schutzanforderungen dieser Regelungskomplexe zu betrachten.

---

[418] Vgl. hierzu Kap. 2.

IV. Grundlegende Anforderungen von R&TTE-Richtlinie und FTEG

Die grundlegenden Anforderungen sind in Art. 3 Abs. 1 lit. a) und b) R&TTE-Richtlinie sowie in § 3 Abs. 1 Nr. 1 und 2 FTEG festgelegt. Im Rahmen dieser Vorschriften sind zwei jeweils gleichlautende wesentliche Schutzziele normiert: Einerseits der Schutz der Gesundheit und der Sicherheit des Benutzers des Gerätes und anderer Personen, andererseits die elektromagnetische Verträglichkeit. Da sich diese Ziele durch die Aufteilung in personen- und gerätebezogene Schutzziele wesentlich voneinander unterscheiden, sollen sie getrennt voneinander betrachtet werden.

1. Personenbezogene Schutzziele

Art. 3 Abs. 1 lit. a) R&TTE-Richtlinie legt als grundlegende Anforderung für alle Telekommunikationsendgeräte den Schutz der Gesundheit des Benutzers und anderer Personen fest und verweist zusätzlich auf die Schutzziele der sogenannten Niederspannungsrichtlinie[419], wobei jedoch die dort genannten Spannungsgrenzen außer Betracht zu bleiben haben. Die Schutzziele der Niederspannungsrichtlinie sind dort insbesondere in Art. 2 festgelegt. Liest man diese Norm im Kontext der R&TTE-Richtlinie[420], so bedeutet dies, daß Telekommunikationsendeinrichtungen so hergestellt sein müssen, daß sie bei einer ordnungsmäßigen Installation und Wartung sowie bei bestimmungsgemäßer Verwendung die Sicherheit von Menschen und Nutztieren sowie die Erhaltung von Sachwerten nicht gefährden. Art. 2 Abs. 2 der Niederspannungsrichtlinie verweist zur Konkretisierung dieser Ziele auf den Anhang I der Richtlinie, der die wichtigsten Angaben über die Sicherheitsziele für elektrische Betriebsmittel zur Verwendung innerhalb bestimmter Spannungsgrenzen enthält. Während Art. 2 Abs. 1 der Niederspannungsrichtlinie also den geschützten Objektkreis zwar auf Nutztiere und Sachwerte ausdehnt, ansonsten aber vor allem hinsichtlich der

---

[419] Richtlinie 73/23/EWG des Rates vom 19.02.1973, ABl. EG Nr. L 77, S. 29, zur Angleichung der Rechtsvorschriften der Mitgliedstaaten betreffend elektrische Betriebsmittel zur Verwendung innerhalb bestimmter Spannungsgrenzen („Niederspannungsrichtlinie"), zuletzt geändert durch Art. 1 Nr. 12, Art. 13 der Richtlinie 93/68/EWG des Rates vom 22.07.1993, ABl. EG Nr. L 220, S. 1.
[420] Die Niederspannungsrichtlinie gilt per se nur für die elektrischen Betriebsmittel im Niederspannungsbereich; durch den Verweis in Art. 3 Abs. 1 lit. a) R&TTE-Richtlinie wird im Rahmen der nachfolgenden Ausführungen jedoch statt dessen stets das Wort Telekommunikationsendeinrichtung verwendet.

Menschen als wichtigste Schutzobjekte keine weiterführenden Angaben im Vergleich zu Art. 3 Abs. 1 lit. a) der R&TTE-Richtlinie macht, konkretisiert der Anhang I der Niederspannungsrichtlinie zumindest die möglichen Gefahren, die durch die Bestimmungen abgewendet oder vermieden werden sollen.

Der Anhang I besteht aus drei Teilen. Teil 1 enthält die allgemeinen Bedingungen, die zur Erreichung der Sicherheitsziele notwendig einzuhalten sind. Lediglich lit. c) ist hierbei hinreichend konkret formuliert; er verlangt, daß die betreffende Telekommunikationsendeinrichtung so beschaffen sein muß, daß sie sicher und ordnungsgemäß angeschlossen werden kann. Teil 2 betrifft die Gefahren, die von einer Telekommunikationsendeinrichtung selbst ausgehen können. Danach müssen Menschen und Nutztiere gemäß lit. a) vor Gefahren durch Berührungen geschützt sowie gemäß lit. b) gefährliche Temperaturen, Lichtbögen und Strahlungen vermieden werden. Außerdem muß gemäß lit. d) die Isolierung der Geräte angemessen sein. Teil 3 betrifft den Schutz vor Gefahren für Menschen, Nutztiere und Sachen, die durch äußere Einwirkungen auf Telekommunikationsendeinrichtungen entstehen können. Die Geräte müssen demnach den vorgesehenen mechanischen und nicht-mechanischen Beanspruchungen standhalten und dürfen auch bei vorgesehenen Überlastungen keine Gefahrenquelle darstellen.

Im Hinblick auf die deutschen Umsetzungen ergeben sich bezüglich des soeben Gesagten keine Änderungen oder Ergänzungen. § 3 Abs. 1 Nr. 1 FTEG verweist auf § 2 der Ersten Verordnung zum Gerätesicherheitsgesetz (1. GSGV)[421]. Hierbei entspricht § 2 Abs. 1 Nr. 1 und 2 1. GSGV inhaltlich den Regelungen in Art. 2 Abs. 1 der Niederspannungsrichtlinie. § 2 Abs. 2 Nrn. 1 - 3 1. GSGV entsprechen inhaltlich den Bestimmungen des Anhangs I, Teil 1 lit. a) - d) Niederspannungsrichtlinie, § 2 Abs. 2 Nr. 4 lit. a) - d) 1. GSGV entsprechen dem Anhang I, Teil 2 lit. a) - d) Niederspannungsrichtlinie und § 2 Abs. 2 Nr. 5 lit. a) - c) 1. GSGV entsprechen dem Anhang I, Teil 3 lit. a) - c) Niederspannungsrichtlinie.

---

[421] Verordnung über das Inverkehrbringen elektrischer Betriebsmittel zur Verwendung innerhalb bestimmter Spannungsgrenzen (1. GSGV) vom 11.06.1979, BGBl. I 1979, S. 629, geändert durch Art. 1 der Zweiten Verordnung zur Änderung von Verordnungen zum Gerätesicherheitsgesetz vom 28.09.1995, BGBl. I 1995, S. 1213.

Die Schutzziele und -bestimmungen der Niederspannungsrichtlinie und der 1. GSGV sind ausschließlich auf Menschen, Nutztiere und Sachwerte ausgerichtet. Geschützt werden sollen diese Schutzobjekte vor allem vor den Gefahren, die durch fehlerhafte Isolation, mechanische Beanspruchung oder Überbelastung entstehen können. Die Telekommunikationsendeinrichtungen werden hier also nicht im Hinblick auf ihre spezielle Funktionsweise und Aufgabe, sondern im Hinblick auf ihre Beschaffenheiten und Eigenschaften als Elektrogeräte angesprochen. Dies ergibt sich daraus, daß zwar durch Art. 3 Abs. 1 lit. a) der R&TTE-Richtlinie wegen Art. 2 lit. a) R&TTE-Richtlinie von vornherein nur Funkanlagen und Telekommunikationsendeinrichtungen erfaßt sein können, die Niederspannungsrichtlinie und die 1. GSGV jedoch einen wesentlich breiteren Anwendungsbereich besitzen. Durch den Vergleich der von diesem Anwendungsbereich erfaßten Betriebsmittel untereinander ergibt sich die Reduzierung auf einen quasi kleinsten gemeinsamen Nenner, der dann auch auf die Regelungen in Art. 3 Abs. 1 lit. a) R&TTE-Richtlinie, § 3 Abs. 1 Nr. 1 FTEG Ausstrahlungswirkung haben muß. Alle diese Betriebsmittel haben lediglich gemeinsam, daß sie mit elektrischem Strom funktionieren. Gegen die hierdurch unmittelbar (z. B. Stromschlag) und mittelbar (z. B. Hitze, Strahlung) entstehenden Gefahren sollen die genannten Normenkomplexe die erwähnten Schutzobjekte, also Menschen, Nutztiere und Sachwerte, schützen.

Telekommunikationsendeinrichtungen stehen im Rahmen dieser rechtlichen Betrachtung also auf derselben Stufe mit jedem anderen Haushalts- oder Elektrogerät, das vom Anwendungsbereich der Niederspannungsrichtlinie beziehungsweise der 1. GSGV erfaßt ist. Dies sind also nicht nur frequenznutzende Geräte wie Radios und Fernsehgeräte, sondern auch beispielsweise Toaster, Waschmaschinen oder Heimwerkermaschinen.

Im Rahmen der Prüfung der in Art. 3 Abs. 1 lit. a) R&TTE-Richtlinie, § 3 Abs. 1 Nr. 1 FTEG normierten grundlegenden Anforderungen muß sich die rechtliche Betrachtung also vom ansonsten maßgeblichen Regelungsziel dieser Normkomplexe, namentlich der vorrangigen Gewährleistung der elektromagnetischen Verträglichkeit, lösen und statt dessen auf das allgemeinere Schutzziel der Gerätesicherheit beschränken, wie es von der Niederspannungsrichtlinie und der 1. GSGV verfolgt wird. Diesbezüglich sind jedoch hinsichtlich der hier allein relevanten Powerline-Modems keine besonderen Probleme erkennbar.

Die derzeit erhältlichen PLC-Modems sind regelmäßig so beschaffen, daß sie auch von Laien sicher und ordnungsgemäß angeschlossen und verbunden werden können. Sie sind ausreichend elektrisch isoliert und durch die Verwendung entsprechender Kunststoffmaterialien bei den Gehäusen auch gegen äußere Beanspruchungen gesichert. Eine von den Geräten selbst ausgehende, gesundheitsgefährdende Strahlung ist nicht zu erwarten.[422] PLC-Modems bergen damit insgesamt kein erhöhtes Gefahrenpotential im Sinne der Niederspannungsrichtlinie und der. 1. GSGV.

Die grundlegenden Schutzanforderungen in Art. 3 Abs. 1 lit. a) R&TTE-Richtlinie und § 3 Abs. 1 Nr. 1 FTEG sind im Hinblick auf die aktuellen PLC-Modems somit als erfüllt anzusehen. Bezüglich der Gerätesicherheit gegenüber Menschen, Nutztieren und Sachwerten ergeben sich also bei Vorliegen der genannten Voraussetzungen keine rechtlichen Bedenken.

2. *Gerätebezogene Schutzziele*

Hinsichtlich der nicht-personenbezogenen Schutzziele sind Art. 3 Abs. 1 lit. b) R&TTE-Richtlinie und § 3 Abs. 1 Nr. 1 FTEG einschlägig. Sie betreffen die elektromagnetische Verträglichkeit von Telekommunikationsendeinrichtungen. Diese Normen enthalten jedoch keinen eigenen Regelungsgehalt, sondern verweisen hinsichtlich der einzuhaltenden Schutzanforderungen lediglich auf die EMV-Richtlinie 89/336/EWG beziehungsweise auf das EMVG. Die bereits oben besprochenen Regelungen über die Schutzanforderungen zur Gewährleistung der elektromagnetischen Verträglichkeit in Art. 4 in Verbindung mit dem Anhang III zur EMV-Richtlinie beziehungsweise in § 3 Abs. 1 in Verbindung mit der Anlage I zum EMVG werden somit ohne Ergänzung oder Änderung in die Normkomplexe der R&TTE-Richtlinie und des FTEG inkorporiert. Bezüglich der Powerline-Modems ist somit auf das bereits oben Gesagte zu verweisen. Soweit sie die in der EMV-Richtlinie und dem EMVG normierten Anforderungen an die elektromagnetische Verträglichkeit erfüllen, genügen sie somit auch gleichzeitig den Anforderungen im Rahmen der R&TTE-Richtlinie und des FTEG.

---

[422] Eine andere Frage ist, ob die durch die PLC-Modems in das Niederspannungsnetz eingespeiste Energie, die dann von den Leitungen als Störemission abgestrahlt wird, bei Menschen zu Gesundheitsbeeinträchtigungen führen kann. Vgl. hierzu die näheren Ausführungen in Kap. 7.

3. Zusammenfassung

Anders als im Rahmen der EMV-Richtlinie und des EMVG fallen die Stromleitungen der Niederspannungsnetze nicht unter den insoweit verschiedenen Gerätebegriff der R&TTE-Richtlinie und des FTEG. Die derzeit erhältlichen Powerline-Modems werden in ihrer Funktion als Telekommunikationsendeinrichtung jedoch auch hier vom Gerätebegriff erfaßt. Besondere personenbezogene Gefahrenpotentiale sind weder im Vergleich zu anderen Telekommunikationsendeinrichtungen noch zu sonstigen, von der Niederspannungsrichtlinie und der 1. GSGV erfaßten Produkten erkennbar. Hinsichtlich der gerätebezogenen Anforderungen ist auf die Ausführungen zur EMV-Richtlinie und dem EMVG zu verweisen, neue Gesichtspunkte ergeben sich hier nicht.

Damit entsprechen die PLC-Modems den Anforderungen der R&TTE-Richtlinie und des FTEG. Regelungslücken oder gesetzgeberischer Handlungsbedarf sind auch hier nicht erkennbar.

D. Regelungen durch das UVPG

Eine großflächige Einführung von Powerline-Techniken kann dazu führen, daß sich das elektromagnetische Grundrauschen, also die grundsätzlich in der Umgebung von Stromleitungen vorhandene elektromagnetische Strahlung, weiter erhöht. Hierdurch könnten sich unter Umständen nachteilige Auswirkungen auf Menschen, Tiere oder Umwelt ergeben. Insoweit ist denkbar, daß die Nutzungsänderung der Niederspannungsleitungen eine Umweltverträglichkeitsprüfung erfordert. Die Einzelheiten hierzu sind im Gesetz über die Umweltverträglichkeitsprüfung (UVPG)[423] geregelt.

Gemäß § 2 Abs. 1 S. 1 UVPG ist das Verfahren lediglich ein unselbständiger Teil verwaltungsbehördlicher Verfahren. Es muß also stets zunächst einen Anknüpfungspunkt für das Prüfungsverfahren geben.[424] Ein solcher Anknüpfungspunkt besteht möglicherweise im Rahmen des Verfahrens zur Erteilung einer

---

[423] Zuletzt geändert am 15.12.2001, BGBl. I 2001, S. 3765; das Gesetz dient der Umsetzung der Richtlinie 97/11/EG des Rates vom 03.03.1997 (ABl. EG 1997 Nr. L 73, S. 5) zur Änderung der Richtlinie 85/337/EWG vom 27.06.1985 (ABl. EG 1985 Nr. L 175, S. 40) über die Umweltverträglichkeitsprüfung bei bestimmten öffentlichen und privaten Projekten.

[424] Vgl. hierzu Erbguth/Schink, UVPG, § 2, Rn. 2 ff.; Hoppe/Appold, UVPG, § 2, Rn. 8 f.

Übertragungswege- oder Sprachtelefondienstlizenz nach § 6 Abs. 1, 2 in Verbindung mit § 8 TKG.[425] Weiterhin denkbar wäre, daß die Regulierungsbehörde die in den Verkehr gebrachten Geräte gemäß § 7 Abs. 2 Nr. 1 EMVG überprüft und im Einzelfall wegen lokal erhöhter Strahlenbelastung den weiteren Ver- und Betrieb des betroffenen Gerätes gemäß § 8 Abs. 3, 6 S. 1 Nr. 2 lit. a) EMVG unterbindet. Eine solche Anordnung wäre ein Verwaltungsakt im Sinne von § 35 VwVfG. Im Rahmen des nachfolgenden Widerspruchsverfahrens könnte dann auf das UVPG zurückzugreifen sein.

Diese hypothetischen Ausführungen setzen jedoch voraus, daß das UVPG überhaupt auf Powerline-Systeme Anwendung findet. Gemäß § 3 Abs. 1 S. 1 UVPG gilt das Gesetz nur für die in der Anlage 1 zum UVPG aufgeführten Vorhaben,[426] wobei gemäß § 2 Abs. 2 Nr. 2 lit. a) UVPG sowohl die Begründung als auch die Änderung des Betriebs einer technischen Anlage UVP-pflichtig sind. Die dort aufgeführte, abschließende Liste der sogenannten UVP-pflichtigen Vorhaben macht den wesentlichen Teil des Gesetzes aus. Sie ist demnach daraufhin zu untersuchen, ob Stromleitungsnetze der Niederspannungsebene generell oder im Hinblick auf eine hochfrequente Zusatznutzung UVP-pflichtig sind oder werden.

Auf den ersten Blick einschlägig könnten nur die Untergruppierungen der laufenden Nummer 19.1 der Anlage 1 zum UVPG sein, die ganz allgemein Stromleitungsanlagen betrifft. Allerdings ist hierbei selbst im geringsten aufgeführten Fall für eine UVP-Pflicht noch eine Nennspannung von 110 kV nötig. Dieser Wert wird auf den - hier allein relevanten - Niederspannungsleitungen grundsätzlich nicht erreicht. Damit sind die Niederspannungsnetze bereits grundsätzlich keine UVP-pflichtigen Anlagen. Auch eine Nutzungsänderung führt nicht zu einer UVP-Pflichtigkeit, da hierbei zwar die elektromagnetische Abstrahlung erhöht wird, die im Rahmen des UVPG allein maßgebende Nennspannung jedoch unverändert unter dem genannten Wert von 110 kV bleibt. Das UVP-Verfahren ist somit erst im Bereich des Hochspannungsnetzes[427] von Relevanz, wo die genannten Spannungsgrenzen regelmäßig erreicht und überschritten werden. In diesen Fällen ist die Leitungsanlage als solche jedoch bereits UVP-pflichtig, unabhängig von einer Powerline-Nutzung. Ein powerline-bedingtes spezifisches Emissionsproblem wird sich überdies bei Hochspannungsfreileitun-

---

[425] Zur Lizenzpflichtigkeit von Powerline-Services vgl. Kap. 4.
[426] Erbguth/Schink, UVPG, § 3, Rn. 2.
[427] Vgl. Kap. 3.

gen kaum stellen, da in diesen Umgebungen regelmäßig nur wenige Wohnhäuser oder sonstige Ansiedlungen zu finden sind. Außerdem dürften in diesen Fällen die durch den Stromtransport selbst verursachten Emissionen die Powerline-Abstrahlungen deutlich überlagern, so daß vor diesem Hintergrund powerlinespezifische Emissionen bei Hochspannungsleitungen vernachlässigt werden können.

Das UVPG ist damit im Falle der Nutzung von Stromleitungen für den Powerline-Datenverkehr nicht anwendbar.

E. Regelungen durch die 26. BImSchV

PLC-Systeme könnten durch die von ihnen ausgehenden elektromagnetischen Emissionen möglicherweise als ortsfeste Sendefunkanlagen gemäß der 26. Verordnung über die Durchführung des Bundes-Immissionsschutzgesetzes (26. BImSchV)[428] anzusehen sein. Dies hätte zur Folge, daß für den Betreiber eine Anzeigepflicht gemäß § 7 Abs. 1, 2 26. BImSchV besteht.

Gemäß § 1 Abs. 1 S. 1 26. BImSchV gilt die Verordnung für die Errichtung und den Betrieb von Hoch- und Niederfrequenzanlagen, die gewerblichen Zwecken dienen oder im Rahmen wirtschaftlicher Unternehmungen Verwendung finden und die nicht der Genehmigungspflicht nach § 4 BImSchG unterliegen. Erste Voraussetzung für eine Anzeigepflichtigkeit ist demnach, daß die PLC-Systeme auf der Niederspannungsebene entweder Hoch- oder Niederfrequenzanlagen im Sinne der Verordnung sind.

I. Hochfrequenzanlagen

Gemäß § 1 Abs. 2 Nr. 1 26. BImSchV ist eine Hochfrequenzanlage eine ortsfeste Sendefunkanlage mit einer Sendeleistung von mindestens 10 Watt EIRP[429],

---

[428] Verordnung über elektromagnetische Felder vom 16.12.1996, BGBl. 1996 I, S. 1966.
[429] Equivalent Isotropically Radiated Power = äquivalente isotrope Strahlungsleistung. Der EIRP-Wert beinhaltet die tatsächliche, effektive Strahlungsleitung, die von einer Antenne ausgeht, wobei alle strahlungsverstärkenden (sog. Antennengewinn) und strahlungsdämpfenden (z. B. Leitungsverluste) Faktoren mitberücksichtigt werden. Die EIRP gibt damit auch an, mit welcher Sendeleistung man eine in alle Raumrichtungen gleichmäßig abstrahlende Antenne (Kugelstrahler) versorgen müßte, um im Fernfeld dieselbe Leistungsflußdichte zu erreichen wie mit einer bündelnden Antenne.

die elektromagnetische Felder im Bereich zwischen 10 und 300.000 MHz erzeugt. Indem die genutzten Frequenzen und damit auch die Abstrahlungen der PLC-Leitungen im Bereich von 1 - 30 MHz liegen, liegt eine hochfrequente Abstrahlung im Sinne der Norm vor.

Fraglich ist jedoch, ob es sich bei PLC-Systemen überhaupt um Sendefunkanlagen im Sinne der Norm handelt. Bei Powerline wird die emittierte elektromagnetische Strahlung nicht gezielt zur Übermittlung von Informationen eingesetzt, sondern sie entsteht als unerwünschte Nebenwirkung bei der leitergebundenen Datenübertragung. Bleibt man also eng am Gesetzeswortlaut, so ist bereits diese Tatbestandsvoraussetzung nicht gegeben.

Allerdings kann diese Frage letztendlich unbeantwortet bleiben. Die effektive Sendeleistung von PLC-Systemen liegt nämlich regelmäßig deutlich unter dem Grenzwert von 10 Watt EIRP; bereits ab etwa 20 mW können Übertragungsraten von 36,9 bis zu 246,5 MBit/s erzielt werden,[430] was auch den heutigen hohen Anforderungen an die nutzbare Datenübertragungsrate jedenfalls genügt. Aktuelle PLC-Modems erreichen nur eine Übertragungsrate von etwa 2,1 MBit/s, so daß die EIRP-Werte praktisch noch deutlich geringer ausfallen.

PLC-Systeme sind somit keine Hochfrequenzanlagen im Sinne der 26. BImSchV. Es besteht insoweit für den PLC-Anbieter oder -betreiber keine Anzeigepflicht bei der zuständigen Behörde gemäß § 7 26. BImSchV.

II. Niederfrequenzanlagen

Gemäß § 1 Abs. 2 Nr. 2 lit. a) - c) 26. BImSchV ist unter eine Niederfrequenzanlage grundsätzlich eine ortsfeste Anlage zur Umspannung oder Fortleitung von Elektrizität zu verstehen. Die Buchstaben a) bis c) geben die verschiedenen Anlagen wieder, die diesen Anlagenbegriff erfüllen, wobei ein EIRP-Grenzwert nicht mehr festgelegt wird, sondern die Niederfrequenzeigenschaft vielmehr an der Netzstromfrequenz beziehungsweise der Netzspannung festgemacht wird. Die Aufzählung muß hierbei durch den Gebrauch der Formulierung „folgende Anlagen" als abschließend verstanden werden. Nachdem die in § 1 Abs. 2 Nr. 2 lit. b) und c) 26. BImSchV genannten Anlagen offensichtlich nicht für Nieder-

---

[430] Zimmermann/Dostert, Die Kapazität von Powerline-Kanälen unter Berücksichtigung von Beschränkungen der Sendeleistung und der nutzbaren Frequenzbereiche, Kleinheubacher Berichte, Band 43, 2000, S. 66.

spannungsleitungen in Betracht kommen,[431] kommt lediglich noch lit. a) in Frage, der Freileitungen und Erdkabel erfaßt. Allerdings erfordert eine solche Niederfrequenzanlage eine Mindestspannung von 1000 Volt und eine Netzfrequenz von 50 Hz. Die PLC-Stromleitungen im Niederspannungsnetz werden zwar mit einer Wechselstrom-Netzfrequenz von ca. 50 Hz gespeist, die Nennspannung beträgt jedoch lediglich etwa 220 - 240 Volt. Damit sind die Stromleitungen auch keine Niederfrequenzanlagen im Sinne der 26. BImSchV. Auch insoweit besteht also keine Anzeigepflicht der Powerline-Betreiber gemäß § 7 26. BImSchV.

III. Zusammenfassung

Da die Stromleitungen des Niederspannungsnetzes weder als Hoch- noch als Niederfrequenzanlagen im Sinne der 26. BImSchV anzusehen sind, ergeben sich grundsätzlich keine Anzeigepflichten der PLC-Betreiber an die zuständige Behörde, wenn bestehende Stromleitungen zukünftig als PLC-Übertragungsmedien genutzt werden sollen.

F. Verhältnis der NB 30 zu den genannten Normen

Nach der Darstellung der Problematik der elektromagnetischen Verträglichkeit im Zusammenhang mit Powerline soll abschließend das Verhältnis der NB 30 zu den in diesem Kapitel genannten Normen, insbesondere zur EMV- und R&TTE-Richtlinie, angesprochen werden.

Die NB 30 betrifft grundsätzlich die gewollte Frequenznutzung in und längs von Leitern im Bereich von 9 kHz bis 3 GHz. Sie erlaubt eine freizügige Nutzung dieser Frequenzen bei Einhaltung der in der NB 30 festgelegten Anforderungen. Hierdurch sollen Störungen bei Funkdiensten, insbesondere bei solchen mit Sicherheitsrelevanz, vermieden werden. Das Hauptaugenmerk der NB 30 liegt also auf der Sicherstellung einer gegenseitigen störungsfreien Frequenznutzung.

Die EMV-Richtlinie, das EMVG, die R&TTE-Richtlinie und das FTEG betreffen eine grundsätzlich ungewollte Abstrahlung. Es sollen grundsätzlich alle Ar-

---

[431] Hiervon werden lediglich Bahnstromfern- und Bahnstromoberleitungen sowie Elektroumspannanlagen erfaßt.

ten elektromagnetischer Störungen verhindert werden, wobei zu den Schutzobjekten nicht nur Funkdienste, sondern auch eine große Zahl von Geräten, beispielsweise auch Haushaltsgeräte, gehören. Im Mittelpunkt steht hier also die Funktionsfähigkeit des jeweils geschützten Gerätes.

Bei Powerline ist die Abstrahlung zwar generell ungewollt, aber dennoch immer vorhanden und auch technisch nicht völlig zu verhindern.[432] Technische Normen müssen sich jedoch an tatsächlichen Gegebenheiten und Meßergebnissen orientieren, daher muß jedenfalls ein bloßer, nicht realisierbarer Wille der Hersteller, keine Störungen zu verursachen, unberücksichtigt bleiben. Insoweit erfüllt Powerline alle grundsätzlichen Anforderungen sowohl der Anwendbarkeit der NB 30 als auch der Vorschriften über die elektromagnetische Verträglichkeit. PLC paßt somit in beide Kategorien, zum einen nutzen die PLC-Modems die im Rahmen der NB 30 relevanten Frequenzen, zum anderen sind sie EMV-relevante Geräte. Alle in diesem Kapitel genannten Normen sind damit - unter Berücksichtigung der oben genannten Koexistenzbedingungen - parallel anwendbar. Powerline-Systeme müssen somit eine Vielzahl von technischen und regulatorischen Anforderungen gleichzeitig erfüllen.

Nach der bereits angesprochenen zukünftigen Änderung der Rechtslage in Deutschland[433] könnte die NB 30 später in Form einer Rechtsverordnung aufgrund einer Ermächtigungsgrundlage aus dem EMVG weitergelten. Hieraus würde eine gewisse Vereinfachung der Rechtsanwendung und eine bessere Handhabbarkeit der für PLC relevanten Vorschriften resultieren.

---

[432] Stamm, Entwicklungsstand und Perspektiven von Powerline Communication, S. 41.
[433] Vgl. Kap. 4.

KAPITEL 7
Auswirkungen elektromagnetischer Strahlung auf den Menschen

In den letzten Jahren sind die möglicherweise schädlichen Auswirkungen elektromagnetischer Strahlung auf den menschlichen Organismus immer wieder Gegenstand heftiger öffentlicher Diskussionen gewesen. Der Schwerpunkt dieser Debatten lag regelmäßig im Bereich des Mobilfunks, genauer gesagt bei der Frage nach den Wirkungen von Mobiltelefonen und Mobilfunksendemasten.[434] Hinsichtlich elektromagnetischer Strahlungen muß grundsätzlich zwischen ionisierender und nicht-ionisierender Strahlung unterschieden werden,[435] wobei der Begriff Strahlung generell in der Physik den Transport von Energie durch den Raum bezeichnet.[436]

A. Ionisierende Strahlung

Die ionisierende Strahlung besteht aus Teilchen, die die Bildung von Ionen bewirken.[437] Ionen bilden sich hauptsächlich dann, wenn von Atomen Elektronen abgespalten werden.[438] Eine solche Abspaltung wird regelmäßig durch sogenannte Alpha-, Beta- oder Gammastrahlung hervorgerufen.[439] Die bekannteste Art der ionisierenden Strahlung ist die radioaktive Strahlung. Ihre Auswirkungen auf den menschlichen Organismus können extrem schwerwiegend sein und

---

[434] Vgl. hierzu grundlegend Determann, Neue, gefahrverdächtige Technologien als Rechtsproblem, Beispiel: Mobilfunk-Sendeanlagen, 1996.
[435] Die Unterscheidung zwischen ionisierender und nicht-ionisierender Strahlung anhand der genannten Frequenzgrenzen ist von der Einordnung in nieder- und hochfrequente Strahlung zu unterscheiden. Von hochfrequenter Strahlung spricht man im Frequenzbereich zwischen 100 kHz und 300 GHz, so daß grundsätzlich der gesamte von hochbitratigem Powerline genutzte Frequenzbereich als hochfrequent bezeichnet werden kann.
[436] Tipler, Physik, S. 1413.
[437] Höfling, Physik, S. 891.
[438] Schnüser, Peter/Spitzer, Hartwig, Teilchen, in: Bergmann/Schaefer, Lehrbuch der Experimentalphysik, Bd. 2, S. 538; Reich, Ionisierende Strahlung und Radioaktivität, in: Kohlrausch, Praktische Physik, Bd. 2, S. 477; Graewe, Atom- und Kernphysik, S. 330 ff.
[439] Kleinpoppe, Hans, in: Bergmann/Schaefer, Lehrbuch der Experimentalphysik, Bd. 4, S. 357.

bis hin zum Tod reichen; organisches Gewebe wird bei ausreichender Strahlendosis geradezu verbrannt. Außerdem sind langfristig karzinogene Erkrankungen möglich.[440]

Von einer ionisierenden Strahlung wird grundsätzlich nur gesprochen, wenn ihre Frequenz mindestens 10^{16} Hz beträgt;[441] dies entspricht 10 PHz[442]. Die Powerline-Technik benutzt jedoch derzeit lediglich den Frequenzbereich von 9 kHz bis 30 MHz, also den Bereich zwischen $9 \cdot 10^3$ bis $3 \cdot 10^7$ Hz. Damit liegen auch die durch PLC emittierten Strahlungen in diesem Bereich; sie gehören demnach nicht zu den ionisierenden Strahlungen.

B. Nicht-ionisierende Strahlung

Als nicht-ionisierende Strahlung werden diejenigen Strahlen bezeichnet, deren Frequenzbereich unterhalb der genannten Grenze von 10^{16} Hz liegt. Hierzu gehören somit grundsätzlich auch die durch Powerline verursachten Emissionen. Die nicht-ionisierenden Strahlen bilden keine einheitliche Gruppe, sondern umfassen vielmehr eine Vielzahl von verschiedenen physikalischen Erscheinungen. Hierunter fallen am unteren Ende der Frequenzskala die elektromagnetischen Strahlungen, im mittleren Frequenzbereich die Frequenzen für Hörfunk und Fernsehen und im oberen Bereich die Mikrowellen und ultraviolettes Licht.[443] Powerline betrifft den niedrigen und mittleren Frequenzbereich bis etwa 30 MHz.

In physikalischer Hinsicht wird im Bereich der nicht-ionisierenden Strahlung zwischen elektrischem Feld, magnetischem Feld, elektromagnetischem Feld und elektromagnetischer Welle unterschieden.[444] Im Hinblick auf Powerline ist jedoch hauptsächlich das elektromagnetische Feld interessant, das durch die Datenübertragung über die Stromleitungen erzeugt wird. Unter einem elektromagnetischen Feld versteht man das physikalische Phänomen, daß elektrischer Strom sich ebenso wie ein natürlicher Magnet verhält. Wo Strom fließt, entsteht

---

[440] Vgl. Zimmermann, Strahlenschutz, S. 53 ff.; Höfling, Physik, S. 860, 894.
[441] Tipler, Physik, S. 1008.
[442] Petahertz; 1 PHz entspricht 10^{15} Hz.
[443] Tipler, Physik, S. 1008.
[444] Vgl. ausführlich dazu Deutsch, Elektromagnetische Strahlung und öffentliches Recht, S. 24 ff. m. w. Nachw.

somit zwangsläufig ein Magnetfeld, und da dieses kein naturmagnetisches Feld ist, wird es zur Unterscheidung als elektromagnetisches Feld bezeichnet.[445]

Die Wirkungen elektromagnetischer Felder auf den Menschen werden grundsätzlich in zwei verschiedene Arten unterteilt: thermische und athermische Effekte.[446]

I. Thermische Effekte

1. Wirkungen

Thermische Effekte bestehen in der Erwärmung des menschlichen Gewebes. Sie entstehen, weil die energiehaltige Strahlung beim Durchdringen des Gewebes gedämpft wird, wodurch sie in Form von Wärme einen Teil ihrer Energie verliert.[447] Unter dem Einfluß elektromagnetischer Felder verschieben sich Ladungen, und polare Moleküle richten sich neu aus. Sie schwingen im Takt der angelegten Frequenz, wobei Ionen hin- und herbewegt werden.[448] Dieses Phänomen ist insbesondere von Mikrowellenöfen her allgemein bekannt, wobei diese jedoch Hochfrequenzfelder von rund 2,45 GHz und mehrere hundert Watt Leistung zur Erwärmung von Speisen benutzen.[449]

Thermische Strahlungseffekte durch Absorption in organischem Gewebe sind nachgewiesen und auch wissenschaftlich reproduzierbar. Nach allgemeiner Auffassung sind die thermischen Wirkungen der nicht-ionisierenden Strahlung mitt-

---

[445] Vgl. Hoffmann/Gascha/Schaschke/Gärtner, Großes Handbuch Mathematik, Physik, Chemie, S. 603.
[446] Oliver, Health physics in the use of non-ionizing radiations, in: Health Physics 1970, Vol. 18, S. 86; David/Reißenweber, dialog März/April 1994, S. 5; Bernhardt, Biologische Wirkung nichtionisierender Strahlung, in: Messerschmidt/Olbert, Nichtionisierende Strahlung, S. 5 ff.; Schneider, Elektrische und magnetische Felder, in: Messerschmidt/Olbert, S. 33 ff. m. w. Nachw.
[447] Bernhardt, Biologische Wirkung nichtionisierender Strahlung, in: Messerschmidt/Olbert, Nichtionisierende Strahlung, S. 4; Oliver, Health physics in the use of non-ionizing radiations, in: Health Physics 1970, Vol. 18, S. 86; Klitzing, Stadt und Gemeinde 1993, S. 366; Höfling, Physik, S. 890 ff.
[448] Bundesamt für Strahlenschutz, Strahlenthema: Strahlenschutz bei Radio- und Mikrowellen, Ausgabe September 2002, S. 1.
[449] Bundesamt für Strahlenschutz, Strahlenthema: Strahlenschutz bei Radio- und Mikrowellen, Ausgabe September 2002, S. 1.

lerweile in medizinischer und physikalischer Hinsicht ausreichend erforscht.[450] Die Absorption und die damit verbundene Wärmeentwicklung im Organismus stehen dabei in Zusammenhang zur anliegenden Frequenz, da sich mit unterschiedlicher Frequenz unter anderem auch die Eindringtiefe in das Gewebe und damit die effektive Wärmebelastung verändert.[451]

In Tierversuchen wurde nachgewiesen, daß schädliche thermische Wirkungen erst durch Strahlungseinwirkungen hervorgerufen werden, die zu einer Temperaturerhöhung von mehr als 1°C über einen längeren Zeitraum führen.[452] Ab diesem Wert etwa können Stoffwechselvorgänge gestört werden, Verhaltensänderungen traten ein und es wurden Störungen der embryonalen Entwicklung beobachtet.[453] Unterhalb dieses Wertes können alle wissenschaftlich nachweisbaren schädlichen Wirkungen ausgeschlossen werden.[454]

Die Basisgröße für thermische Wirkungen ist die sogenannten Spezifische Absorptionsrate (SAR[455]). Sie wird in Watt pro Kilogramm (W/kg) angegeben und gibt die Energieleistung an, die pro Kilogramm Gewebe absorbiert wird. International hat sich der SAR-Wert etabliert und ist ein weitgehend anerkanntes Schutzkriterium vor hochfrequenter elektromagnetischer Strahlung. Hochfrequente Felder, die zu Werten von bis zu 4 W/kg führen, bewirken beim Menschen in der Regel keine Temperaturerhöhungen über 1°C.[456] Bei normalen körperlichen Aktivitäten wie Sport können auch ohne Strahlungseinwirkung bis zu

---

[450] Vgl. Rebentisch, DVBl. 1995, S. 495 sowie die umfangreichen Nachweise bei Determann, Neue, gefahrverdächtige Technologien als Rechtsproblem, Beispiel Mobilfunk-Sendeanlagen, 1996, S. 69, dort Fn. 275.

[451] CETECOM-Gutachten Nr. 4-0425/01_1_1, Gesundheitliche Bewertung von Powerline Kommunikationssystemen, S. 3; Bundesamt für Strahlenschutz, Strahlenthema: Strahlenschutz bei Radio- und Mikrowellen, Ausgabe September 2002, S. 3.

[452] ICNIRP, Guidelines for limiting exposure to time-varying electric, magnetic, and electromagnetic fields (up to 300 GHz), Health Physics, April 1998, Vol. 74, Nr. 4, S. 505.

[453] Bundesamt für Strahlenschutz, Strahlenthema: Strahlenschutz bei Radio- und Mikrowellen, Ausgabe September 2002, S. 2.

[454] Bundesamt für Strahlenschutz, Strahlenthema: Strahlenschutz bei Radio- und Mikrowellen, Ausgabe September 2002, S. 4.

[455] Auch Specific Absorption Rate.

[456] ICNIRP, Guidelines for limiting exposure to time-varying electric, magnetic, and electromagnetic fields (up to 300 GHz), Health Physics, April 1998, Vol. 74, Nr. 4, S. 505; vgl. auch Scherer/Schimanek, Rechtsfragen elektromagnetischer Felder, in: Jahrbuch des Umwelt- und Technikrechts 2002, S. 295 (298 ff.).

5 W/kg freigesetzt werden, die der Körper mittels der ihm eigenen Temperaturregelungsmechanismen zu bewältigen vermag.[457]

2. Grenzwerte

Auf internationaler Ebene wurden von der Internationalen Kommission zum Schutz vor nichtionisierenden Strahlen (ICNIRP[458]) in Zusammenarbeit mit der Weltgesundheitsorganisation (WHO[459]) Empfehlungen für SAR-Grenzwerte im Frequenzbereich von 100 kHz bis 10 GHz ausgesprochen. Hierbei wurde zwischen Grenzwerten zum Schutz der Bevölkerung (General Public Exposure) und Grenzwerten zum Schutz von Arbeitnehmern, die in einem elektromagnetisch belasteten Umfeld arbeiten (Occupational Exposure), unterschieden. Für die Allgemeinheit lautet die Grenzwertempfehlung 0,08 W/kg, für die spezielle Gruppe der Arbeitnehmer 0,4 W/kg. Die Werte sind jeweils gemittelte Durchschnittswerte für die Strahlenbelastung des gesamten Körpers (sogenannter Whole-body average SAR).[460]

Diese Vorschläge wurden im Laufe der Zeit von verschiedenen internationalen und nationalen Gremien aufgegriffen und auf unterschiedliche Arten in das jeweils eigene Rechtssystem integriert. Für den europäischen Bereich hat der Rat der Europäischen Union in einer Empfehlung vom 12.07.1999[461] die von der ICNIRP empfohlenen Grenzwerte übernommen.

3. Anwendung der Grenzwerte auf Powerline

Die ICNIRP-Grenzwerte als solche sind im Hinblick auf Powerline nur wenig aussagekräftig. Sie bezeichnen lediglich die wärmeeffektive Absorptionswirkung der Strahlung im Gewebe. Diese sogenannten Basisgrenzwerte beruhen zwar auf gesicherten wissenschaftlichen Erkenntnissen, eine Überprüfung der

---

[457] Bundesamt für Strahlenschutz, Strahlenthema: Strahlenschutz bei Radio- und Mikrowellen, Ausgabe September 2002, S. 2.
[458] International Commission on Non-Ionizing Radiation Protection, [http://www.icnirp.org]. Zu den internationalen rechtlichen Rahmenbedingungen für Powerline vgl. Kap. 8.
[459] World Health Organization, [http://www.who.int].
[460] ICNIRP, Guidelines for limiting exposure to time-varying electric, magnetic, and electromagnetic fields (up to 300 GHz), Health Physics, April 1998, Vol. 74, Nr. 4, S. 509.
[461] Empfehlung des Rates vom 12.07.1999 zur Begrenzung der Exposition der Bevölkerung gegenüber elektromagnetischen Feldern (0 Hz - 300 GHz), ABl. EG 1999 Nr. L 199, S. 59.

Einhaltung dieser Werte ist in der Praxis jedoch kaum möglich, da Messungen vor Ort im menschlichen Gewebe kaum durchführbar sind. Aus diesem Grund wurden abgeleitete Grenzwerte (sogenannte Referenzwerte) berechnet und erprobt, die auf einfache Weise in der Luft, also außerhalb des Körpers, gemessen werden können. Maßgebende Faktoren sind hierbei nicht die SAR-Wärmeeffekte, sondern die damit in Zusammenhang stehenden Größen wie elektrische Feldstärke, magnetische Flußdichte und Leistungsflußdichte. Die Ableitung der Referenzwerte ist auf Grundlage der strengeren General Public Exposure-Werte erfolgt und mit einem Sicherheitsaufschlag versehen worden. Auf diese Weise ist sichergestellt, daß bei Einhaltung der Referenzwerte auch die Basisgrenzwerte mit Sicherheit eingehalten sind.[462]

Die so ermittelten Basisgrenzwerte können nunmehr für Powerline mit der speziellen Regelung der Grenzwerte der NB 30 verglichen werden. Da die NB 30 jedoch einen Meßabstand von drei Metern zu den entsprechenden Leitern vorschreibt, müssen die ICNIRP-Referenzwerte interpoliert, also auf einen vergleichbaren Meßabstand umgerechnet werden. Dies entspricht auch einer realitätsnahen Betrachtungsweise, denn in der alltäglichen Einsatzpraxis von PLC werden sich die Benutzer kaum regelmäßig in einem durchschnittlichen Abstand von drei Metern zur Stromleitung aufhalten. Oftmals wird der Abstand zu den Leitungen sogar nur wenige Zentimeter betragen. Es entspricht somit einer realitätsnahen Vorgehensweise, die NB 30-Grenzwerte auf einen Meßabstand von 1 cm umzurechnen und anschließend mit den ICNIRP-Referenzwerten in Beziehung zu setzen. Hieraus ergeben sich folgende Vergleichswerte für derzeit häufig genutzte PLC-Frequenzen:[463]

Frequenz (MHz)	2,4	4,8	10,8	19,8	22,8	25,8
ICNIRP (V/m)	56,16	39,71	28	28	28	28
NB 30 (V/m) (1 cm)	0,0204	0,0150	0,0105	0,0081	0,0076	0,0072
Faktor	2752,94	2647,33	2666,66	3456,79	3684,21	3888,88

---

[462] Vgl. die tabellarische Übersicht über die abgeleiteten Referenzwerte in: Elektromagnetische Felder im Alltag, Landesanstalt für Umweltschutz Baden-Württemberg 2002, S. 71.
[463] Zu den Vergleichswerten siehe CETECOM-Gutachten Nr. 4-0425/01_1_1, Gesundheitliche Bewertung von Powerline Kommunikationssystemen, S. 4 f.

Der Vergleich der Grenzwerte anhand der beispielhaften, in der Praxis genutzten PLC-Frequenzen von 2,4 bis 25,8 MHz ergibt, daß bei Einhaltung der NB 30-Grenzwerte die Grenzwertempfehlungen der ICNIRP um mindestens den Faktor 2647 unterschritten werden. Hierbei wurden - in Form der Referenzwerte - bereits die strengen General Public Exposure-Empfehlungen der ICNIRP zum Vergleich herangezogen und nicht die weniger strengen Occupational Exposure-Werte, die um den Faktor 5 höher sind. Bei letzteren ist somit also erst recht eine grundsätzliche Einhaltung der Grenzwerte zu unterstellen. Würde man denselben Faktor auf die NB 30-Grenzwerte umlegen, so ergäbe sich eine rechnerische Unterschreitung um mehr als das 13.000fache.

4. Zwischenergebnis

Eine Gefährdung von Personen durch die von Powerline-Anlagen emittierten elektromagnetischen Strahlungen im Hinblick auf die thermischen Wirkungen solcher Felder ist nach dem oben Gesagten auszuschließen, sofern die Grenzwerte der NB 30 eingehalten werden. Durch den großen Abstand zwischen den NB 30- und den ICNIRP-Grenzwerten dürfte selbst eine Überschreitung der NB 30-Werte noch lange nicht zu einem wirklich ernstzunehmenden Gefährdungspotential führen.

II. Athermische Effekte

Weitaus schwieriger sind die athermischen Effekte elektromagnetischer Felder zu beschreiben. Es existieren jedoch Nachweise darüber, daß neben den thermischen Effekten noch weitere Auswirkungen durch derartige Strahlung möglich sind. Bereits die bloße Negativabgrenzung zu den thermischen Effekten läßt ahnen, wie weit die Begrifflichkeit der athermischen Effekte reicht.[464]

An Zellen und Zellmembranen wurden teilweise Veränderungen nachgewiesen.[465] Bei Messungen mit dem EEG[466] wurden an den aufgezeichneten Hirnströmen Veränderungen festgestellt, wenn die Probanden einem elektromagneti-

---

[464] Determann, Neue, gefahrverdächtige Technologien als Rechtsproblem, Beispiel: Mobilfunk-Sendeanlagen, 1996, S. 70.
[465] Hendee/Boteler, The Question of Health Effects from Exposure to Electromagnetic Fields, Health Physics Februar 1994, Vol. 66, Nr. 2, S. 127.
[466] Elektroencephalograph.

schen Feld ausgesetzt wurden.[467] Die Veränderungen waren dabei nicht nur temporärer, sondern teilweise auch permanenter Art.[468] Andere Studien versuchten Beeinflussungen von Nervenbahnen und Zellmembranen durch elektromagnetische Felder zu belegen.[469] Eine US-amerikanische Studie will sogar belegen, daß die Exposition in elektromagnetischen Feldern zu einer um 38 % erhöhten Brustkrebsrate bei Frauen geführt habe.[470] Insgesamt gibt es bis zum heutigen Tage eine große Fülle von Studien, die sich mit der Thematik beschäftigt hat.[471]

Tatsache ist, daß eine sichere und abschließende Aussage darüber, ob und in welcher Form athermische Wirkungen elektromagnetischer Felder existieren und ob sie für den Menschen schädlich sein könnten, derzeit nicht mit Sicherheit getroffen werden kann. Bis heute ist es nicht möglich, allgemein anerkannte Dosis-Wirkung-Beziehungen oder sonstige Wirkungsmechanismen - beispielsweise für die Entstehung karzinogener Erkrankungen - herauszuarbeiten, wissenschaftlich zu belegen oder gar zu reproduzieren.[472] Auch viel postulierte Langzeitwirkungen im Hinblick auf unspezifische Symptome wie Kopfschmerzen, Müdigkeit oder Allergien lassen sich nicht einmal ansatzweise wissenschaftlich belegen. Selbst die größte, aufwendigste und am häufigsten zitierte Studie dieser Art, die immerhin 436.500 Personen und einen Zeitraum von 25 Jahren umfaßte, konnte im Ergebnis lediglich zusammenfassen, daß die Resultate der Studie zwar grundsätzlich eher für als gegen einen Zusammenhang von elektromagnetischer Feldexposition und karzinogenen Wirkungen sprachen, ein Beweis hierfür jedoch noch immer in weiter Ferne sei.[473]

---

[467] Klitzing, Stadt und Gemeinde 1993, S. 366.
[468] Bernhardt, Biologische Wirkung nichtionisierender Strahlung, in: Messerschmidt/Olbert, Nichtionisierende Strahlung, S. 23 f. m. w. Nachw.
[469] Stamm, Untersuchung zur Magnetfeldexposition der Bevölkerung im Niederfrequenzbereich, S. 28 f.; Bernhardt, Biologische Wirkung nichtionisierender Strahlung, in: Messerschmidt/Olbert, Nichtionisierende Strahlung, S. 23 f. m. w. Nachw.
[470] Herald Tribune vom 16.06.1994, S. 8.
[471] Siehe auch die Aufzählung bei Deutsch, Elektromagnetische Strahlung und Öffentliches Recht, S. 30, sowie bei Determann, Neue gefahrverdächtige Technologien als Rechtsproblem, Beispiel Mobilfunk-Sendeanlagen, S. 71 ff.
[472] Elektromagnetische Felder im Alltag, Landesanstalt für Umweltschutz Baden-Württemberg 2002, S. 61.
[473] Sog. „Schwedenstudie", Feychting/Ahlbom, Magnetic Fields and Cancer in People Residing near High Voltage Power Lines, American Journal of Epidemiology 1993, Vol. 138, S. 467-481; vgl. auch dieselben, A Pooled Analysis of Magnetic Fields and Childhood Leukaemia, British Journal of Cancer 2000, Vol. 83, S. 692-698.

Das Hauptproblem aller wissenschaftlichen Studien bei der Untersuchung von möglichen Langzeitwirkungen elektromagnetischer Felder ist, daß zuverlässige Aussagen ebenfalls nur über sehr lange Zeiträume hinweg gewonnen werden können. Eine Beurteilung und Würdigung solcher potentieller Wirkungen aus derzeitiger rechtswissenschaftlicher Sicht ist daher nur schwer möglich. In erster Linie sind die Naturwissenschaften gefordert; sie müssen zuerst Antworten auf die Frage finden, ob es tatsächlich negative Auswirkungen auf den menschlichen Organismus gibt. Erst wenn dies feststeht, kann sinnvoll über juristische Grenzwertfestlegungen auch im Hinblick auf athermische Wirkungen nachgedacht werden.

Hinsichtlich Powerline ist daher zu sagen, daß schädliche athermische Wirkungen auch durch diese neue Technologie weder direkt absehbar noch langfristig beweisbar sind. Damit ist Powerline im Hinblick auf athermische Wirkungen der durch PLC-Anlagen erzeugten elektromagnetischen Felder vorläufig noch als biologisch und somit auch juristisch unbedenklich einzustufen. Regulatorischer Handlungsbedarf ergibt sich demnach derzeit ebenfalls nicht.

Hinsichtlich Powerline bleibt festzuhalten, daß mangels gesicherter naturwissenschaftlicher Erkenntnisse zunächst nicht von einer schädlichen Auswirkung von PLC-Anlagen ausgegangen werden kann. Im übrigen ist die von den Stromleitungen abgestrahlte Leistung wie oben gezeigt ohnehin so gering, daß die Vermutung nahe liegt, daß nennenswerte athermische Wirkungen auch dann nicht zu befürchten sind, wenn sich negative Langzeitwirkungen elektromagnetischer Felder in Zukunft tatsächlich beweisen lassen sollten.

KAPITEL 8
Internationale und europäische Regelungen

Wie die bisherigen Ausführungen bereits gezeigt haben, existiert auf internationaler Ebene eine Vielzahl von Organisationen und Gremien, die sich mit der Regulierung von Frequenzen und der Festsetzung beziehungsweise Empfehlung von Grenzwerten zum Schutz von Menschen und elektrischen Geräten befassen. Die nachfolgenden Ausführungen sollen in erster Linie einen Überblick über die verschiedenen Institutionen auf internationaler, europäischer und nationaler Ebene und ihre jeweiligen Tätigkeiten geben, die im Zusammenhang mit Powerline relevant sind.[474] Eine Beschränkung auf Powerline-spezifische Besonderheiten ist hierbei vor allem deswegen sinnvoll, weil es neben den aufgeführten Organisationen und Gremien noch eine schier unübersehbare Vielzahl anderer Institutionen gibt, die auf teilweise sehr komplexe Weise miteinander verzahnt sind.[475] Die bisher für Powerline verabschiedeten Standards, Normen und Regelungen werden dabei jeweils - soweit vorhanden - zusammengefaßt dargestellt.

Die Verwendung der Begriffe Standard und Norm bedarf dabei einer kurzen Erläuterung. Auf internationaler und auch europäischer Ebene wird regelmäßig der Begriff Standard verwendet. Es handelt sich hierbei um einen sehr dehnbaren Begriff. Er bezeichnet grundsätzlich alle Dokumente der internationalen Standardisierungsorganisationen wie ISO oder IEC. Daneben werden aber auch häufig die Arbeitsergebnisse viel kleinerer Gremien und Fachkreise durch diese selbst als Standards bezeichnet. Selbst einzelne Industrieunternehmen und Herstellerfirmen bezeichnen ihre neu entwickelten proprietären Technologien teilweise als Standards und hoffen, daß sich andere an ihnen orientieren.

Der Begriff der Norm dagegen wird hauptsächlich in Deutschland gebraucht. Er bezeichnet ein Dokument, das mittels Konsens verabschiedet, von einer anerkannten Normungsinstitution angenommen und in das nationale Normenwerk übernommen wurde. Weiterhin muß eine Norm in diesem Sinne Regeln, Leitlinien und Merkmale für ihre immer wiederkehrende Anwendung sowie eine

---

[474] Ausführlich zu den verschiedenen Planungsebenen Holznagel, in: Festschrift für Hoppe, 767, 772 ff.
[475] Einen hervorragenden Überblick über die internationale und europäische Normung und Standardisierung - auch mit den Bezügen zu deutschen Beteiligungen - gibt Schulte, Arbeitsblatt Telecom-Normung, Funkschau 18/1998.

eindeutige Bezeichnung oder sonstige Ordnungsmerkmale - beispielsweise eine einheitliche Numerierung - enthalten.[476] Der Begriff der Norm ist in diesem Zusammenhang nicht mit dem Wortsinn einer Gesetzesnorm gleichzusetzen, weil die beteiligten Institutionen üblicherweise keine Rechtsetzungsbefugnis - schon gar nicht in verschiedenen Staaten - besitzen. Vereinfacht ausgedrückt ist eine Norm also häufig ein Standard im engeren Sinne.

A. Frequenzplanung und -zuweisung

Jede Art von frequenznutzender Technologie, gleichgültig ob es sich dabei um Funktechnik oder leitergebundene Übertragung handelt, ist automatisch mit der physikalischen Gesetzmäßigkeit konfrontiert, daß das insgesamt nutzbare Frequenzspektrum begrenzt ist. Zwar ermöglicht der technische Fortschritt eine immer effektivere Nutzung der vorhandenen Frequenzen, an dem Prinzip der limitierten Verfügbarkeit von Frequenzen ändert dies jedoch nichts: Frequenzen sind und bleiben ein knappes, nicht vermehrbares Gut.[477]

Um für die Hersteller einen internationalen Handelsverkehr mit frequenznutzenden Geräten zu ermöglichen und gegenseitige Störungen, beispielsweise bei gewollten oder ungewollten grenzüberschreitenden Funkausstrahlungen, zu vermeiden, sind internationale Absprachen unumgänglich. Hiervon profitieren die Verbraucher direkt, da auf diese Weise beispielsweise Navigationssysteme oder Mobiltelefone auch grenzüberschreitend funktionieren.[478] In Zukunft wird die internationale Frequenzplanung weiterhin eine wichtige Rolle spielen, da mit der breiten Einführung von digitalem Hörfunk und Fernsehen, der UMTS-Technologie oder auch drahtlosen Computer-Netzwerken stets neue frequenznutzende Dienste auf den Markt kommen. Außerdem ergeben sich durch neue Dienste stetige Verschiebungen, meist hin zu den höheren Frequenzbereichen, um so höhere Datenübertragungsraten realisieren zu können. Während also in den unteren Frequenzbereichen nach und nach neue Freiräume entstehen, wird die Verfügbarkeit hoher Frequenzen in Zukunft schwieriger werden.

---

[476] Zu den Begriffen Standard und Norm vgl. auch Schulte, Arbeitspapier Telecom-Normung, Funkschau 18/1998.

[477] Vgl. hierzu allgemein Holznagel/Enaux/Nienhaus, Grundzüge des Telekommunikationsrechts, S. 141.

[478] Holznagel/Enaux/Nienhaus, Grundzüge des Telekommunikationsrechts, S. 142.

I. Weltweite Verwaltung von Frequenzen

Auf der weltweiten Ebene ist die Internationale Fernmeldeunion (ITU[479]) mit Sitz in Genf das wichtigste Gremium zu Frequenzkoordination.[480] Ihr obliegt die weltweite Frequenzplanung. Die ITU besteht bereits seit 1864, und seit 1948 wird sie als Sonderorganisation der Vereinten Nationen geführt.[481] Derzeit hat die ITU 189 Mitgliedstaaten; Deutschland ist bereits seit dem 01.01.1866 Mitglied und wird durch die Regulierungsbehörde für Telekommunikation und Post (RegTP) vertreten. Daneben hat die ITU noch über 650 sogenannte Sector Members in Form von Rundfunkanstalten, Mobilfunkbetreibern und Telekommunikationsfirmen.[482]

Am 06.11.1982 wurde in Nairobi der sogenannte Internationale Fernmeldevertrag[483] (IFV) geschlossen und auch von der Bundesrepublik Deutschland unterzeichnet.[484] Der IFV ist durch Zustimmungsgesetz in deutsches Recht transformiert worden. Seit Hinterlegung der Ratifikationsurkunde am 06.12.1985[485] ist der IFV damit für die Bundesrepublik verbindlich.[486] Er stellt primäres internationales Fernmelderecht dar.[487] Als Anhang beziehungsweise Ergänzung zum IFV gelten gemäß Art. 42 und 83 IFV die sogenannten Radio Regulations (RR)[488] als

---

[479] International Telecommunication Union, [http://www.itu.int]; zur Geschichte und zum Aufbau der ITU vgl. Holznagel/Enaux/Nienhaus, Grundzüge des Telekommunikationsrechts, S. 205 ff.
[480] Zu den Aufgaben der ITU in anderen Bereichen des Telekommunikationsrechts vgl. Mayer, Das Internet im öffentlichen Recht, S. 118 ff.
[481] Vgl. hierzu auch Geppert/Ruhle/Schuster, Handbuch Recht und Praxis der Telekommunikation, 1998, Rn. 522.
[482] Eine vollständige Liste aller Staaten und Sector Members findet sich unter [http://www.itu.int].
[483] Zum IFV vgl. Mayer, Das Internet im öffentlichen Recht, S. 114 f.
[484] Text abgedruckt in BGBl. 1985 II, S. 426 ff.
[485] Vgl. die Bekanntmachung über das Inkrafttreten des Internationalen Fernmeldevertrages vom 31.05.1995, BGBl. 1995 II, S. 507.
[486] Vgl. das Zustimmungsgesetz vom 04.03.1985, BGBl. 1985 II, S. 425.
[487] Die Bundesrepublik Deutschland hat der Konvention (BGBl. 1996 II, S. 1340) und der Konstitution (BGBl. 1996 II, S. 1316) der ITU mit Vertragsgesetz vom 20.08.1996 (BGBl. 1996 II, S. 1306) zugestimmt.
[488] Vgl. hierzu auch die Vollzugsordnung für den Funkdienst (VOFunk), abgedruckt in BT-Drucks. 13/3609, S. 47 f.

sekundäres internationales Fernmelderecht. Sie sind gemäß Art. 42 IFV für alle Mitgliedstaaten verbindlich.[489]

Auf der Weltfunkkonferenz (WRC[490]) der ITU, die etwa alle zwei bis drei Jahre stattfindet, werden alle international relevanten Fragen der Frequenzordnung erörtert. Insbesondere die länderübergreifende Frequenzplanung und die Sicherstellung einer ressourcenschonenden, international störungsfreien Frequenznutzung gehört neben der Gewährleistung des freien und gleichberechtigten Zugangs aller Staaten zu allen Frequenzen zu den Hauptaufgaben der ITU.[491] Hierbei werden insbesondere Funkdiensten feste Frequenzbereiche zugewiesen; daneben erhalten aber auch Staaten und Regionen Frequenzen zugeteilt. Außerdem werden Qualitätsstandards und technische Vorgaben für die Frequenznutzung entworfen. Hierbei gelten lediglich zwei Einschränkungen: Es sind zum einen ausschließlich zivile Funkdienste betroffen, und zum anderen auch nur solche, deren Reichweite über die jeweilige Außengrenze eines Staates hinwegreichen können.[492]

Aus den genannten Frequenzzuweisungen setzt sich der sogenannte Internationale Frequenzbereichsplan zusammen. Er ist als Anhang gemäß Art. S5 RR Bestandteil der Radio Regulations und somit ebenfalls für alle Mitgliedstaaten verbindlich.

Dieser Plan teilt die Welt in drei verschiedene Regionen[493] auf, vor allem um bestimmte Frequenzen, die nicht für eine weltweit einheitliche Nutzung - beispielsweise für Navigationssysteme - in Frage kommen, in verschiedenen Regionen verschiedenen Funkdiensten zuzuweisen.[494] Dies gewährleistet eine sinnvolle und dynamische Frequenznutzung in Abhängigkeit von regionalen Bedürfnissen. Innerhalb dieser Festlegungen wird zwischen primären und

---

[489] Kennedy/Pastor, An Introduction To International Telecommunications Law, 1996, S. 48.
[490] World Radiocommunication Conference, [http://www.itu.int/ITU-R/conferences/wrc]. Die frühere Bezeichnung lautete World Administrative Radio Conference (WARC).
[491] Vgl. Art. 1, 44 und 45 der ITU-Konstitution (BGBl. 1996 II, S. 1316 ff.).
[492] Tegge, Die Internationale Telekommunikations-Union, 1994, S. 242.
[493] Region 1 umfaßt Europa, Afrika, den Mittleren Osten, die ehemalige Sowjetunion und die Mongolei. Zur Region 2 gehören Nord-, Mittel- und Südamerika. Die Region 3 besteht aus den asiatischen Staaten und Ozeanien. Vgl. dazu Kennedy/Pastor, An Introduction To International Telecommunications Law, 1996, S. 60.
[494] Holznagel/Enaux/Nienhaus, Grundzüge des Telekommunikationsrechts, S. 145.

sekundären Funkdiensten unterschieden, wobei die sekundären Dienste die primären nicht stören dürfen.[495]

Den Powerline-Verfahren wird hierbei seitens der ITU kein eigener Frequenzbereich zugewiesen. Im Endeffekt bedeutet dies, daß die Frequenzen des kompletten zur Verfügung stehenden, physikalisch nutzbaren Spektrums für Powerline offenstehen und freizügig genutzt werden können, wobei jedoch Störungen durch Powerline-Dienste nicht auftreten dürfen. Wenn schon die sekundären Dienste die primären nicht stören dürfen, so gilt dies bei frequenznutzenden Techniken, denen überhaupt keine Bereiche zugewiesen wurden, erst recht. An diese Vorgaben knüpft dann auch der derzeitige Stand der Regulierung in Deutschland in Form der NB 30 an, die eine freizügige Nutzung des Frequenzspektrums von 9 kHz bis 3 GHz unter den dort genannten Bedingungen und Störgrenzwerten erlaubt.

II. Europäische Frequenzverwaltung

Auf europäischer Ebene ist hinsichtlich der Frequenzplanung, -zuweisung und -verwaltung zwischen der geographisch-europäischen Ebene und der Ebene der Europäischen Union zu unterscheiden.

1. Frequenzverwaltung im geographischen Europa

In Europa ist die Europäische Konferenz der Verwaltungen für Post und Telekommunikation (CEPT[496]) die maßgebliche Institution zur Frequenzverwaltung und -zuteilung. Sie wurde im Jahre 1959 durch ein Verwaltungsübereinkommen von 19 europäischen Postverwaltungen ins Leben gerufen und hat ihren Sitz in Bern. In den ersten zehn Jahren ihres Bestehens erweiterte sich die CEPT bereits auf 26 Länder. Heute gehören ihr 44 Länder an, darunter alle Staaten der Europäischen Union.

---

[495] Diese Rangfolge entspricht der bereits in Kap. 4 besprochenen identischen Vorgehensweise im deutschen Frequenzbereichszuweisungsplan. Vgl. dazu auch Tegge, Die Internationale Telekommunikations-Union, 1994, S. 246.
[496] Conference Européenne des Administration des Postes et des Télécommunications bzw. European Conference of Postal and Telecommunications Administrations; [http://www.cept.org].

Die CEPT ist heute ausschließlich eine Organisation der Regulierer. Sie setzt sich - nach umfangreichen Umstrukturierungsmaßnahmen in den 1990er Jahren - aus dem Europäischen Komitee für Regulierung Post (CERP[497]) und dem - Electronic Communications Committee (ECC[498]) zusammen. Die Neudefinition von Zweck und Aufgabenstellung der CEPT erfolgte vom 05. bis 06.09.1995 in Weimar. Das ECC ist das Ergebnis der Zusammenlegung der beiden früheren Gremien ECTRA[499] und ERC[500] im Jahre 2001, von denen das erstere für den Fernmelde- und das letztere für den Funkbereich zuständig war. Beide Gremien hatten früher auch eigene Repräsentanzen, im Falle der ECTRA war dies das European Telecommunications Office (ETO[501]), im Falle der ERC das European Radiocommunications Office (ERO[502]). Auch diese beiden Vertretungen wurden im Rahmen der Strukturveränderungen zusammengelegt, wobei das ERO die Aufgaben des ETO übernommen hat. Das ECC wird demnach heute vom ERO nach außen hin vertreten.

Da sich der Arbeits- und Planungsbereich der CEPT nicht nur auf die EU-Mitgliedstaaten, sondern auf ganz Europa bezieht, kommt der CEPT bei der Frequenzplanung und Harmonisierung im europäischen Bereich eine entscheidende Schlüsselrolle zu.[503] Langfristiges Ziel von CEPT/ECC ist die Entwicklung eines vollständigen europäischen Frequenzbereichszuweisungs- und Frequenznutzungsplanes für den Bereich von 9 kHz bis 275 GHz[504]; dieses Unterfangen wurde bereits in Angriff genommen und soll bis zum Jahre 2008 abgeschlossen sein.[505]

---

[497] Comité Européen des Régulateurs Postaux bzw. European Committee for Postal Regulation; [http://www.cept.org/cerp].
[498] Vgl. [http://www.ero.dk/EROWEB/erc/ERC_page.html].
[499] European Committee for Telecommunications Regulatory Affairs.
[500] European Radiocommunications Committee bzw. Europäischer Funkausschuß.
[501] Vgl. [http://www.eto.dk].
[502] Vgl. [http://www.ero.dk].
[503] Holznagel/Enaux/Nienhaus, Grundzüge des Telekommunikationsrechts, S. 147.
[504] The European Table of Frequency Allocations and Utilisations Covering the Frequency Range 9 kHz to 275 GHz, vgl. [http://www.ero.dk/doc98/official/pdf/Rep025.pdf], S. 7 ff.
[505] The European Table of Frequency Allocations and Utilisations Covering the Frequency Range 9 kHz to 275 GHz, [http://www.ero.dk/EROWEB/FM/ECA-Lisboa-2002.pdf]. Vgl. dazu auch ERC-Report Nr. 25, S. 3, [http://www.ero.dk/doc98/official/pdf/Rep025.pdf]; Holznagel/Enaux/Nienhaus, Grundzüge des Telekommunikationsrechts, S. 147.

Im Rahmen des ECC existiert außerdem eine Arbeitsgruppe (WG[506]) Spectrum Engineering (SE). Diese Arbeitsgruppe WG SE besteht aus verschiedenen sogenannten Project Teams, die an diversen Aufgabenstellungen im Zusammenhang mit der Regulierung von Frequenzspektren arbeiten. Das Project Team 35 (WG SE 35) beschäftigt sich vorrangig mit der Signalübertragung über Leitungen, vor allem auch über Stromleitungen. Man versucht, sowohl die Interessen der Nutzer als auch die der Anbieter von PLC[507] bei allen Überlegungen zu berücksichtigen. Wesentliches Augenmerk liegt dabei auf den für PLC geeigneten Frequenzbereichen und den hierdurch möglicherweise gestörten sonstigen Diensten wie Rundfunk, Amateurfunk und Navigationsdienste. Das Project Team soll Kompatibilitätsstudien erstellen und so eine europäische Harmonisierung in Sachen PLC-Systeme vorbereiten.[508] Bis mit handfesten und praktisch umsetzbaren Vorschlägen und Ergebnissen gerechnet werden kann, dürfte jedoch noch geraume Zeit vergehen. Die bisher einzige nennenswerte Veröffentlichung der WG SE 35 war der Entwurf eines Berichts zu den Auswirkungen von Powerline im Hinblick auf die elektromagnetische Verträglichkeit mit anderen Funkdiensten.[509]

In diesem Zusammenhang sehr wichtig ist die Tatsache, daß alle Maßnahmen des CEPT, d.h. hinsichtlich Powerline sowohl der europäische Frequenzbereichszuweisungs- und -nutzungsplan als auch die Ergebnisse der Arbeit von WG SE 35, erst noch durch die Mitgliedstaaten umgesetzt werden müssen, wobei diese hierzu nicht verpflichtet sind; die Umsetzung in nationales Recht erfolgt also auf rein freiwilliger Basis, und es existiert keinerlei rechtliche Handhabe, die betreffenden Staaten zu einem bestimmten Handeln zu zwingen.[510]

---

[506] Working Group.
[507] Innerhalb der CEPT wird meist die Abkürzung PLT (Powerline Technology) gebraucht.
[508] Vgl. [http://www.ero.dk/EROWEB/sewg/Terms of Reference.htm#SE35].
[509] Draft ERC Report on PLT, Cable Transmissions in General and their Effect on Radio-Communication Services (nicht-öffentliches Dokument); vgl. statt dessen dazu Hines/ Newbury/Rogers/Maden, in: PALAS - Powerline as an Alternative Local Access, Deliverable D4: European PLC Regulatory Landscape, S. 86 ff.
[510] Vgl. Art. 8 CEPT-Arrangement, [http://www.cept.org/docs/CEPT AP(01) E 38.doc]; daneben existiert als weitere Handlungsgrundlage des CEPT auch noch eine Verfahrensordnung (Rules of Procedure), vgl. [http://www.cept.org/docs/CEPT AP(01) E 39.doc]. Zur mangelnden Verpflichtungsmöglichkeit siehe auch Holznagel/Enaux/Nienhaus, Grundzüge des Telekommunikationsrechts, S. 147 f.

2. Frequenzverwaltung im Rahmen der Europäischen Union

Auf der Ebene der Europäischen Union findet derzeit keine umfassend-generelle Frequenzplanung oder -verwaltung statt. Zwar existieren durchaus Rechtsvorschriften und Entscheidungen,[511] die diesen Bereich betreffen und zur Koordination und Harmonisierung innerhalb der Mitgliedstaaten beitragen, insgesamt ist man hier jedoch mit eigenen Initiativen eher zurückhaltend. Statt dessen wird versucht, der internationalen Planungsebene, allen voran also der CEPT, den Vorrang zu lassen, und bereits auf dieser Ebene an den entsprechenden Aktivitäten mitzuwirken. Zu diesem Zweck hat die EU bei der CEPT einen Beraterstatus und fördert so deren Arbeit.[512]

Ein erster Schritt in Richtung einer EU-eigenen Frequenzplanung war das sogenannte Grünbuch zur Frequenzpolitik.[513] Hierin stellte die Kommission erste Überlegungen und Thesen auf, die einer einheitlichen und nachhaltigen Frequenzplanung und -koordination innerhalb der Mitgliedstaaten zuträglich sein sollten.

Die Entwicklung eigener Initiativen im reinen EU-Bereich muß kritisch betrachtet werden. Gerade bei der Absprache von Frequenzangelegenheiten ist auf einen möglichst großen Kreis von Beteiligten zu achten, um einen größtmöglichen Effekt zu erzielen. Je kleiner der Kreis derjenigen ist, die eine eigene Vorgehensweise zu initiieren suchen, desto nutzloser ist das Unterfangen und zu einer um so größeren Zersplitterung der internationalen Frequenzangelegenheiten würde eine EU-eigene Insellösung führen.[514]

---

[511] Beispiele: Richtlinie 87/372/EWG vom 17.07.1987 (Global System for Mobile Communications - GSM), ABl. EG 1987 Nr. L 196, S. 85; Richtlinie 96/2/EG der Kommission zur Änderung der Richtlinie 90/388/EWG, betreffend die mobile Kommunikation und Personal Communications vom 26.01.1996, ABl. EG 1996 Nr. L 20, S. 59; Richtlinie 90/544/EWG (European Radio Message System - ERMES) vom 09.11.1990, ABl. EG 1990 Nr. L 310, S. 28; Richtlinie 91/287/EWG (Digital European Cordless Telecommunications - DECT) vom 08.06.1991, ABl. EG 1991 Nr. L 144, S. 45; Entscheidung 710/97/EG des Europäischen Parlaments und des Rates über Satellite Personal Communications Services - S-PCS vom 23.04.1997, ABl. EG 1997 Nr. L 105, S. 4; Entscheidung 128/99/EG des Europäischen Parlaments und des Rates über Universal Mobile Telecommunications System - UMTS vom 22.01.1999, ABl. EG 1999 Nr. L 17, S. 1.
[512] Vgl. hierzu Scherer, Beilage 2 zu K&R 11/1999, S. 1 (4).
[513] Green Paper on Radio Spectrum Policy, Kommission vom 09.12.1998, COM (1998) 596 final.
[514] Ebenfalls kritisch zum Grünbuch Holznagel/Enaux/Nienhaus, Grundzüge des Telekommunikationsrechts, S. 148; Libertus, IJCLP Nr. 4 (1999/2000).

Die einzig richtige, weil einzig effektive Vorgehensweise in Frequenzplanungsangelegenheiten kann auch zukünftig nur sein, den Weg über die Gremien der CEPT einzuschlagen. Insofern sollten also statt der Entwicklung EU-eigener Politiken vielmehr Konzepte erarbeitet werden, die eine noch stärkere Zusammenarbeit mit der CEPT und deren übrigen Mitgliedstaaten zum Ziel haben. Auf diese Weise hätte eine gemeinsame Absprache nicht nur 15 beziehungsweise 20, sondern mindestens 44 Adressaten, was die Nachhaltigkeit der Vereinbarungen gerade in Sachen Harmonisierung erheblich vergrößern dürfte.

III. Frequenzverwaltung in der Bundesrepublik Deutschland

Nachdem die genannten Gremien, allen voran ITU und CEPT, die wesentlichen Absprachen und Konzepte für eine internationale Nutzung von Powerline erarbeitet haben, ist es Sache der Mitgliedstaaten, diese Maßnahmen auch in eigenes Recht umzusetzen, soweit nicht ohnehin bereits eine Bindungswirkung besteht. Erst wenn sich die beteiligten Staaten auch tatsächlich an die an sich unverbindlichen Absprachen halten und in gleichartiger Weise agieren, stellt sich der gewünschte Erfolg ein, nämlich die internationale Harmonisierung von Frequenznutzungen. Zwar sind die nationalen Entscheidungsspielräume nach Erzielung eines multilateralen Konsenses - insbesondere im Rahmen der CEPT - mangels dessen Bindungswirkung noch voll vorhanden, jedoch können sie oftmals kaum mehr nennenswert genutzt werden, da man sonst das gemeinsam avisierte Harmonisierungsziel nicht erreichen würde. Man würde sich damit selbst aus einem zukunftsträchtigen Wettbewerbsmarkt herausmanövrieren. Aus dieser praktischen Perspektive heraus betrachtet sind also die einzelnen Mitgliedstaaten quasi nur noch ausführender Arm, dennoch aber das wohl wichtigste Glied am Ende einer Kette komplizierter und langwieriger Entscheidungsfindungen.

Auf die deutsche Frequenzverwaltung allgemein und insbesondere im Hinblick auf Powerline soll hier nicht mehr vertieft eingegangen werden; das Prozedere wurde bereits umfassend in Kapitel 4 erörtert. Aus dem internationalen Frequenzplan der ITU wird gemäß § 45 TKG durch das zuständige Bundesministerium für Wirtschaft und Arbeit (BMWA)[515] der deutsche Frequenzbereichszuweisungsplan abgeleitet und erarbeitet, der als Anlage zur Frequenzbereichszuweisungsplanverordnung ergeht. Aus dieser Rechtsverordnung entwickelt die

---

[515] Vormals Bundesministerium für Wirtschaft und Technologie (BMWI).

Regulierungsbehörde für Telekommunikation und Post dann gemäß § 46 Abs. 1 TKG den Frequenznutzungsplan. Dieser wiederum ist die Grundlage für Frequenzzuteilungen, sofern eine freizügige Nutzung von Frequenzen in und längs von Leitern - wie im Fall der NB 30 - nicht möglich oder zulässig ist.

Widersprüche zwischen dem internationalen Frequenzplan der ITU und dem zukünftigen europäischen Frequenzbereichszuweisungsplan des CEPT werden dabei vermutlich kaum auftreten, da die entsprechenden Gremien untereinander in regem Austausch stehen. Auf den ersten Blick scheint eine gesonderte geographisch-europäische Planung daher gar nicht unbedingt notwendig zu sein. Der ITU-Plan ist jedoch keineswegs in allen Bereichen so detailliert, wie es für eine zweifelsfreie praktische Anwendbarkeit notwendig ist. Außerdem werden Frequenzen wie erwähnt auch entsprechend der verschiedenen Planungszonen regional unterschiedlich vergeben. In beiden Fällen ergibt sich auf einer niedrigeren Ebene auch nach Abschluß der ITU-Planungen erneuter, wenn auch lokal begrenzter Regulierungs-, Koordinierungs- und Harmonisierungsbedarf. Damit also nicht alle geographisch-europäischen Staaten die Freiräume der ITU-Pläne nach eigenem Ermessen ausnutzen, wird seitens der CEPT eine - wenn auch unverbindliche - Koordinierung angestrebt. Dieses Vorgehen ist bedingungslos zu begrüßen, da es vor allem in den wirtschaftlich starken und räumlich nahe beieinanderliegenden Märkten Europas einen grenzüberschreitenden Austausch von frequenznutzenden Geräten und Dienstleistungen überhaupt erst ermöglicht. Jede Zersplitterung, jede rein-nationale Disharmonisierung schwächt die Gesamtwirtschaft und schadet letztendlich dem Verbraucher.

B. Standardisierung

Neben der beschriebenen Notwendigkeit, das knappe Gut der Frequenzen sorgsam zu verwalten, sind auf der Seite der technischen Umsetzung Standards erforderlich, die einen einheitlichen Stand der Technik beziehungsweise der technischen Anwendung sicherstellen, so daß Produkte verschiedener Hersteller, gleich ob aus demselben oder aus einem anderen Staat, einen vergleichbaren technischen Nutzen bei gleichzeitig vergleichbarem technischem Gefahren- oder Störungspotential aufweisen. Bei der Standardisierung ist grundsätzlich zwischen dem reinen Telekommunikationsbereich, dem Bereich der allgemeinen Elektrotechnik und dem übrigen, nicht-technischen Bereich zu unterscheiden. Letzterer bleibt hier unbeachtet, soweit er für Powerline nicht relevant erscheint.

I. Weltweite Standardisierung

Auf der weltweiten Ebene existieren drei Gremien zur Wahrnehmung von Standardisierungsaufgaben: Die bereits erwähnte ITU, die Internationale Elektrotechnische Kommission (IEC[516]) und die Internationale Organisation für Standardisierung (ISO[517]).

1. Standardisierung im Bereich Telekommunikation

Auf weltweiter Ebene ist im Bereich Telekommunikation - wie schon zuvor im Bereich Frequenzverwaltung und -zuweisung - die ITU das wichtigste Gremium bei der Entwicklung und Setzung internationaler Standards. Dies stellt auch gleichzeitig die arbeitsintensivste Aufgabe der ITU dar.[518]

Die ITU besteht aus drei Abteilungen, den sogenannten Sectors. Diese arbeiten jeweils in einem speziellen Bereich und heißen ITU-R (Radiocommunication), ITU-T (Telecom Standardization) und ITU-D (Telecom Development). Für den Bereich der Standardisierung ist die Abteilung ITU-T[519] zuständig. Die Abteilung wurde nach Umstrukturierungsmaßnahmen am 01.03.1993 ins Leben gerufen und löste das International Telegraph and Telephone Consultative Committee (CCITT) ab. Sie besteht derzeit aus 422 Mitgliedern. Dies sind gemäß Art. 17 Abs. 3 lit. a) ITU-Konstitution grundsätzlich die Verwaltungen der Mitgliedstaaten, daneben aber gemäß Art. 17 Abs. 3 lit. b) ITU-Konstitution auch andere Personen und Organisationen mit Bezug zu den Standardisierungsvorhaben der ITU. In der Praxis sind dies vor allem wissenschaftliche Organisationen, Herstellerfirmen von IT- und TK-Produkten sowie Telekommunikationsunternehmen.[520]

Die Arbeit von ITU-T wird gemäß Art. 17 Abs. 2 ITU-Konstitution in vier Gremien erledigt. Dies sind die Standardisierungsversammlung[521], verschiedene

---

[516] International Electrotechnical Commission, vgl. [http://www.iec.ch].
[517] International Organization for Standardization, vgl. [http://www.iso.ch].
[518] Holznagel/Enaux/Nienhaus, Grundzüge des Telekommunikationsrechts, S. 209.
[519] Vgl. [http://www.itu.int/ITU-T].
[520] Beteiligt sind neben vielen anderen auch Alcatel, Deutsche Telekom, Infineon, Siemens, Lucent, Philips sowie alle Handy-Mobilfunkbetreiber.
[521] World Telecom Standardization Assembly, Art. 17 Abs. 2 lit. a) ITU-Konstitution, Art. 13 ITU-Konvention.

Studiengruppen[522], die Beratergruppe[523] und das Standardisierungsbüro[524]. Die Zuweisung der einzelnen Aufgabenbereiche innerhalb des Sectors ITU-T erfolgt durch die ITU-Konvention, die - im Rang unterhalb der ITU-Konstitution - Details und Verfahrensfragen regelt. Innerhalb der Gremien werden technische, operative und finanzielle Fragen erörtert. Das Ergebnis der Beratungen wird von der ITU nicht als Standard bezeichnet, sondern in Form von Empfehlungen, den sogenannten ITU-T-Recommendations, veröffentlicht. Derzeit sind etwa 2.700 solcher Empfehlungen mit einem Gesamtumfang von rund 70.000 Seiten in Kraft. Die Empfehlungen der ITU, also auch die Standardisierungsergebnisse der ITU-T, sind für die Mitgliedstaaten nicht verbindlich. Sie müssen statt dessen freiwillig in nationales Recht transformiert werden. Nichtsdestotrotz werden die Empfehlungen weltweit genutzt, beachtet und umgesetzt, weil sie bei Einhaltung die Interkonnektivität und die Interoperabilität von Netzwerken und Telekommunikationsdiensten auf der ganzen Welt sicherstellen.

Die Abteilung ITU-T ist damit kein rechtlich verbindliches Instrument oder Allzweckmittel zur weltweiten Standardisierung, sondern bietet lediglich den an technischen Standards Interessierten und von ihnen Betroffenen ein Forum zu einer zweckbestimmten Zusammenarbeit.

Im Hinblick auf Powerline existieren derzeit überhaupt keine direkt verwertbaren Empfehlungen der ITU. Lediglich sekundär, also mittelbar einschlägige Empfehlungen wurden - ohne direkten Zusammenhang mit PLC - verabschiedet.

So existiert eine Empfehlung im Hinblick auf die Messung des sogenannten Longitudinal Conversion Loss (LCL[525]), der die Abschätzung asymmetrischer Störspannungen in (PLC-)Netzen erlaubt.[526] Daneben hat sich die ITU bisher nur allgemein mit den Chancen und Risiken der PLC-Technik beschäftigt.[527]

---

[522] Telecommunication Standardization Study Groups, Art. 17 Abs. 2 lit. b) ITU-Konstitution, Art. 14 ITU-Konvention. Derzeit existieren 17 verschiedene Study Groups sowie eine Special Study Group.
[523] Telecommunication Standardization Advisory Group, Art. 17 Abs. 2 lit. c) ITU-Konstitution, Art. 14A ITU-Konvention.
[524] Telecommunication Standardization Bureau, Art. 17 Abs. 2 lit. d) ITU-Konstitution, Art. 15 ITU-Konvention.
[525] Zum LCL vgl. Vick, Funkschau 25/1999, S. 70.
[526] Recommendation ITU-T G.117 (02/96); vgl. dazu Kistner/Pauler, Funkschau 17/1999, S. 74.
[527] Vgl. Access Networks - Wireless Access, Chances and Risks of Powerline Communications for First Mile Access, Document No. 2947 vom 10.02.2000.

Im Laufe des Jahres 2002 hat die ITU-T Study Group 15[528] damit begonnen, sich mit der Standardisierung von Powerline zu beschäftigen. Die Ergebnisse bleiben abzuwarten, da die bisherigen Fortschritte noch nicht für die Öffentlichkeit zugänglich sind.[529]

2. Standardisierung im Bereich Elektrotechnik

Im Bereich Elektrotechnik ist die Internationale Elektrotechnische Kommission (IEC[530]) für die Verabschiedung von Standards zuständig. Die IEC hat Ihren Sitz in Genf. Mittlerweile sind 63 Staaten mit ihren Experten aus dem TK- und IT-Bereich in der IEC vertreten. Die IEC besteht aus 179 verschiedenen Technischen Komitees (TCs[531]) und Unterkomitees (SCs[532]) sowie über 700 Projektteams. Durch diese Struktur sind weltweit einige zehntausend Experten in die Arbeit der IEC involviert. Das deutsche Komitee der IEC ist die „Deutsche Kommission Elektrotechnik, Elektronik, Informationstechnik im DIN & VDE"[533] (DKE) mit Sitz in Frankfurt am Main. Rechtsgrundlage der IEC sind die Statuten und Verfahrensregeln der IEC.[534] Die IEC ist eine körperschaftliche Personenverbindung in Form eines Vereins mit eigener Rechtspersönlichkeit, gemäß Art. 60 ff. des Schweizerischen Zivilgesetzbuches (SchweizZGB). Ihre Arbeitsergebnisse sind grundsätzlich ohne Bindungswirkung. Ein Unternehmen, das sich nicht an die international anerkannten Standards hält, stößt jedoch faktisch auf Schwierigkeiten im Handelsverkehr.

Im Bereich Powerline sind seitens des IEC bisher zwei Standards veröffentlicht worden. Bei dem Standard IEC 61.000-3-8 aus dem Jahr 1997 geht es insbesondere um emittierte Störfeldstärken, geeignete Frequenzbereiche und mögliche

---

[528] Bereich Optical and Other Transport Networks, vgl. [http://www.itu.int/ITU-T/studygroups/com15/index.asp].
[529] Vgl. Dokument [COM15-D157]UK(Q4/15): Powerline Technology (PLT) Standardization in ITU-T SG15 Q.4/15 vom 07.10.2001; das Dokument kann derzeit nicht eingesehen werden, da es sich um ein rein internes Arbeitspapier handelt.
[530] International Electrotechnical Commission.
[531] Technical Committees.
[532] Subcommittees.
[533] Zu DIN und VDE siehe unten.
[534] IEC Statutes and Rules of Procedure, vgl. [http://www.iec.ch/tiss/iec/stat-2001e.pdf].

Grenzwerte für die Signaleinspeisung.[535] Der Standard betrifft jedoch lediglich schmalbandiges Powerline im Frequenzbereich von 3 kHz bis 525 kHz.[536] Im Hinblick auf hochbitratiges, also schnelles Powerline, ist dieser Standard daher nicht relevant.

Der Standard IEC 61.334-3-1 wurde von der Arbeitsgruppe 09 (WG 09) des Technischen Komitees 57[537] der IEC erarbeitet.[538] Er betrifft Powerline lediglich im weiteren Sinne, indem er die Themen Verbindungsprotokolle für sogenannte Verteilte Automationssysteme (DAS[539]) und Kundenautomatisierung wie beispielsweise die auch durch PLC realisierbare Zählerfernauslesung[540] behandelt. Zwar bezieht sich der Standard auf die Signalübertragung im Mittel- und Niederspannungsnetz, aber auch hier beschränkt man sich auf maximal 500 kHz Übertragungsfrequenz. Es wird dabei im Niederspannungsbereich ausdrücklich auf den bereits genannten Standard IEC 61.000-3-8 Bezug genommen, im Mittelspannungsbereich, wo in höheren Frequenzbereichen und mit größeren Signalstärken gearbeitet werden muß, wird jedoch lediglich die ITU-Vorgabe wiederholt, daß primäre Funkdienste durch Powerline nicht gestört werden dürfen. Eine nähere Standardisierung findet ansonsten nicht statt.

Indem beide genannten IEC-Standards nur Übertragungsverfahren mit niedrigen Bitraten für energienahe Mehrwertdienste betreffen, sind sie für hochbitratiges Access-Powerline weitgehend irrelevant.

---

[535] Project IEC 61000-3-8 Ed. 1.0, Committee 77B (TC 77, SC 77B), working group 05, documents 77B(Sec.)58 vom 01.04.1990; 77B(Sec.)73/CD vom 17.01.1992; 77B/170/CDV vom 24.11.1995; 77B/184/RVC vom 09.08.1996; 77B/187/FDIS vom 28.02.1997; 77B/202/RVD vom 30.05.1997, Electromagnetic compatibility (EMC) - Part 3: Limits - Section 8: Signalling on low-voltage electrical installations - Emission levels, frequency bands and electromagnetic disturbance levels.
[536] Insofern betrifft IEC 61000-3-8 grundsätzlich dieselbe Thematik wie CENELEC EN 50065; die Erweiterung des Frequenzbereiches auf 525 kHz liegt darin begründet, daß in den meisten ITU-Regionen Rundfunkdienste erst ab 525 kHz beginnen, während in der ITU-Region 1 (Europa) der Rundfunk bereits bei 148,5 kHz beginnt.
[537] TC 57: Power Control and Associated Communications.
[538] Project IEC 61.334-3-1 Ed. 1.0, Committee 57, working group 09, documents 57(Sec.) 153/NP vom 09.07.1993, 57(Sec.)184/RVN vom 15.11.1993, 57/226/CD vom 21.04. 1995, 57/252/CC vom 20.10.1995, 57/307/CDV vom 20.12.1996, 57/338/RVC vom 12.12.1997, 57/373/FDIS vom 31.07.1998, 57/380/RVD vom 19.10.1998, Distribution Automation Using Distribution Line Carrier Systems - Part 3: mains Signalling Requirements - Section 1: Frequency Bands and Output Levels.
[539] Distributed Automation Systems.
[540] Zur Zählerfernauslesung als energienaher Mehrwertdienst vgl. Kap. 2.

Innerhalb der IEC existiert seit dem Jahre 1934 das CISPR.[541] Bereits damals erkannte man, daß eine gewisse Einheitlichkeit und Regulierung bei den Störemissionen sowie deren Kontrollen und Messungen notwendig war, um den Austausch von Waren und Dienstleistungen über die Staatsgrenzen hinweg nicht durch technische Schwierigkeiten zu gefährden. Das CISPR unterscheidet sich als Spezialkomitee heute von den anderen Gremien innerhalb der IEC dadurch, daß es neben den Vertretern der einzelnen Nationen auch eine Anzahl internationaler Organisationen in sich vereint, die sich mit der Reduzierung elektromagnetischer Störungen auf internationaler Ebene beschäftigen.[542]

Im Jahre 1997 wurde der Standard CISPR-22:1997 geschaffen. Er enthält Meßvorschriften und Grenzwerte für elektromagnetische Störungen durch Geräte der Informationstechnologie.[543]

Unter den Standard fällt dabei nur sogenanntes Information Technology Equipment (ITE). Dies bezeichnet jedes Gerät, das als primäre Funktion dem Zugang, der Speicherung, der Anzeige, dem Empfang, der Übertragung, der Verarbeitung, der Umschaltung oder der Kontrolle von Daten oder Telekommunikationsnachrichten dient, typischerweise mit einer Schnittstelle zum Datentransfer ausgestattet ist und dessen Stromversorgung nicht mehr als 600 Volt beträgt.[544] Jedes Gerät, dessen primäre Aufgabe in der Funkübertragung oder dem Funkempfang von Daten besteht, ist hierbei ausdrücklich aus dem Anwendungsbereich herausgenommen.

ITE-Geräte werden durch CISPR-22 in die Klassen (Classes) A und B unterteilt; für beide Klassen werden eigene Grenzwerte festgesetzt. Die Geräte der Class B sind hauptsächlich für den Gebrauch in häuslicher Umgebung gedacht; sie erfüllen die niedrigeren elektromagnetischen Grenzwertanforderungen. Alle übrigen

---

[541] Comité international spécial des perturbations radio-électrique; häufiger: International Special Committee on Radio Interference, vgl. [http://www.iec.ch/zone/emc/emc_cis.htm].
[542] Zum CISPR vgl. Hines/Newbury/Rogers/Maden, in: PALAS - Powerline as an Alternative Local Access, Deliverable D4: European PLC Regulatory Landscape, S. 76.
[543] CISPR-22:1997, Information Technology Equipment, Radio Disturbance Characteristics, Limits and Methods of Measurement.
[544] CISPR-22:1997, vgl. dazu vgl. Hines/Newbury/Rogers/Maden, in: PALAS - Powerline as an Alternative Local Access, Deliverable D4: European PLC Regulatory Landscape, S. 17 sowie [http://www.atlasce.com/cispr_22.htm].

Geräte sind Class-A-Geräte. Der Hauptunterschied zu den Class-B-Geräten besteht hier in einer Kennzeichnungspflicht der Class-A-Produkte.[545] Bei den festgelegten Grenzwerten wird dreifach unterschieden zwischen leitergebundenen elektromagnetischen Störungen am Stromanschluß[546] und an den Telekommunikationsschnittstellen[547] des Gerätes sowie den abgestrahlten Störemissionen[548] im Abstand von zehn Metern zum Gerät. Damit statuiert CISPR-22 für die beiden Geräteklassen jeweils drei, also insgesamt sechs Grenzwerttabellen, die jeweils noch nach den verschiedenen Frequenzbereichen unterteilt sind.

Die Vorgehensweise von CISPR-22 ist also im Hinblick auf die abgestrahlten Störemissionen sinngemäß durchaus mit der deutschen NB 30 vergleichbar; in beiden Fällen werden Störgrenzwerte und Meßabstände festgelegt. Hauptunterschied zwischen der NB 30 und CISPR-22 ist jedoch, daß die Grenzwertempfehlung bei CISPR erst dort beginnt, wo die Grenzwertfestsetzung der NB 30 endet, nämlich bei 30 MHz, also dem oberen Ende des für die PLC-Technik interessanten Frequenzbereiches. Indem derzeitige PLC-Modulationsverfahren jedoch tatsächlich sehr nahe an die 30 MHz-Grenze heranreichen, kann zumindest für die Frequenz 30 MHz ein Grenzwertvergleich angestellt werden.

Bei 30 MHz schreibt die NB 30 einen Grenzwert von rund 28 dBµV bei drei Metern Meßabstand fest. CISPR-22 empfiehlt 30 dBµV (Class-B) beziehungsweise 40 dBµV (Class-A) auf zehn Meter Entfernung. Rechnet man die Werte zur besseren Vergleichbarkeit auf den Abstand der NB 30 um, so würden sich die CISPR-Grenzwerte noch erhöhen, da die Störwirkungen mit zunehmendem Abstand schwächer werden. Die Grenzwerte der NB 30 sind somit im Hinblick auf die Vergleichsfrequenz 30 MHz strenger als die des CISPR-22-Standards.

Hinsichtlich beider Grenzwertbestimmungen ist jedoch zu beachten, daß sie nicht nur auf Powerline-Geräte, sondern auf eine große Vielzahl von IT-Geräten Anwendung finden. Es handelt sich also hierbei nicht um ein powerlinespezifische Standardisierung, sondern vielmehr um eine solche allgemeingülti-

---

[545] Der Text des Warnhinweises lautet: „Warning. This is a class A product. In a domestic environment this product may cause radio interference in which case the user may be required to take adequate measures.".
[546] „Conducted disturbance at mains ports".
[547] „Conducted disturbance at telecommunications ports".
[548] „Limits for radiated disturbance".

ger Art. Außerdem wird nicht derselbe Frequenzbereich, sondern die nebeneinanderliegenden Bereiche bis und ab 30 MHz erfaßt. Für Powerline ist CISPR-22 insofern nur selten relevant.

Ansonsten existieren neben den genannten Standards des IEC und der CISPR keine weiteren einschlägigen Regelungen oder Empfehlungen im Zusammenhang mit Powerline.

Abschließend sei auf die bereits in Kapitel 2 erörterten Industriestandards hingewiesen, die sich vor allem für die Smart Home Automation entwickelt haben. Der US-amerikanische De-facto-Standard LonWorks der Firma Echelon Corporation verdient hierbei besondere Erwähnung, da er sich vor allem im US-amerikanischen Raum am weitesten durchgesetzt zu haben scheint. Auch die weiteren Standards JINI und OSGI wurden bereits erwähnt. Daneben existieren aber gerade im Smart-Home-Bereich immer noch viele verschiedene Sonderlösungen einzelner Firmen. Es ist jedoch nur eine Frage der Zeit, bis sich aufgrund der wirtschaftlichen Notwendigkeit der Erschließung weltweiter Absatzmärkte auch hier ein anerkannter De-Facto-Standard durchgesetzt haben wird.

II. Standardisierung in Europa

In Europa existieren mehrere Organisationen, die sich die Schaffung von Standards zum Ziel gesetzt haben. Auch hier wird zwischen den drei Bereichen Telekommunikation, Elektrotechnik und nicht-technische Belange unterschieden.

1. Bereich Telekommunikation

Auf europäischer Ebene ist das 1988 nach französischem Recht gegründete European Telecommunications Standards Institute (ETSI)[549] mit Sitz in Sophia Antipolis (Frankreich) maßgeblich an Standardisierungsaktivitäten im Hinblick auf Powerline beteiligt. Gemäß den ETSI-Statuten handelt es sich um eine Non-Profit-Organisation. Mitglieder des ETSI sind die Verwaltungen und Standardisierungsorganisationen einzelner Staaten sowie Netzwerkbetreiber, Hardware-Hersteller, Anwendergruppen, Diensteanbieter und Forschungseinrichtungen aus Europa und der ganzen Welt. Derzeit hat das ETSI 912 Mitglieder aus 54 Staaten; rund 53 % davon sind Hardware-Hersteller, weitere 23 % Diensteanbieter und 14 % Netzwerkbetreiber.

---

[549] Vgl. [http://www.etsi.org].

Das ETSI beschäftigt sich vorrangig, aber nicht ausschließlich, mit europäischen Standardisierungsfragen und arbeitet zu diesem Zweck gemäß Art. 3 ETSI-Statut eng mit anderen Gremien wie ITU, CEPT und CENELEC zusammen. Das Institut besteht aus einer Generalversammlung[550], einem Ausschuß[551], einer technischen Organisation[552], verschiedenen Spezialistengruppen[553] und einem Sekretariat[554]. Die Arbeitsergebnisse können vier verschiedene Formen haben: Standards[555], Spezifikationen[556], Anleitungen[557] und Reports[558]. Alle Einzelheiten bezüglich Mitgliedschaft und Beschlußfassung sind in den Verfahrensregeln[559] des ETSI geregelt.[560]

Beim ETSI gibt es seit Oktober 1999 eine Projektgruppe Powerline (EP PLT)[561]. Innerhalb der Projektgruppe werden derzeit verschiedene Aufgaben gleichzeitig bearbeitet.

Hauptanliegen der Projektgruppe ist einerseits das kontrollierte und in sich gestaffelte Inverkehrbringen - das sogenannte Roll-Out - von PLC-Geräten und andererseits die Vermeidung von gegenseitigen Funkstörungen und Interferenzen. Auch hierbei wird im Arbeitsplan bereits eine enge Verbindung mit den zuständigen Gremien von CEPT und CENELEC festgelegt.

---

[550] General Assembly (GA).
[551] The Board.
[552] Technical Organization, bestehend aus drei Technical Bodies (TB); dies sind die 15 ETSI Technical Committees (TC), 8 ETSI Projects (EP) und 2 ETSI Partnership Projects (EPP); hinzu kommen noch 6 Special Committees.
[553] Specialist Task Forces (STF)
[554] The Secretariat, bestehend aus 6 Departments.
[555] Erkennbar an den Abkürzungen ETSI-ES (ETSI-Standard) bzw. ETSI-EN (ETSI European Standard Telecommunications Series).
[556] Erkennbar an der Abkürzung ETSI-TS (ETSI Technical Specification).
[557] Erkennbar an der Abkürzung ETSI-EG (ETSI Guide).
[558] Erkennbar an den Abkürzungen ETSI-TR (ETSI Technical Report) bzw. ETSI-SR (ETSI Special Report).
[559] Rules of Procedure of the European Telecommunications Standards Institute i. d. F. vom 18.04.2002.
[560] Alle Rechtsgrundlagen des ETSI sind in den ETSI Directives, Stand April 2002, zusammengefaßt. Diese enthalten die Statutes, die Rules of Procedure sowie fünf weitere Procedures und Regulations. Vgl. hierzu auch Hines/Newbury/Rogers/Maden, in: PALAS - Powerline as an Alternative Local Access, Deliverable D4: European PLC Regulatory Landscape, S. 55 ff.
[561] ETSI Project Powerline Telecommunications, [http://www.etsi.org/plt].

Ein erstes Ergebnis wurde durch die Vorab-Veröffentlichung der technischen Spezifikation ETSI-TS 101 867 erzielt.[562] Diese behandelt die technischen Voraussetzungen und Mechanismen für die Koexistenz von Access- und Inhouse-PLC-Anlagen in Shared-Medium-Systemen, also bei gemeinsam genutzten Leitungsressourcen. Kernpunkt der Spezifikation ist die Vermeidung von gegenseitigen elektromagnetischen Störungen, die vom Inhouse- in den Access-Bereich und umgekehrt gelangen können. Diese Problematik ist vor allem deswegen so interessant, weil die beiden Leitungssysteme des Stromnetzes innerhalb und außerhalb des Hauses oftmals verschiedenen Eigentümern gehören, so daß hier im Falle von Störungen Probleme praktischer und juristischer Art vorprogrammiert sind.[563]

Weitere Arbeitsfelder der PLT-Gruppe sind die Koexistenz von Inhouse-Systemen[564], die Inhouse-Netzarchitektur und die zugehörigen Übertragungsprotokolle[565], programmierbare PLC-Softwaremasken[566], die dynamische Frequenzzuweisung an Inhouse- und Access-PLC-Systeme[567], die länderspezifische Anpassung von PLC-Systemen[568] und die allgemeine Vermeidung von PLC-basierten Interferenzen[569]. Begleitend arbeitet eine eigene Special Task Force an der Erstellung einheitlicher Meß- und Analysemethoden, um die Zusammenarbeit von PLC-Geräten verschiedener Hersteller zu gewährleisten.[570]

---

[562] Dokument DEN/PLT-00004b (EN) vom 28.11.2001, Fertigstellung voraussichtlich zum 05.07.2004.
[563] Zur Spezifikation ETSI-TS 101 867 vgl. TSAC Paper No. 3/2001, S. 3.
[564] Dokument DTS/PLT-00005 (TS) vom 09.04.2002, Fertigstellung voraussichtlich zum 28.08.2003.
[565] Dokument DTS/PLT-00007 (TS) vom 30.04.2002, Fertigstellung voraussichtlich zum 28.08.2003.
[566] Dokument DTS/PLT-00009 (TS) vom 30.04.2002, Fertigstellung voraussichtlich zum 28.05.2003.
[567] Dokument DTS/PLT-00010 (TS) vom 30.04.2002, Fertigstellung voraussichtlich zum 28.12.2003.
[568] Dokument DTR/PLT-00011 (TR) und DTR/PLT-00012 (TR), jeweils vom 22.08.2002 (Arbeitsbeginn), Fertigstellung voraussichtlich zum 11.09.2003.
[569] Dokument DTR/PLT-00013 (TR) vom 22.08.2002 (Arbeitsbeginn), Fertigstellung voraussichtlich zum 11.09.2003.
[570] Special Task Force 222 (STF 222), „European-wide measurement and analysis review to ensure correct representation of the situation in member states with respect to PLT standards and to ensure co-existence between PLT systems from different vendors", voraussichtliches Enddatum der STF 31.03.2003.

Neben der Projektgruppe PLT übernimmt innerhalb des ETSI die Gruppe TC ERM[571] die Festlegung technischer Maßnahmen zur Vermeidung von Störungen bei Funkdiensten und die Zusammenarbeit mit anderen nationalen und internationalen Standardisierungsorganisationen wie CEPT, CENELEC oder dem PLC Forum[572].

Die Standardisierungstätigkeiten des ETSI sind ersichtlich enorm umfangreich, allerdings auch von nicht zu unterschätzender Dauer. Gerade aufgrund der bei der Markteinführung von Powerline derzeit gebotenen Eile ist dies einer Akzeptanz und einem Durchbruch der neuen Technik nicht unbedingt dienlich. Solange die Hersteller keine verbindlichen Leitlinien für die Entwicklung ihrer Produkte haben, solange werden solche Produkte auch nicht in nennenswerter Zahl auf den Markt kommen. Auf die Ergebnisse der ETSI-Beratungen und deren dann hoffentlich bald folgende breite industrielle Umsetzung darf man trotzdem gespannt sein, da sie für den Durchbruch und die Zukunft der noch jungen hochbitratigen PLC-Technologie von entscheidender Bedeutung sein werden.

2. Bereich Elektrotechnik

Eng verwoben mit der Standardisierung im Bereich Telekommunikation und von diesem oftmals kaum zu trennen ist die Arbeit des CENELEC[573]. Es wurde 1973 als Non-Profit-Organisation in der Rechtsform des Vereins nach belgischem Recht mit Sitz in Brüssel gegründet. Mitglieder sind vor allem 22 europäische Staaten, darunter alle 15 Staaten der Europäischen Union sowie zusätzlich Tschechien, Ungarn, Island, Malta, Norwegen, die Slowakei und die Schweiz. Als sogenannte Affiliates, also angegliederte Partner, sind Standardisierungsbehörden und -institutionen aus weiteren 13 Staaten aufgenommen worden.[574] Daneben gibt es eine große Zahl von Kooperationspartnern[575] und anerkannten Zertifizierungsinstitutionen. Schließlich sind auch alle anderen internationalen Standardisierungsorganisationen wie CEN, ETSI, IEC, ISO und ITU

---

[571] Technical Committee Electromagnetic Compatibility and Radio Spectrum Matters.
[572] Vgl. [http://www.plcforum.org].
[573] Comité Européen de Normalisation Electrotechnique; häufiger: European Committee for Electrotechnical Standardization, vgl. [http://www.cenelec.org].
[574] Dies sind derzeit Albanien, Bosnien & Herzegowina, Bulgarien, Kroatien, Zypern, Estland, Lettland, Litauen, Polen, Rumänien, Slowenien, Türkei und Ukraine.
[575] Dies sind zumeist staatenübergreifende Herstellerverbände bestimmter Industriebranchen.

Mitglied bei CENELEC. Insgesamt arbeiten im Rahmen von CENELEC rund 35.000 Experten in Standardisierungsfragen zusammen.

Der interne Aufbau von CENELEC ist vergleichbar mit dem von anderen Standardisierungsinstitutionen.[576] CENELEC hat eine Generalversammlung[577], der die Vertreter der genannten 22 Staaten angehören. Daneben existiert ein Verwaltungsausschuß[578], ein Technischer Ausschuß[579] und ein Zentrales Sekretariat[580] sowie ein Konformitätsforum[581]. Unterhalb des Technischen Ausschusses sind die Technischen Komitees[582] und Unterkomitees[583] angegliedert. Außerdem gibt es - ebenfalls unter der Aufsicht des Technischen Ausschusses - normale Arbeitsgruppen[584] und besondere Arbeitsgruppen, die sogenannten Task Forces[585]. Die Arbeitsergebnisse von CENELEC sind zwar ebenfalls Standards, werden aber regelmäßig als Europäische Normen (EN) bezeichnet, weil sie den eingangs genannten Kriterien entsprechen.

Das Unterkomitee SC205A[586] hat bereits gegen Ende des Jahres 1991 die Norm EN 50065:1991 entwickelt.[587] Er betrifft die Nutzung des Frequenzbereiches von 3 bis 148,5 kHz, also den Bereich unterhalb der rundfunktechnisch genutzten Langwelle. Dieser Bereich wird seit 1991 häufig auch als CENELEC-Band bezeichnet. Das Problem der elektromagnetischen Störwirkungen, das das Hauptregelungsziel der Norm darstellt, wird hierbei nicht wie im Fall der deutschen NB 30 durch die Festsetzung von Störgrenzwerten, sondern durch die Festsetzung maximal zulässiger Einspeisepegel gelöst.[588] Störungen werden somit von der Regelungsintention her nicht erst in der Wirkung, sondern bereits in

---

[576] Vgl. dazu ausführlich Hines/Newbury/Rogers/Maden, in: PALAS - Powerline as an Alternative Local Access, Deliverable D4: European PLC Regulatory Landscape, S. 49 ff.
[577] General Assembly (AG).
[578] Administrative Board (BA).
[579] Technical Board (BT).
[580] Central Secretariat (CS).
[581] Conformity Assessment Forum (CCAF).
[582] Technical Committee (TC).
[583] Sub-Committee (SC).
[584] Technical Board Working Group (BTWG).
[585] Technical Board Task Force (BTTF).
[586] Interner Name CLC/SC205A.
[587] Signalling on low-voltage electrical installations in the frequency range 3 kHz to 148,5 kHz.
[588] Vgl. hierzu auch Hines/Newbury/Rogers/Maden, in: PALAS - Powerline as an Alternative Local Access, Deliverable D4: European PLC Regulatory Landscape, S. 18 f.

ihrer Ursache vermieden. Die maximalen Einspeisepegel sind dabei so gewählt, daß es nach physikalisch-technischem Ermessen nicht zu meßbaren Störungswirkungen durch Powerline kommen soll. Durch eine derartige Vorgehensweise umgeht man außerdem die Notwendigkeit der Festsetzung von Meßvorschriften für Störgrenzwerte; dies wäre nur notwendig, wenn Störgrenzwerte festgeschrieben worden wären, deren Einhaltung man später nachmessen müßte.[589] Es existiert lediglich eine relativ simple Meßvorschrift zur Pegelmessung im Sinne der EN 50065.[590] Im Vergleich zur NB 30 bedeutet dies jedoch nicht unbedingt einen Vorteil. Es ist nämlich unter bestimmten technischen Umständen physikalisch möglich, daß EN 50065-konforme Systeme trotzdem gegen die NB 30 verstoßen, weil trotz relativ niedrigem Einspeisepegel der Störgrenzwert überschritten wird. In diesem Fall wäre also die EN 50065 eingehalten, die NB 30 jedoch nicht. Dieser Fall ist jedoch grundsätzlich eher unwahrscheinlich.[591]

Der vom CENELEC-Band betroffene Frequenzbereich wird in insgesamt fünf Bänder aufgeteilt. Das sogenannte A-Band reicht von 3-95 kHz und ist der Nutzung durch Energieversorger vorbehalten; eine private Nutzung von Frequenzen unterhalb von 95 kHz ist demnach nicht zulässig. Der Einspeisepegel darf im A-Band bei 9 kHz höchstens 134 dBµV[592] betragen wird bis 95 kHz linear bis zu 122 dBµV[593] abgesenkt. Das A-Band eignet sich für die Erweiterung eines zukünftigen energienahen Produktportfolios von Energieversorgungsunternehmen, beispielsweise für die Zählerfernauslesung[594] als Mehrwertdienst.

Die Bänder B (95-125 kHz), C (125-140 kHz) und D (140-148,5 kHz) sind für die private Nutzung, vorzugsweise in Gebäuden zur Smart Home Automation, vorgesehen. In diesen drei Bändern gilt ein einheitlicher maximaler Einspeisepegel von 116 dBµV.[595] Den geringeren Wert hat man damit begründet, daß im Inhouse-Bereich, der für die private Nutzung fast ausschließlich in Frage kommt, nur relativ geringe Entfernungen zu überbrücken sind, so daß ein niedriger Einspeisepegel ausreicht.[596]

---

[589] Vgl. Stamm, Entwicklungsstand und Perspektiven von Powerline Communication, S. 40.
[590] Vgl. Dostert, Powerline Kommunikation, S. 87.
[591] Vgl. Stamm, Entwicklungsstand und Perspektiven von Powerline Communication, S. 40.
[592] Dies entspricht einer Spannung von 5 Volt.
[593] Dies entspricht einer Spannung von 1,25 Volt.
[594] Zur Zählerfernauslesung vgl. Kap. 2.
[595] Dies entspricht einer Spannung von 631 mV.
[596] Vgl. Dostert, Powerline Kommunikation, S. 88.

Der Frequenzbereich von 3 bis 148,5 kHz erlaubt bidirektionalen Datenverkehr von nur wenigen KBits pro Sekunde. Die so erzielten Datenübertragungsraten bleiben damit weit hinter den langsamsten heute verfügbaren Netzzugangsmethoden durch analoge Modems oder ISDN zurück. Das CENELEC-Band ist für hochbitratiges Powerline folglich nicht sinnvoll nutzbar. Erst die höheren Frequenzbereiche ab etwa 500 kHz erlauben sinnvolle und zeitgemäße Übertragungsraten im MBit-Bereich.

Dies haben auch die in CENELEC vertretenen Experten erkannt. Bereits seit einiger Zeit arbeitet man an einer Erweiterung von EN 50065 und an einer neuen, noch nicht numerierten EN 50XXX-Norm, die auch den für Powerline mehr interessanten Frequenzbereich von 1,6 bis 30 MHz abdecken soll. Hierzu wurde innerhalb des SC205A[597] die Arbeitsgruppe WG10[598] gegründet, die eng mit der Projektgruppe PLT des ETSI zusammenarbeitet.[599] Die Ergebnisse bleiben abzuwarten.

Ein weiteres Arbeitsergebnis des CENELEC ist die Norm EN 55022:1994[600] aus dem Jahre 1994. Sie wurde vom Unterkomitee 210A[601] erarbeitet. Sie ist jedoch lediglich der Vorläufer des späteren und bereits erörterten IEC/CISPR-22 aus dem Jahre 1997 und regelt ebenso nur allgemein und nicht powerline-spezifisch EMV-Meßvorschriften und Grenzwerte für elektromagnetische Störungen durch Geräte der Informationstechnologie. Zwar gilt die Norm im Gegensatz zu EN 50065 auch oberhalb von 148,5 kHz, jedoch sind die beschriebenen Störspannungen derart gering, daß sie für Powerline ohnehin nicht in Frage kommen.[602] Unabhängig hiervon wird die EN 55022 jedoch weiterentwickelt, um die Grundlageen für zukünftig notwendig werdende Änderungen an CISPR-22 zu gewährleisten.

---

[597] Vgl. dazu Hines/Newbury/Rogers/Maden, in: PALAS - Powerline as an Alternative Local Access, Deliverable D4: European PLC Regulatory Landscape, S. 79.
[598] Working Group 10.
[599] Zur Zusammenarbeit von WG10 und ETSI PLT vgl. Hines/Newbury/Rogers/Maden, in: PALAS - Powerline as an Alternative Local Access, Deliverable D4: European PLC Regulatory Landscape, S. 86.
[600] Limits and methods of measurement of radio disturbance characteristics of information technology equipment.
[601] Interner Name CLC/SC210A.
[602] Vgl. Stamm, Entwicklungsstand und Perspektiven von Powerline Communication, S. 40.

III. Standardisierung in der Bundesrepublik Deutschland

In der Bundesrepublik Deutschland existieren hauptsächlich zwei Gremien, die Aufgaben der Normierung wahrnehmen. Dies sind die bereits erwähnte Deutsche Kommission für Elektrotechnik, Elektronik und Informationstechnik im DIN und VDE[603] (DKE[604]) und das Deutsche Institut für Normung e.V. (DIN[605]). Die Aufgaben- und Tätigkeitsbereiche der beiden Gremien betreffen sowohl die Elektrotechnik als auch die Telekommunikation. Ist eine Unterscheidung zwischen diesen beiden Regelungsfeldern auf internationaler Ebene wegen der - gerade hinsichtlich neuer Telekommunikationstechnologien wie Powerline - hohen Überschneidung teilweise kaum noch möglich, so ist sie auf der kleineren und besser überschaubaren bundesdeutschen Ebene jedenfalls nicht mehr sinnvoll.

Das DIN ist ein eingetragener Verein mit Sitz in Berlin, der am 22.12.1917 als Normenausschuß der deutschen Industrie (NADI) gegründet wurde. Es ist die für Deutschland grundsätzlich allumfassend zuständige Normungsinstitution und vertritt daneben auch die deutschen Interessen in europäischen und internationalen Standardisierungsorganisationen. Diese Aufgaben wurden dem DIN per Vertrag mit der Bundesregierung vom 05.06.1975 zuerkannt. Er regelt die Grundsätze der Zusammenarbeit zwischen Staat und DIN. Das DIN wurde hierbei verpflichtet, das öffentliche Interesse zu berücksichtigen und die DIN-Normen so auszuarbeiten, daß sie bei der Gesetzgebung, in der öffentlichen Verwaltung und im Rechtsverkehr als Umschreibung technischer Anforderungen herangezogen werden können.[606] Im Gegenzug ist die Bundesregierung berechtigt, im Rahmen ihrer gesetzlichen Zuständigkeiten in den Normungsausschüssen innerhalb des DIN mitzuwirken.[607] Daneben wird ein umfangreicher Informationsaustausch vorgesehen. Eine Übertragung exekutiver Kompetenzen auf das DIN ist durch den Vertrag jedoch nicht erfolgt.

Gegenwärtig sind über 27.000 Experten aus 1697 Unternehmen und Organisationen Mitglied des DIN. Mit ihnen unterhält das DIN rund 30 % der Technischen Sekretariate bei CEN und 17 % der Technischen Sekretariate bei der ISO.

---

[603] Verband der Elektrotechnik, Elektronik und Informationstechnik, vgl. [http://www.vde.de].
[604] [http://www.dke.de].
[605] [http://www.din.de].
[606] Vgl. § 1 Abs. 2 DIN-Vertrag.
[607] Vgl. § 2 Abs. 1 DIN-Vertrag.

Die DKE ist Organ des DIN und auch des Verbands der Elektrotechnik, Elektronik, Informationstechnik e.V. (VDE). Sie ist die in Deutschland zuständige Organisation für die Erarbeitung aller Normen und Sicherheitsbestimmungen, die die genannten Bereiche Elektrotechnik, Elektronik und Informationstechnik betreffen. Getragen wird die DKE vom VDE. In den bereits genannten internationalen Standardisierungsgremien IEC, CENELEC und ETSI vertritt sie die deutschen Interessen und fungiert national als sogenannte Spiegelorganisation; ein im Rahmen der ETSI unter Mitwirkung der DKE verabschiedeter Standard wird also anschließend im nationalen Rechtsbereich auf niedrigerer Ebene spiegelbildlich umgesetzt, so daß das jeweils mit einer Umsetzung beschäftige DKE-Gremium die zuvor in einem internationalen Gremium geleistete Arbeit auf nationaler Ebene weiterführt. Die Arbeits- und Normungsergebnisse der DKE werden nach Fertigstellung in das Normenwerk des DIN aufgenommen. Insoweit ist zumindest in Deutschland für eine national einheitliche und sinnvolle Normung gesorgt. Den Normen des DIN und des VDE kommt zwar keine zwingende Tatbestandswirkung zu, sie lösen allerdings nach § 3 Abs. 2 Nr. 1 EMVG die gesetzliche Vermutung aus, daß zugleich die abstrakten gesetzlichen sicherheitstechnischen Anforderungen eingehalten wurden.[608]

Seitens der DKE ist das Gremium UK767.17[609] mit der laufenden Umsetzung und Anpassung der bereits erörterten EN 55022 (entspricht CISPR-22:1997) in das deutsche Normungssystem beschäftigt. Hierdurch wurden aus den beiden internationalen Normen die deutschen Normen DIN EN 55022 und VDE 0878 (Teil 22).[610] UK 767.17 hat damit Spiegelfunktion zu den bereits erwähnten internationalen Gremien IEC/CISPR/SC I, ETSI/WG ERM EMC und CENELEC SC210A.

Das Gremium UK 716.1[611] hat eine vergleichbare Arbeit an der ebenfalls bereits erörterten CENELEC-Norm EN 50065 geleistet. Die Umsetzung erfolgte in die deutschen Normen DIN EN 50065 und VDE 0808.[612] Das Gremium hat Spiegelfunktion zu CENELEC SC205A.

---

[608] Klindt, NJW 1999, S. 176.
[609] „EMV von Einrichtungen der Informationsverarbeitungs- und Telekommunikationstechnik".
[610] Bearbeitung durch die DKE zuletzt im November 2001.
[611] „Systeme für die Kommunikation auf elektrischen Niederspannungsnetzen".
[612] Bearbeitung durch die DKE zuletzt im Juli 2001.

Zu hochbitratigem Powerline existieren noch keine speziellen nationalen Standards in Deutschland. Das DIN und insbesondere das insoweit vorrangig zuständige DKE warten ab, wie sich die internationale Standardisierung weiter entwickeln wird. Ein deutscher Alleingang in Sachen Normierung wäre zwar durchaus möglich, jedoch unter keinem Gesichtspunkt sinnvoll. Technische und rechtliche Probleme hinsichtlich Interkonnektivität und Interoperabilität wären in einem solchen Fall vorprogrammiert, da nicht sichergestellt wäre, ob und wie die von deutschen Herstellern entwickelten hochbitratigen Powerline-Geräte mit den Geräten und Systemen ausländischer Hersteller zusammenarbeiten.

C. Schutz des Menschen vor schädlichen Strahlungswirkungen

Wie bereits in Kapitel 7 dargestellt, ist im Zusammenhang mit Powerline nur die nicht-ionisierende Strahlung von Relevanz, da von PLC-Systemen lediglich Frequenzen unterhalb der Grenze von 10^{16} Hz emittiert werden. Die durch diese elektromagnetischen Emissionen hervorgerufenen elektromagnetischen Felder verursachen bei menschlichen Organismen zwei grundsätzlich unterscheidbare Effekte, nämlich thermische und athermische Wirkungen. Während die thermischen Effekte noch meßbar und somit wissenschaftlich belegbar sind, konnten athermische Effekte bis heute nicht sicher nachgewiesen werden. Unter Berücksichtigung der bisher aufgrund der meßbaren Wirkungen vorliegenden Erkenntnisse wurden international und national Grenzwerte festgelegt, die die thermischen Wirkungen vermeiden sollen. Gleichzeitig hofft man, durch eine relativ umsichtige und niedrige Grenzwertfestlegung auch das Risiko schädlicher athermischer Langzeitwirkungen zu minimieren.

I. Weltweite Grenzwertfestlegungen

Die Internationale Kommission zum Schutz vor nichtionisierenden Strahlen (ICNIRP[613]) hat in Zusammenarbeit mit der Weltgesundheitsorganisation (WHO[614]) Grenzwertempfehlungen ausgesprochen. Der hiervon betroffene Frequenzbereich erstreckt sich von 100 kHz bis 10 GHz. Die empfohlenen Grenz-

---

[613] International Commission on Non-Ionizing Radiation Protection, [http://www.icnirp.org].
[614] World Health Organization, vgl. [http://www.who.int].

werte beziehen sich auf die Absorption von elektromagnetischer Strahlung durch den menschlichen Körper, bei der Wärme entsteht. Daher werden diese Werte auch Spezifische Absorptionsrate oder SAR[615]-Werte genannt, die Maßeinheit ist Watt pro Kilogramm (W/kg).

Es wurden von der ICNIRP zwei unterschiedliche Grenzwertempfehlungen aufgestellt. Für die Strahlungsexposition von Menschen im Zusammenhang mit deren beruflicher Tätigkeit (Occupational Exposure) gilt ein Wert von 0,4 W/kg, für die Allgemeinheit ein Wert von 0,08 W/kg als maximal zulässige SAR. Es handelt sich hierbei um gemittelte Durchschnittswerte für die Strahlenbelastung des gesamten menschlichen Körpers (Whole-body average SAR).[616]

Ausgehend von diesen SAR-Empfehlungen wurden auf internationaler und nationaler Ebene ebenfalls Grenzwerte festgelegt beziehungsweise die ICNIRP-Werte wurden übernommen.

II. Grenzwertfestlegung in Europa

Der Rat der Europäischen Union hat in einer Empfehlung vom 12.07.1999[617] die ICNIRP-Grenzwerte übernommen. Die Empfehlungen des Rates sind gemäß Art. 249 UAbs. 5 EG-Vertrag zwar für niemanden verbindlich, sie sorgen jedoch durch die Einheitlichkeit mit den ICNIRP-Vorgaben für eine nicht zu unterschätzende faktische Vereinheitlichungswirkung auch auf der europäischen Ebene.

III. Grenzwertfestlegung in der Bundesrepublik Deutschland

In der Bundesrepublik Deutschland sind für den Strahlenschutz das Bundesamt für Strahlenschutz und die Strahlenschutzkommission zuständig.

---

[615] Specific Absorption Rate.
[616] ICNIRP Guidelines for limiting exposure to time-varying electric, magnetic, and electromagnetic fields (up to 300 GHz), Health Physics, April 1998, Vol. 74, Nr. 4, S. 509.
[617] Empfehlung des Rates 1999/519/EG vom 12.07.1999 zur Begrenzung der Exposition der Bevölkerung gegenüber elektromagnetischen Feldern (0 Hz - 300 GHz), ABl. EG 1999 Nr. L 199, S. 59.

1. Bundesamt für Strahlenschutz

Das Bundesamt für Strahlenschutz (BfS[618]) mit Sitz in Salzgitter ist eine selbständige wissenschaftlich-technische Bundesoberbehörde im Geschäftsbereich des Bundesministeriums für Umwelt, Naturschutz und Reaktorsicherheit. Das BfS wurde 1989 mit dem Ziel gegründet, Kompetenzen in den Bereichen kerntechnische Sicherheit, Strahlenschutz und Entsorgung radioaktiver Abfälle zu bündeln. Hierzu vereinte man verschiedene bereits bestehende Einrichtungen im BfS.

Das BfS besteht aus sieben verschiedenen Fachbereichen, nämlich Angewandter Strahlenschutz (AS), Nukleare Endlagerung und Transport (ET), Kerntechnische Sicherheit (KT), Strahlenhygiene (SH) sowie einem Präsidialbereich (PB), einer Projektgruppe Genehmigung dezentraler Zwischenlager (PG-GZ) und einer Zentralabteilung (Z). Jeder dieser Fachbereiche besteht wiederum aus unterschiedlichen Abteilungen.

Für den Schutz vor der Emission nichtionisierender Strahlung ist der Fachbereich SH, Abteilung Nichtionisierende Strahlung und medizinischer Strahlenschutz zuständig. Hauptaufgabe dieser Abteilung ist die Ermittlung von Expositionen und die Beurteilung der Wirkungen solcher Strahlen aus medizinisch-biologischer Sicht. Zur Ermittlung von Expositionen werden eigene Studien und Untersuchungen betrieben, bei denen meßtechnische Verfahren wie die theoretische Dosimetrie und Numerik angewendet werden. Zur Beurteilung von Strahlungswirkungen werden vor allem die hierzu erstellten internationalen Studien ausgewertet. Eine auch in Zukunft immer wichtigere Aufgabe ist dabei die Abschätzung möglicher gesundheitlicher Risiken durch Emissionen neuer Technologien im Alltag. Bei allen Arbeiten der Abteilung wird grundsätzlich zwischen dem Schutz vor nachgewiesenen Gesundheitsgefahren (Gefahrenabwehr) und dem Schutz vor möglichen Risiken (Vorsorge) unterschieden. Die Erkenntnisse der Abteilung finden in der Weiterentwicklung von Schutzkonzepten Verwendung.

Die Powerline-Technik emittiert nichtionisierende Strahlung und ist eine neue und zukunftsträchtige Alltagstechnologie, die jedoch möglicherweise auch gewisse Risiken birgt. Andererseits weisen PLC-Systeme und -Geräte keine spezifischen Besonderheiten im Vergleich zu anderen neuen technischen Errungenschaften auf. Hierdurch erklärt sich, weshalb das BfS sich nicht mit der PLC-

---

[618] [http://www.bfs.de].

Technologie im besonderen auseinandersetzt. Die Untersuchung der insofern relevanten Fragen findet vielmehr Eingang in das allgemeine Arbeitskonzept des BfS.

Die Arbeit des Fachbereichs SH, Abteilung Nichtionisierende Strahlung, hat bisher vor allem Auswirkung auf die Verordnung über elektromagnetische Felder (26. BImSchV[619]) gefunden. Wie in Kapitel 6 bereits festgestellt wurde, sind jedoch die heute üblichen und vermutlich auch die zukünftigen PLC-Systeme weder Hoch- noch Niederfrequenzanlagen im Sinne der 26. BImSchV, so daß die Verordnung insofern keine Anwendung auf PLC finden kann.

Sonstige spezifische Projekte oder Arbeitsergebnisse im Zusammenhang mit Powerline sind nicht ersichtlich.

2. *Strahlenschutzkommission*

Am 26.01.1956 wurde aufgrund eines Beschlusses der Bundesregierung vom 21.12.1955 die Deutsche Atomkommission konstituiert, die das damalige Bundesministerium für Atomfragen beriet. Diese hatte fünf Fachkommissionen, unter anderem die Kommission IV für Strahlenschutz. Im Jahre 1971 wurde sie in Kommission für Strahlenschutz und Sicherheit umbenannt und übernahm zusätzliche Aufgaben. Im Jahre 1973 ging die Zuständigkeit für Reaktorfragen und Strahlenschutz auf das Bundesministerium des Innern über. Durch Bekanntmachung vom 19.04.1974[620] wurde die Strahlenschutzkommission (SSK[621]) in ihrer heutigen Form geschaffen. Nach neuerlicher Änderung der Zuständigkeit berät die SSK seit dem 06.06.1986 das Bundesministerium für Umwelt, Naturschutz und Reaktorsicherheit. Am 22.12.1998 ist die SSK in ihrer damaligen Zusammensetzung durch den Bundesumweltminister aufgelöst und die bis dahin gültige Satzung der SSK außer Kraft gesetzt worden. Daraufhin wurde eine neue Satzung veröffentlicht[622], und am 11.03.1999 wurden die neuen Mitglieder der SSK ernannt. Am 06.05.1999 trat die neubesetzte SSK zu ihrer konstituierenden Sitzung zusammen.

---

[619] 26. Verordnung zur Durchführung des Bundesimmissionsschutzgesetzes in der Fassung vom 16.12.1996, BGBl. 1996 I, S. 1966.
[620] Bekanntmachung über die Bildung einer Strahlenschutzkommission vom 19.04.1974, Bundesanzeiger Nr. 92 vom 17.05.1974.
[621] [http://www.ssk.de].
[622] Satzung der Strahlenschutzkommission vom 22.12.1998, Bundesanzeiger Nr. 5 vom 09.01.1999, S. 202.

Die SSK besteht aus 14 ehrenamtlichen Mitgliedern. Diese müssen so ausgewählt werden, daß sie mit ihren Kenntnissen insgesamt die in § 3 Abs. 2 SSK-Satzung beschriebenen sieben Fachgebiete abdecken, die zur Erfüllung der Beratungsaufgaben der SSK notwendig sind. Hierbei muß nicht jeder Fachmann über Kenntnisse in allen Gebieten verfügen, es genügt, wenn jeder Spezialist für ein bestimmtes Gebiet ist. Die Mitglieder der Kommission werden vom zuständigen Bundesministerium gemäß § 4 Abs. 2 S. 1 SSK-Satzung für die Dauer von drei Jahren berufen. Gemäß § 6 SSK-Satzung erfolgt die Arbeit der SSK hauptsächlich in Ausschüssen und Arbeitsgruppen. Derzeit existieren in der SSK sieben verschiedene Ausschüsse für Strahlenrisiko, Strahlenschutz in der Medizin, Radioökologie, Strahlenschutztechnik, Notfallschutz, Nichtionisierende Strahlen und Strahlenschutz bei Anlagen.

Der Sitz der Geschäftsstelle der SSK ist beim BfS. Eine Weisungsabhängigkeit der SSK gegenüber dem BfS besteht jedoch gemäß § 8 SSK-Satzung nicht. Die SSK hat ausschließlich beratende Aufgaben. Gemäß § 9 SSK-Satzung bekommt sie die Beratungsaufgaben durch das zuständige Ministerium zugeteilt, kann aber auch selbst Beratungsthemen aufgreifen. Die Arbeitsergebnisse erfolgen nach § 11 Abs. 1 SSK-Satzung in der Form von naturwissenschaftlichen oder technischen Stellungnahmen oder Empfehlungen, wobei Adressat dieser Ergebnisse immer nur das Bundesministerium ist. Der interessierten Öffentlichkeit werden viele Arbeitsergebnisse über das Internet angeboten[623] und können teilweise auch über den Buchhandel bezogen werden.

Die SSK hat in ihrer 173. Sitzung am 04.07.2001 Grenzwertempfehlungen im Hinblick auf nichtionisierende Strahlung abgegeben.[624] Sie bezieht sich dabei auf die Empfehlungen der ICNIRP[625], die Empfehlung des Rates[626] und die eigenen Empfehlungen, die zuletzt aus dem Jahre 1998 stammten. Tenor der neuen Empfehlungen aus 2001 ist, daß es auch nach Einbeziehung und Auswertung der neuesten wissenschaftlichen Erkenntnisse keine Anhaltspunkte dafür

---

[623] Vgl. [http://www.ssk.de], Stichwort Schwerpunkte.
[624] Grenzwerte und Vorsorgemaßnahmen zum Schutz der Bevölkerung vor elektromagnetischen Feldern vom 04.07.2001 [http://www.ssk.de/2001/ssk0102e.pdf].
[625] Guidelines for limiting exposure to time-varying electric, magnetic and electromagnetic fields (up to 300 GHz), Health Physics 1998 Vol. 74 (4), S. 494-522.
[626] Empfehlung 1999/519/EG des Rates vom 12.07.1999 zur Begrenzung der Exposition der Bevölkerung gegenüber elektromagnetischen Feldern (0 Hz bis 300 GHz), ABl. EG 1999 Nr. L 199, S. 59.

gibt, von den bisherigen Grenzwertempfehlungen abzuweichen.[627] An den bisherigen Grenzwerten wird also auch weiterhin festgehalten.[628]

Die SSK bestätigt somit dem zuständigen Bundesministerium, daß die derzeit geltenden Grenzwerte, die in den Anhängen 1 und 2 zur 26. BImSchV festgeschrieben wurden, weiterhin dem aktuellen Stand von Wissenschaft, Forschung und Technik entsprechen und keiner grundsätzlichen Änderung bedürfen.

Indem die aktuellen Grenzwertfestlegungen als ausreichend erachtet worden sind und andererseits handelsübliche PLC-Systeme regelmäßig noch nicht einmal die Anwendbarkeitsvoraussetzungen der 26. BImSchV für Hoch- oder Niederfrequenzanlagen erfüllen, ist nach dem derzeitigen Stand der Wissenschaft von einer grundsätzlichen Unbedenklichkeit von PLC-Systemen im Hinblick auf die möglicherweise schädlichen Wirkungen elektromagnetischer PLC-Felder auszugehen.

Die SSK befaßt sich laufend und intensiv mit der Erweiterung des Erkenntnisstandes der Auswirkungen von nichtionisierender Strahlung.[629] Im Jahr 2002 hat die SSK einen ihrer Arbeitsschwerpunkte auf die Weiterentwicklung der Forschung zum Schutz vor nichtionisierender Strahlung gelegt.[630] Insoweit ist - sichergestellt, daß neue wissenschaftliche Erkenntnisse umgehend Auswirkungen auf die Grenzwertfestlegungen in Deutschland haben. Der Schutz der Bevölkerung vor nichtionisierender Strahlung kann durch diese laufenden Überwachungsmaßnahmen im Bereich des Möglichen somit als hervorragend bezeichnet werden. Die öffentliche Diskussion über die möglichen Risiken von Strahlungsexpositionen, beispielsweise durch Mobilfunkmasten oder Hochspannungsleitungen, die nur allzu häufig polarisierend geführt wird und stark emotional geprägt ist, sollte diese Tatsache nicht unbeachtet lassen.

---

[627] Grenzwerte und Vorsorgemaßnahmen zum Schutz der Bevölkerung vor elektromagnetischen Feldern vom 04.07.2001, S. 15.

[628] Grenzwerte und Vorsorgemaßnahmen zum Schutz der Bevölkerung vor elektromagnetischen Feldern vom 04.07.2001, S. 53 (55).

[629] Weitere Veröffentlichungen der SSK: Schutz der Bevölkerung bei Exposition durch elektromagnetische Felder (bis 300 GHz), Empfehlung der Strahlenschutzkommission vom 17./18.12.1998, Veröffentlichungen der SSK, Bd. 44; Elektrische und magnetische Felder im Alltag, Empfehlung der Strahlenschutzkommission vom 18./19.04.1991, Veröffentlichungen der SSK, Bd. 24, zugleich Bundesanzeiger Nr. 144 vom 06.08.1991, S. 5206 f.

[630] Weiterentwicklung der Forschung zum Schutz vor nichtionisierender Strahlung, Empfehlung der SSK vom 11./12.04.2002.

KAPITEL 9
Zusammenfassung und Ausblick

A. Zusammenfassung

I. Historische Entwicklung

Die Idee, Daten über Stromleitungen zu übertragen stammt bereits aus dem vorletzten Jahrhundert. Loubery hat 1898 hierfür ein Verfahren entwickelt, für das er 1901 ein Patent erhielt. Das Verfahren war der Vorläufer der späteren Tonfrequenzrundsteuertechnik. Seit 1920 nutzten Energieversorgungsunternehmen die Trägerfrequenztechnik auf Hochspannungsleitungen. Siemens entwickelte 1930 das Telenerg-Verfahren, das erstmals die Nutzung von Niederspannungsleitungen ermöglichte. Fünf Jahre später stellte AEG das sogenannte Transkommandoverfahren vor. Die Anwendungsgebiete all dieser Verfahren waren die Fernan- und -abschaltung von Verbrauchern, die Lastverteilung innerhalb der Stromnetze, Tarifumschaltungen und die Synchronisation von Uhren. Die genutzten Frequenzen lagen zwischen 167 Hz und 1,6 MHz, die erreichbare Datenübertragungsrate betrug etwa 1 Bit/s.

In den vergangenen 15 bis 20 Jahren wurde die Powerline-Technik weiterentwickelt, so daß es möglich wurde, auch größere Datenmengen zu übertragen. Somit wurde Powerline auch wirtschaftlich interessant.

II. Heutiger Stand

Mit Powerline können Daten bidirektional bei Übertragungsraten von etwa 2 MBit/s übertragen werden; die Datenraten werden in den nächsten Jahren noch anwachsen. Powerline ist bereits heute schneller als andere Zugangstechniken zum Internet wie Modem, ISDN oder ADSL. Ein großer Nachteil ist die Shared-Medium-Eigenschaft, da mit steigender Benutzerzahl die Übertragungsrate für alle am selben Strang angeschlossenen User sinkt.

Energieversorgungsunternehmen haben an Powerline Interesse, da sie die bereits vorhandenen Stromleitungen für zusätzliche Zwecke der Datenübertragung nutzen können. Weltweit wird der Umsatz mit PLC-Hardware bis Ende 2006 auf über 700 Millionen US-Dollar geschätzt.

Im Inhouse-Bereich liegt die maßgebliche Bedeutung von Powerline in der sogenannten Smart Home Automation, anhand derer Haushaltsgeräte über die Stromleitungen miteinander kommunizieren können, so daß eine zentral kontrollierbare Wohnumgebung realisiert wird. Hierfür werden niedrige Bitraten im CENELEC-Frequenzband genutzt. Voraussetzung für den Erfolg der Smart Home Automation ist ein einheitlicher Hardware-Standard. Derzeit gibt es lediglich eine größere Anzahl proprietärer Standards. Die Standards Konnex und LonWorks sind jedoch vielversprechende Ansätze für eine zukünftige Vereinheitlichung.

Daneben ist im Inhouse-Bereich auch der Datenaustausch zwischen Kommunikationsgeräten wie Computern denkbar. Entsprechende Lösungen sind bereits heute vereinzelt auf dem Markt verfügbar.

Im Outdoor-Bereich kann Powerline insbesondere dazu verwendet werden, ein Gebäude an ein externes Datennetz wie beispielsweise das Internet anzuschließen. Dieses Access-Powerline ist eine echte Alternative im Last-Mile-Bereich, der derzeit noch von der Deutschen Telekom AG beherrscht wird. Statt über die Telefonleitungen könnten die Internet-Daten über die Stromleitungen an das Haus herangeführt und innerhalb des Hauses über ein internes PLC-Netz weiterverteilt werden. Schließlich ist auch Sprachtelefonie über Powerline denkbar. Sowohl für eine interne Telefonanlage als auch für den Anschluß eines Gebäudes an ein externes Telefonnetz kann die Powerline-Technik Verwendung finden. Die für PLC-Telefonie notwendige Übertragungskapazität ist gering, so daß die Shared-Medium-Charakteristik von Powerline kein Hindernis darstellt.

III. Technische Grundlagen und Störungswirkungen

In Mitteleuropa bestehen die Stromversorgungsnetze regelmäßig aus drei Netzebenen (vgl. Kap. 3, Abb. 2), der Hoch- (110-380 kV), Mittel- (10-110 kV) und Niederspannungsebene (220-240 V). Powerline ist auf der Hoch- und Mittelspannungsebene nur von geringer Relevanz, da hier häufig besser geeignete Datenkabel vorhanden sind oder die zu überbrückenden Entfernungen zu hoch sind.

Auf der Niederspannungsebene wird in die Transformatorstationen zusätzlich ein PLC-Koppler eingebaut, der mit einem öffentlichen Telekommunikationsnetz einerseits und den Stromsträngen andererseits verbunden ist. So können die angeschlossenen Häuser über die Stromleitung auch mit den Daten des Telekommunikationsnetzes versorgt werden (vgl. Kap. 3, Abb. 3).

Der Erfolg von Powerline hängt maßgeblich von einem geeigneten Modulationsverfahren ab. Insbesondere zwei Probleme gilt es in diesem Zusammenhang zu lösen: Zum einen muß die erzielbare Datenübertragungsrate möglichst hoch sein, zum anderen müssen die elektromagnetischen Störungen durch Powerline möglichst gering gehalten werden. Störungen entstehen, weil die Leitungen der Niederspannungsnetze nur unzureichend geschirmt und somit für die Nutzung mit hohen Frequenzen ungeeignet sind. Die Leitungen werden beim Betrieb zu Sendeantennen. Die Chimney-Techniques nutzen einen schmalen Frequenzbereich bei hohen Übertragungsleistungen, wobei jedoch nachhaltige hochfrequente Störungen entstehen. Eine Freizügigkeit gemäß Art. 45 TKG und der NB 30 wird regelmäßig nicht mehr gegeben sein, so daß eine Frequenzzuteilung beantragt werden muß.

Die Spread-Spectrum-Techniques benutzen einen breiten Frequenzbereich bei geringer Leistung, so daß die Störemissionen geringer ausfallen, aber ein deutlich größerer Frequenzbereich blockiert ist. Das CDMA- und das OFDM-Verfahren sind Unterarten dieses Modulationsverfahrens.

Powerline benötigt für eine hochbitratige Datenübertragung Frequenzen bis zu 30 MHz. Anhand des Frequenzbereichszuweisungsplanes läßt sich ersehen, daß innerhalb dieses Frequenzbereiches annähernd 150 verschiedene Funkdienste operieren, die somit potentiell von Powerline gestört werden können. Im Mittelpunkt des öffentlichen Interesses stehen insbesondere die Rundfunkdienste und der Amateurfunkdienst. Von den Rundfunkdiensten sind nur diejenigen gefährdet, die Frequenzen der Lang-, Mittel- oder Kurzwelle nutzen. Die Ultrakurzwelle wird nicht berührt. Dem Amateurfunkdienst sind im Bereich bis 30 MHz sechs größere Frequenzblöcke zugewiesen.

Zum Störpotential von Powerline existieren nur wenige Untersuchungen. Im Rundfunkbereich kommen theoretische Berechnungen zu dem Ergebnis, daß Mittelwellenrundfunk bis zu einem Abstand von 43 Metern und Kurzwellenrundfunk sogar bis zu einem Abstand von 64 Metern durch Powerline gestört werden kann. Eine praktische Studie hat gezeigt, daß die bisher geltenden Grenzwerte der NB 30 schon bei relativ niedriger Powerline-Leistung deutlich überschritten wurden. Das Störpotential von Powerline gegenüber dem Rundfunk erscheint somit hoch.

Im Hinblick auf den Amateurfunkdienst kommen rein theoretische Berechnungen ebenfalls zu einem negativen Ergebnis und prognostizieren massive Powerline-Störungen. Praktische Untersuchungen haben dagegen ergeben, daß Powerline den Amateurfunk überhaupt nicht stört. Hinsichtlich des Amateurfunks ist das Störpotential von Powerline somit unsicher.

Solange Powerline nicht dauerhaft und flächendeckend in Betrieb ist, können keine endgültigen Aussagen über das tatsächliche Störpotential gemacht werden. Dies liegt insbesondere auch daran, daß sich die funktechnischen Versorgungsbedingungen von Rund- und Amateurfunk von Ort zu Ort unterscheiden.

IV. Rechtsgrundlagen

Die Nutzung von Frequenzen ist in Deutschland stark reglementiert. Der Frequenzbereichszuweisungsplan wird als Teil A der Anlage zur Frequenzbereichszuweisungsplanverordnung erlassen und richtet sich nach den Radio Regulations der ITU. Jeder Frequenzbereich wird einem oder mehreren Funkdiensten zugewiesen, wobei die Zuweisung primär oder sekundär erfolgen kann. Der Frequenzbereichszuweisungsplan enthält außerdem Nutzungsbestimmungen, die Beschränkungen bei der Nutzung der zugewiesenen Frequenzen beinhalten. Der Frequenznutzungsplan baut auf dem Frequenzbereichszuweisungsplan auf und enthält eine genauere Aufteilung der Frequenzbereiche. Er wird von der Regulierungsbehörde erstellt. Anhand des Frequenznutzungsplanes erfolgt die Frequenzzuteilung gemäß § 47 Abs. 1 S. 1 TKG, die grundsätzlich für jede Frequenznutzung in Deutschland erforderlich ist. Hiervon enthält § 45 Abs. 2 S. 3 TKG eine Ausnahme. Diese Norm erlaubt die freizügige Nutzung von Frequenzen in und längs von Leitern, sofern bestimmte Nutzungsbedingungen eingehalten werden. Powerline ist ein Anwendungsfall dieser Freizügigkeitsregelung, die jedoch durch die NB 30 beschränkt wird. Die NB 30 ist regelmäßig Kernpunkt der öffentlichen Powerline-Diskussion. Sie enthält im wesentlichen zwei Aussagen: Zum einen darf die Frequenznutzung nur in Frequenzbereichen erfolgen, in denen keine sicherheitsrelevanten Funkdienste betrieben werden, und zum anderen müssen bei der Frequenznutzung bestimmte festgelegte Grenzwerte (vgl. Kap. 4, Abb. 4) eingehalten werden.

Je nachdem welche Powerline-Services von einem Betreiber angeboten werden, müssen gemäß § 6 TKG Lizenzen als Telekommunikationsdienst der Lizenzklasse 3 oder als Sprachtelefondienst der Lizenzklasse 4 beantragt werden.

V. Grundrechtsrelevanz der Grenzwertfestsetzung

Durch die Grenzwertfestsetzung können Grundrechte der Betreiber und Empfänger von Rundfunkdiensten sowie der Sender und Empfänger des Amateurfunkdienstes betroffen sein. Die Betreiber von Rundfunkdiensten könnten in der Rundfunkfreiheit gemäß Art. 5 Abs. 1 S. 2 GG betroffen sein. Sachlicher und personaler Schutzbereich sind regelmäßig eröffnet. Ausländische juristische Personen genießen nicht den Schutz der Rundfunkfreiheit. Ein klassischer Eingriff durch die NB 30 in das Grundrecht auf Rundfunkfreiheit ist zu verneinen, da Imperativität, Finalität und Unmittelbarkeit nicht vorliegen. Statt dessen ist ein mittelbar-faktischer Grundrechtseingriff zu bejahen. Grund hierfür ist, daß die Powerline-Anbieter einerseits die Grenzwerte einhalten, andererseits aber eine größtmögliche Datenübertragungsrate sicherstellen müssen. Die logische Konsequenz hieraus besteht darin, permanent knapp unterhalb der maximal zulässigen Störemission zu operieren. Kein Powerline-Betreiber wird die festgelegten Grenzwerte freiwillig deutlich unterschreiten und hierdurch Leistungseinbußen hinnehmen. Dies mußte dem Normgeber bei verständiger Würdigung der technischen Sachlage zum Zeitpunkt der Rechtsetzung auch bewußt gewesen sein. Selbst wenn die somit erfolgte faktische Festlegung der späteren Daueremission nicht gewollt war, so war sie doch zweifelfrei absehbar.

Die NB 30 ist ein allgemeines Gesetz im Sinne von Art. 5 Abs. 2 GG und im Ergebnis eine taugliche Grundrechtsschranke. Sie erfüllt den legitimen Zweck, ein für alle Powerline-Betreiber gleichmäßigen und vorhersehbaren Grenzwert festzusetzen und schützt damit vor allem auch die Rundfunkbetreiber vor noch weitergehenden Beeinträchtigungen. Sie ist zur Erreichung dieses Zwecks geeignet. Im Sinne einer Erforderlichkeit des Grundrechtseingriffs kann ein exakter mathematischer Grenzwert mit juristischen Argumentationsmustern nicht ermittelt werden. Die Erforderlichkeitsüberprüfung des Grenzwertes ist nur generell-abstrakt möglich. Soweit sich der Grenzwert jedoch juristisch überprüfen läßt, ist eine Erforderlichkeit des Eingriffs zu bejahen.

Im Rahmen der Angemessenheitsprüfung ist festzustellen, daß die NB 30 den Anforderungen der Wechselwirkungslehre genügt. Die NB 30 betrifft jedoch nicht nur die Rundfunkbetreiber, sondern auch die PLC-Betreiber, da diese durch den Grenzwert daran gehindert werden, höhere Übertragungsraten zu erzielen. Die PLC-Betreiber können sich hierbei im Ergebnis lediglich auf das Grundrecht der Berufsfreiheit aus Art. 12 Abs. 1 GG berufen. Der Schutzbereich der Grundrechte aus Art. 14 Abs. 1, 5 Abs. 1 S. 2 und 2 Abs. 1 GG ist für sie nicht eröffnet. Das Grundrecht der PLC-Betreiber auf Berufsfreiheit aus Art. 12 Abs. 1 GG ist gegen das Grundrecht der Rundfunkbetreiber auf Rundfunkfreiheit abzuwägen.

Hierbei ergibt sich zunächst, daß keines der beiden Grundrechte durch die NB 30 in seinem Wesensgehalt gemäß Art. 19 Abs. 2 GG berührt wird. Im Gegenteil ist eine Grenzwertfestsetzung grundsätzlich sogar notwendig, damit beide Rechtsgüter in der Praxis überhaupt nebeneinander zur Geltung kommen können. Eine Abwägung der betroffenen Interessen und Rechtsgüter kann nur abstrakt und losgelöst von Einzelfällen beurteilt werden, da der Grenzwert selbst naturgemäß gerade nicht auf bestimmte Einzelfälle eingeht, sondern die Gesamtheit aller erfaßten Fälle reguliert. Eine juristische Abwägung kann daher nur anhand allgemeiner Aspekte erfolgen. Sie wird erschwert durch die Tatsache, daß sich im Ergebnis zwei verschiedene Grundrechte gegenüberstehen, die beide dem Schutz einer bestimmten beruflichen Betätigung dienen. Außer in extremen Ausnahmefällen entzieht sich der Grenzwert auf diese Weise einer Interessenabwägung im herkömmlichen Sinne. Eine eindeutige Grenzwertfehlfestsetzung ist nicht ersichtlich, so daß der Grenzwert als angemessen zu betrachten ist. Der Eingriff ist damit gerechtfertigt.

Daneben ist eine Verletzung der Berufsfreiheit der Rundfunkbetreiber aus Art. 12 Abs. 1 GG denkbar. Bezüglich natürlicher und juristischer inländischer Personen ist der personale Schutzbereich eröffnet, juristische Personen des öffentlichen Rechts können sich auf Art. 12 Abs. 1 GG ebensowenig berufen wie ausländische Rundfunkbetreiber. Ein mittelbar-faktischer Eingriff liegt vor, ist jedoch aufgrund seiner Verhältnismäßigkeit gerechtfertigt. Die Berufsfreiheit der Rundfunkbetreiber ist nicht verletzt.

Das Grundrecht der Eigentumsfreiheit gemäß Art. 14 Abs. 1 GG ist ebenfalls nicht verletzt. Die Frequenzen sind kein Eigentum, sondern öffentlich-rechtliche Positionen, die jedoch kein subjektives von Art. 14 Abs. 1 GG geschütztes Recht gewähren. Sie verschaffen dem Frequenznutzer keine Rechtsposition, die derjenigen eines Eigentümers entspricht. Eine Grundrechtsverletzung ist somit ausgeschlossen.

Für die Empfänger von Rundfunksendungen kommt eine Verletzung des Grundrechts auf Rundfunkfreiheit gemäß Art. 5 Abs. 1 S. 2 GG nicht in Betracht, da der personale Schutzbereich die Rezipienten von Rundfunk bereits nicht erfaßt.

Weiterhin ist eine Verletzung des Grundrechts auf Informationsfreiheit gemäß Art. 5 Abs. 1 S. 1 GG denkbar. Der Schutzbereich ist eröffnet, ein mittelbar-faktischer Grundrechtseingriff zu bejahen. Dieser ist jedoch verhältnismäßig, so daß im Ergebnis eine Grundrechtsverletzung verneint werden muß.

Hinsichtlich des Amateurfunkdienstes ist wiederum zwischen Sendern und Empfängern zu unterscheiden. Die Amateurfunksender könnten durch die NB 30 in ihrem Grundrecht auf Rundfunkfreiheit gemäß Art. 5 Abs. 1 S. 2 GG beeinträchtigt sein. Rundfunk ist jedoch grundsätzlich ein Mittel der Massenkommunikation, so daß die Ausstrahlung an eine unbestimmte Vielzahl von Personen erfolgen muß. Dies ist jedoch beim Amateurfunkdienst nicht der Fall. Die Gruppe der Empfänger ist überschaubar und bestimmbar, die Inhalte sind nicht an die Allgemeinheit gerichtet, so daß im Ergebnis der sachliche Schutzbereich der Rundfunkfreiheit nicht eröffnet und ein Eingriff durch die NB 30 zu verneinen ist.

Statt dessen erscheint eine Verletzung der Meinungsäußerungsfreiheit gemäß Art. 5 Abs. 1 S. 1 GG denkbar. Die durch den Amateurfunker ausgestrahlten Inhalte sind regelmäßig private Individualkommunikation sowie persönliche Aussagen und Ansichten. Insoweit lassen sich die Inhalte des Amateurfunkdienstes als Meinung unter den Schutzbereich der Meinungsäußerungsfreiheit subsumieren. Auch hier liegt ein mittelbar-faktischer Grundrechtseingriff durch die Grenzwertfestsetzung vor. Er ist jedoch gerechtfertigt, da die durch die NB 30 verfolgten Ziele der Herbeiführung einer geordneten Frequenznutzung und des Schutzes sicherheitsrelevanter Funkdienste die vereinzelte Störung einer Amateurfunkübertragung überwiegen. Ein Eingriff in die Meinungsäußerungsfreiheit ist damit zu verneinen.

Aus Sicht der Amateurfunkempfänger kommt eine Verletzung des Grundrechts auf Informationsfreiheit aus Art. 5 Abs. 1 S. 1 GG in Betracht. Allerdings stellt der Amateurfunkdienst keine allgemein zugängliche Informationsquelle dar, so daß der sachliche Schutzbereich des Grundrechts bereits nicht eröffnet ist.

Mangels anderer einschlägiger Grundrechte bleibt nur das Auffanggrundrecht auf freie Entfaltung der Persönlichkeit gemäß Art. 2 Abs. 1 GG. Aufgrund der sehr weiten Auslegung der allgemeinen Handlungsfreiheit ist der Schutzbereich eröffnet und auch ein mittelbar-faktischer Eingriff wiederum zu bejahen. Auch hier ist der Eingriff jedoch verfassungsrechtlich gerechtfertigt, so daß letztlich eine Grundrechtsverletzung verneint werden muß.

Die NB 30 hat damit sowohl für Betreiber und Empfänger von Rundfunkdiensten als auch für Sender und Empfänger des Amateurfunkdienstes umfangreiche Grundrechtsrelevanz. Soweit jedoch der Schutzbereich der in Frage kommenden Grundrechte eröffnet ist, ist ein Eingriff zwar in jedem Fall zu bejahen, eine Rechtfertigung jedoch ebenfalls in jedem Fall gegeben. Solange es nicht zu einer breiten Markteinführung der Powerline-Technik und als Folge davon zu großflächigen oder nachhaltigen PLC-Störungen kommen wird, ist an diesem Ergebnis festzuhalten. Bis dahin ist die NB 30 als in jeder Hinsicht verfassungs- und grundrechtskonform anzusehen.

VI. Elektromagnetische Verträglichkeit

Im Hinblick auf die elektromagnetische Verträglichkeit von Powerline-Geräten kommen verschiedene rechtliche Regelungen in Betracht, allen voran sind dies die EMV-Richtlinie und das deutsche EMVG. Daneben sind die R&TTE-Richtlinie, das deutsche FTEG, das UVPG und die 26. BImSchV zu beachten. Die EMV- und die R&TTE-Richtlinie beziehungsweise die jeweiligen deutschen Umsetzungen existieren nebeneinander und verdrängen sich nicht vollständig. Allerdings ist der Anwendungsbereich der EMV-Richtlinie durch die R&TTE-Richtlinie deutlich eingeschränkt. Letztlich kommt lediglich Art. 4 in Verbindung mit Anhang III der EMV-Richtlinie neben der R&TTE-Richtlinie zur Geltung. PLC-Modems und -Koppler sind Apparate gemäß § 2 Nr. 4 EMVG. Bei den derzeitigen Powerline-Installationen handelt es sich außerdem um Systeme im Sinne von § 2 Nr. 5 EMVG, und auch der Anlagenbegriff gemäß § 2 Nr. 6 EMVG ist erfüllt. Zwar bestehen hinsichtlich der Subsumtion der eigentlichen Powerline-Hardware unter die Begriffsbestimmungen des § 2 EMVG keine allzu großen Schwierigkeiten, jedoch ist zu bedenken, daß Hauptgrund für powerline-basierte Störungen nicht in erster Linie die Modems, sondern die schlecht geschirmten Niederspannungsleitungen sind. Diese jedoch sind keine Apparate, Systeme oder Anlagen im Sinne des EMVG. Sie lassen sich auch nicht unter die elektrischen und elektronischen Bauteile gemäß § 2 Nr. 5, 6 EMVG subsumieren, entsprechen jedoch dem Netzbegriff gemäß § 2 Nr. 7 EMVG, und zwar jedenfalls dann, wenn die PLC-Daten die Haus- beziehungsweise Grundstücksgrenze überschreiten (Access-Powerline). Die Stromleitungen sind damit grundsätzlich losgelöst und selbständig von der sonstigen Powerline-Hardware zu betrachten.

Der allgemeine Schutzzweck des EMVG besteht darin, die Erzeugung elektromagnetischer Störungen zu begrenzen. Die Powerline-Modems selbst erfüllen regelmäßig die Anforderungen an die elektromagnetische Verträglichkeit. Für die Stromleitungen läßt sich das gleiche Ergebnis herbeiführen, solange man sie losgelöst von den Powerline-Modems betrachtet. Hieraus ergibt sich das Dilemma, daß die Modems voll regulierungsfähig im Sinne des EMVG sind, aber keine unmittelbaren Emissionsprobleme verursachen. Die Stromnetze sind dagegen selbständige, getrennt zu beurteilende Geräte, die die Störstrahlung nicht selbst, sondern erst mittelbar nach Einspeisung durch die PLC-Modems erzeugen. Das EMVG bietet für dieses Dilemma jedoch rechtliche Lösungsmöglichkeiten. Insbesondere die Abhilfebefugnis der RegTP gemäß § 8 Abs. 6 S. 1 Nr. 1 EMVG reicht aus, im Falle von Störungen zügig effektive Abhilfemaßnahmen herbeizuführen.

Die R&TTE-Richtlinie beziehungsweise das deutsche FTEG betreffen Geräte, die Telekommunikationsendeinrichtungen sind. PLC-Modems erfüllen diese Anforderungen eindeutig, die Stromleitungen sind jedoch gemäß Art. 1 Abs. 4 i.V.m. Anhang 1 Nr. 3 R&TTE-Richtlinie, § 1 Abs. 3 Nr. 3 FTEG nicht vom Regelungsbereich erfaßt. Die R&TTE-Richtlinie und das FTEG sind somit nur auf die Modems anwendbar.

Das FTEG verfolgt grundsätzlich zwei wesentliche Schutzziele, nämlich einerseits den Schutz der Gesundheit und Sicherheit der Benutzer eines Gerätes, und zum anderen die elektromagnetische Verträglichkeit der Geräte. Die personenbezogenen Schutzanforderungen der R&TTE-Richtlinie werden von den derzeit erhältlichen Modems jedenfalls erfüllt, im Hinblick auf die Gerätesicherheit bestehen keine Bedenken. Die gerätebezogenen Schutzziele der R&TTE-Richtlinie enthalten keinen eigenen Regelungsgehalt, sondern verweisen auf die Bestimmungen der EMV-Richtlinie und des EMVG. Diese sind wie oben erwähnt eingehalten. Letztlich genügen sowohl die Leitungen als auch die Geräte somit allen Schutzanforderungen der R&TTE-Richtlinie. Regelungslücken oder gesetzgeberischer Handlungsbedarf sind nicht erkennbar.

Das UVPG ist auf PLC im Niederspannungsbereich nicht anwendbar, da die hierfür notwendige Spannung von 110 kV nicht gegeben ist.

Die 26. BImSchV ist nicht einschlägig. Eine Hochfrequenzanlage gemäß § 1 Abs. 2 Nr. 1 26. BImSchV liegt beim PLC-Betrieb auf Niederspannungsleitungen nicht vor. Zwar erfolgt eine hochfrequente Abstrahlung im Sinne der Norm, jedoch liegt die effektive Sendeleistung solcher Systeme regelmäßig deutlich unter dem Grenzwert von zehn Watt EIRP. Eine Niederfrequenzanlage gemäß § 1 Abs. 2 Nr. 2 lit. a) – c) 26. BImSchV ist ebenfalls nicht gegeben, da hierzu eine Mindestspannung von 1000 Volt erforderlich ist, die auf der Niederspannungsebene nicht erreicht wird.

VII. Strahlungswirkungen auf den Menschen

Powerline-Emissionen gehören zu den nicht-ionisierenden Strahlen, die Effekte thermischer und athermischer Art verursachen können. Thermische Effekte bestehen in der Erwärmung organischen Gewebes durch Absorption von Strahlung. Sie sind schädlich, wenn sie zu einer Temperaturerhöhung von mehr als 1°C über einen längeren Zeitraum führen. Thermische Wirkungen werden durch die Spezifische Absorptionsrate (SAR) mit der Maßeinheit W/kg gemessen. Bei einer Strahlungseinwirkung von bis zu 4 W/kg ist eine Temperaturerhöhung über 1°C nicht zu erwarten. ICNIRP und WHO haben SAR-Grenzwerte empfohlen, die sich auf 0,08 W/kg (General Public Exposure) beziehungsweise 0,4 W/kg (Occupational Exposure) belaufen. Diese internationale Grenzwertempfehlung wurde vom EU-Rat in einer Empfehlung übernommen. Die SAR-Grenzwerte sind in der Praxis schlecht zu handhaben, da die diesbezüglichen Messungen direkt im menschlichen Gewebe vorgenommen werden müßten. Es wurden daher abgeleitete Grenzwerte, sogenannte Referenzwerte berechnet, die außerhalb des Körpers gemessen werden können. Ein Vergleich der NB 30-Grenzwerte mit den Referenzwerten der strengen General Public Exposure-Vorgaben ergibt, daß die NB 30-Grenzwerte die Empfehlungen der ICNIRP um mindestens den Faktor 2647 unterschreiten. Eine Gefährdung von Personen durch elektromagnetische Powerline-Felder ist im Hinblick auf thermische Wirkungen bei Einhaltung der Grenzwerte der NB 30 nicht zu befürchten.

Athermische Effekte elektromagnetischer Felder sind wesentlich schwieriger zu beschreiben. Bis heute lassen sich über die Wirkungen solcher Felder keine sicheren oder abschließenden Aussagen machen. Auch hinsichtlich Powerline sind schädliche athermische Wirkungen heute weder absehbar noch beweisbar. Insofern muß bis auf weiteres eine schädliche Auswirkung von Powerline im athermischen Bereich verneint werden.

VIII. Internationale und europäische Regelungen

Die weltweite Frequenzplanung und -zuweisung regelt die ITU. Sie erörtert auf Weltfunkkonferenzen die international relevanten Fragen der Frequenzordnung und entwickelt den internationalen Frequenzbereichsplan. Der Powerline-Technik wurde durch die ITU kein eigener Frequenzbereich zugewiesen.

Im geographischen Europa ist CEPT die maßgebliche Institution für Frequenzverwaltung und -zuteilung. Ziel von CEPT ist die Entwicklung eines europäischen Frequenzbereichszuweisungs- und Frequenznutzungsplanes bis zum Jahr 2008. Die Arbeitsgruppe SE (Project Team 35) beschäftigt sich intensiv mit Powerline. Derzeit werden Kompatibilitätsstudien erstellt und eine europäische Harmonisierung der PLC-Systeme vorbereitet.

Im Rahmen der Europäischen Union findet keine eigene Frequenzplanung oder -verwaltung statt. Die EU beteiligt sich vielmehr als Berater an der Arbeit von CEPT. Daneben wurde das Grünbuch zur Frequenzpolitik veröffentlicht, in dem die Kommission erste Überlegungen zu einer einheitlichen und nachhaltigen Frequenzplanung und -koordination innerhalb der Mitgliedstaaten anstellt. Eine Frequenzverwaltung auf EU-Ebene ist jedoch abzulehnen, da der Kreis der Beteiligten zu klein ist und somit die Gefahr einer europäischen Insellösung besteht.

Neben der weltweiten Frequenzverwaltung wird versucht, Standards für Powerline zu etablieren. Weltweit ist im Bereich der Standardisierung der Telekommunikation der Sektor ITU-T das wichtigste Gremium. Im Hinblick auf Powerline existieren derzeit keine direkt verwertbaren Empfehlungen. In weiterem Zusammenhang mit Powerline stehen Empfehlungen im Hinblick auf die Messung des LCL und die allgemeinen Chancen und Risiken der PLC-Technik.

Innerhalb von ITU-T hat die Study Group 15 damit begonnen, sich mit der Standardisierung von Powerline zu beschäftigen. Die Ergebnisse bleiben abzuwarten und sind derzeit noch nicht der Öffentlichkeit zugänglich.

Für die internationale Standardisierung im Bereich Elektrotechnik ist die IEC maßgeblich. Sie hat im Bereich Powerline zwei Standards veröffentlicht, nämlich IEC 61.000-3-8 und IEC 61.334-3-1. Beide Standards betreffen Frequenzen bis maximal 525 kHz, womit nur niedrige Bitraten für energienahe Mehrwertdienste betroffen sind. Für hochbitratiges PLC sind sie relativ irrelevant.

Innerhalb der IEC existiert das CISPR als Spezialkomitee. Von ihm wurde der Standard CISPR-22 geschaffen, der ITE-Geräte erfaßt und in die Klassen A und B unterteilt. Für beide Geräteklassen sind jeweils unterschiedliche elektromagnetische Grenzwerte festgelegt. Zwar unterfallen die heutigen Powerline-Geräte grundsätzlich diesem Standard, jedoch beginnt er erst bei einer Frequenz von 30 MHz aufwärts, also dort, wo der Regelungsbereich der NB 30 endet. Indem die heutigen Modulationsverfahren jedoch maximal 30 MHz als Übertragungsfrequenz nutzen, ist CISPR-22 damit für Powerline derzeit noch irrelevant.

In Europa übernimmt die Standardisierung im Bereich Telekommunikation das ETSI. Für Powerline ist die Projektgruppe EP-PLT gegründet worden. Sie beschäftigt sich mit dem kontrollierten Inverkehrbringen von PLC-Geräten und der Vermeidung von gegenseitigen Störungen. EP-PLT arbeitet eng mit CEPT und CENELEC zusammen. Der Arbeitsbereich von EP-PLT ist sehr breit. Eine technische Spezifikation ETSI-TS 101 867 wurde bereits vorab veröffentlicht, sie behandelt die Voraussetzungen und Mechanismen für die Koexistenz von Access- und Inhouse-PLC-Anlagen. Die Spezifikation will elektromagnetische Störungen vermeiden, die vom Inhouse- in den Access-Bereich und umgekehrt gelangen könnten. Daneben werden weitere Probleme wie die Koexistenz von Inhouse-PLC-Systemen verschiedener Hersteller, dynamische Frequenzzuweisungen und länderspezifische Anpassungen von PLC-Systemen bearbeitet. Eine eigene Special Task Force arbeitet an der Erstellung einheitlicher Meß- und Analysemethoden für Grenzwerte.

Die Standardisierung im Bereich Elektrotechnik übernimmt auf der europäischen Ebene das CENELEC. Von diesem Gremium wurde bereits 1991 die Norm EN 50065 entwickelt, die allerdings nur Powerline im Frequenzbereich von 3 - 148,5 kHz betrifft. Das CENELEC-Band ermöglicht jedoch nur relativ niedrige Datenübertragungsraten und ist somit für hochbitratiges Powerline ungeeignet. EN 50065 verzichtet auf eine Festsetzung von Störgrenzwerten und setzt statt dessen maximal zulässige Einspeisepegel fest. Derzeit arbeitet man an einer Erweiterung der EN 50065 für den Frequenzbereich von 1,6 - 30 MHz. Hierzu wurde die Arbeitsgruppe WG 10 gegründet. Das CENELEC war auch mittelbar an der Erarbeitung der bereits genannten Norm CISPR-22 beteiligt, indem es zuvor die Norm EN 55022 erarbeitet hat.

In der Bundesrepublik Deutschland sind zwei Gremien mit Aufgaben der Normierung betraut, die DKE und das DIN. Da die DKE die Bereiche Elektrotechnik, Elektronik und Informationstechnik normiert, fällt Powerline in ihren Aufgabenbereich. Bei der DKE ist das Gremium UK767.17 mit der Umsetzung und Anpassung der EN 55022 (entspricht CISPR-22) beschäftigt. Es hat hieraus die deutschen Normen DIN EN 55022 und VDE 0878 (Teil 22) geschaffen. Das Gremium UK716.1 hat eine vergleichbare Arbeit an der Norm EN 50065 geleistet und diese in die deutschen Normen DIN EN 50065 und VDE 0808 umgesetzt. Zu hochbitratigem Powerline existieren noch keine speziellen Standards in Deutschland.

Zum Schutz des Menschen vor schädlichen Einwirkungen durch elektromagnetische Felder hat die ICNIRP zusammen mit der WHO die genannten SAR-Grenzwerte empfohlen. Ansonsten existieren auf der internationalen Ebene keine weiteren Grenzwerte im Hochfrequenzbereich. Für Europa hat der Rat der EU die ICNIRP-Grenzwerte in einer Empfehlung übernommen, weitere europäische Vorgaben bestehen nicht.

In der Bundesrepublik Deutschland sind das BfS und die SSK zuständige Stellen für den Schutz des Menschen vor den schädlichen Wirkungen elektromagnetischer Felder. Beim BfS ist der Fachbereich SH für die Emission nichtionisierender Strahlung zuständig. Powerline-Geräte weisen keine spezifischen Besonderheiten gegenüber anderen Geräten mit vergleichbarer elektromagnetischer Emission auf, so daß sich das BfS bis jetzt nicht speziell mit der Powerline-Technik auseinandergesetzt hat.

Die SSK hat in ihrer 173. Sitzung vom 04.07.2001 Grenzwertempfehlungen im Hinblick auf nicht-ionisierende Strahlung abgegeben und sich dabei auf die Empfehlungen der ICNIRP und des EU-Rates bezogen. Sie ist zu dem Ergebnis gekommen, daß auch nach Auswertung der neuesten wissenschaftlichen Erkenntnisse keine Anhaltspunkte dafür existieren, daß von den bisherigen internationalen Grenzwertempfehlungen für Deutschland abzuweichen ist. Letztlich schließt sich die SSK damit den ICNIRP-Empfehlungen an. Für das Jahr 2002 hat die SSK jedoch einen ihrer Arbeitsschwerpunkte auf die Weiterentwicklung der Forschung zum Schutz vor nicht-ionisierender Strahlung gelegt.

B. Schlußbewertung

Powerline ist eine vielversprechende Möglichkeit, Daten über bereits bestehende Leitungssysteme zu übertragen. Der notwendige technische und zugleich finanzielle Aufwand beschränkt sich regelmäßig auf den Anschluß eines PLC-Kopplers beziehungsweise -Modems am Anfang und Ende jeder Übertragungsstrecke. Die sich daraus ergebenden Vorteile gleichen die Nachteile in Form der derzeit noch begrenzten Übertragungskapazitäten und der Shared-Medium-Charakteristik wieder aus. Die Technik wird damit in Zukunft für bestimmte Anwendungsbereiche interessant sein, vor allem wenn sie in Kombination mit anderen Übertragungstechniken wie Richtfunk oder Glasfaserkabeln eingesetzt wird. Powerline ist kein Ersatz für ADSL oder Glasfaser und soll es auch zukünftig nicht sein. Dieser Umstand wird bei der häufig skeptischen Berichterstattung in der Fachpresse regelmäßig verkannt.

Durch Nutzung der Frequenzen für PLC kann nach einer Modellrechnung die 10.000fache Menge an Daten gegenüber ihrer Funknutzung übertragen werden.[631] Powerline kann damit einen wichtigen Beitrag zur effektiven Nutzung der ohnehin knappen Frequenzressourcen leisten. Hierfür ist es jedoch notwendig, daß möglichst schnell Hardware-Standards entwickelt werden, die es dem Endbenutzer ermöglichen, Geräte verschiedener Hersteller miteinander zu kombinieren, und die außerdem den Herstellern die notwendige Planungssicherheit verschaffen, die diese benötigen, um Geräte wirtschaftlich produzieren zu können. Interkonnektivität und Interoperabilität sind somit die wesentlichen Voraussetzungen für den zukünftigen Erfolg von Powerline-Geräten.

Das Problem der elektromagnetischen Verträglichkeit ist derzeit praktisch noch überhaupt nicht akut geworden. Die bisherigen Grenzwertfestsetzungen dürfen auf absehbare Zeit nicht weiter gesenkt werden. Dies würde Hardware-Herstellern und Energieversorgern den Anreiz nehmen, in die Weiterentwicklung von Powerline zu investieren. Gerade das aber ist derzeit notwendig, um die erzielbaren Datenübertragungsraten zu erhöhen und gleichzeitig die elektromagnetischen Emissionen weiter zu senken. Eine zu strenge Regulierung im

---

[631] Brown, Paul, Some Considerations for Developing Wireless (Radio) and Wireline Harmonisation, Präsentation vor CENELEC 205a, Working Group 10, in Rom am 10.11.1999.

Vorfeld einer breiten Markteinführung würde jede Innovation bereits im Keim ersticken. Außerdem sollte bedacht werden, daß Powerline bei Einführung in den Massenmarkt nachhaltige positive Auswirkungen für die Wirtschaft und den Arbeitsmarkt haben könnte.

Prägnantes Beispiel für eine emotionsgeladene und weitgehend unsachliche Diskussion über Powerline sind die diversen, grundsätzlich ablehnenden Äußerungen der Amateurfunkgemeinde zu Powerline. Obschon die von PLC betroffenen Frequenzblöcke (vgl. Tabelle in Kap. 3) dem Amateurfunkdienst fast ausnahmslos primär zugewiesen wurden und insofern ohnehin verbindlich geschützt sind, laufen die Amateurfunker Sturm gegen die Markteinführung von Powerline. Daß praktische Meßstudien vor Ort keine Störungswirkungen auf Amateurfunkfrequenzen feststellen konnten, scheint hierbei niemanden zu interessieren. Tatsächlich aber trägt eine kleine Gruppe technisch interessierter Menschen dazu bei, daß eine innovative Technik bereits im Vorfeld einer Markteinführung bei breiten Bevölkerungskreisen in Mißkredit gebracht wird.

Die Powerline-Technik muß die Chance bekommen, in der Praxis zu überzeugen. Eine Chancen-Risiko-Abschätzung fällt positiv aus. Powerline bietet die bisher einzige echte Alternative für den Endbenutzer, die marktbeherrschende Stellung der Deutschen Telekom AG zu umgehen und diese damit mittelfristig zu beseitigen, indem er seinen Daten- und Telefonverkehr in Zukunft nicht mehr über die Telefon-, sondern über die Stromleitung abwickelt. Dieses Monopol zu beseitigen würde wiederum ungeahnte positive Auswirkungen auf die ohnehin desolate allgemeine Wirtschaftslage sowie den Arbeitsmarkt haben.

Von der hochbitratigen Powerline-Technik zur Übertragung von Daten und Sprache ist die Smart Home Automation zu trennen. Sie verursacht bisher keine erkennbaren technischen oder rechtlichen Probleme und begnügt sich mit Übertragungsraten, die im CENELEC-Band realisiert werden können. Das intelligente vernetzte Haus, in dem die Geräte untereinander in Kontakt stehen und durch die Bewohner zentral zu kontrollieren sind, wird sich durchsetzen. Es ist insoweit nur noch eine Frage der Zeit, bis Powerline sich in diesem Marktsegment etablieren wird.

Deutschland ist bisher hinsichtlich der hochbitratigen Powerline-Technik stets Vorreiter gewesen. Deutsche Energieversorger setzen auf Powerline und wollen sich diesen Markt erschließen, und noch immer sind neben der Schweizer Firma

ASCOM auch deutsche Unternehmen an der Herstellung von PLC-Hardware beteiligt. Diese Untersuchung hat gezeigt, daß Rechtsverletzungen derzeit nicht erkennbar sind und die derzeitigen Grenzwerte somit weiterhin Bestand haben könnten, wenn auch in zukünftig ortsveränderter Form im Rahmen des EMVG. Die beteiligten deutschen Unternehmen müssen ihr Know-How verstärkt in die internationalen Normierungsgremien einbringen. Auf diese Weise besteht die Möglichkeit, die internationale und europäische Entwicklung im eigenen und auch im Interesse der anderen Beteiligten positiv zu beeinflussen und somit Vorreiter in einem internationalen Technologiesegment zu werden.

Literaturverzeichnis

Anschütz, Gerhard:
Aussprache über die Berichte zum ersten Beratungsgegenstand, in: VVDStRL 4 (1928), S. 74 ff.

Anschütz, Gerhard / Thoma, Richard (Hrsg.):
Handbuch des Deutschen Staatsrechts, Band II, 1932.

Anselmann, Norbert:
Technische Vorschriften und Normen in Europa: Harmonisierung und gegenseitige Anerkennung, 1991.

Anselmann, Norbert:
Die Rolle der europäischen Normung bei der Schaffung des europäischen Binnenmarktes, in: RIW 1986, S. 936 ff.

Arndt, Adolf:
Das rechtliche Gehör, in: NJW 1959, S. 6 ff.

Arndt, Adolf:
Die Verfassungsbeschwerde wegen Verletzung des rechtlichen Gehörs, in: NJW 1959, S. 1297 ff.

Bergmann, Ludwig / Schaefer, Clemens:
Lehrbuch der Experimentalphysik,
- Band 2, Elektrizität und Magnetismus, 7. Aufl. 1987,
- Band 4, Teilchen, 1992.

Bethge, Herbert:
Grundrechtsträgerschaft juristischer Personen - Zur Rechtsprechung des Bundesverfassungsgerichts, in: AöR 104 (1979), S. 54 ff.

Bettermann, Karl August:
Juristische Personen des öffentlichen Rechts als Grundrechtsträger, in: NJW 1969, S. 1321 ff.

Bleckmann, Albert:
Staatsrecht II - Die Grundrechte, 3. Aufl. 1989.

Bleckmann, Albert / Eckhoff, Rolf:
Der „mittelbare" Grundrechtseingriff, in: DVBl. 1988, S. 373 ff.

Breulmann, Günter:
Normung und Rechtsangleichung in der Europäischen Wirtschaftsgemeinschaft, Diss. Münster 1993.

Buchholz, Georg:
Integrative Grenzwerte im Umweltrecht, Diss. Trier 2001.

Bundesamt für Strahlenschutz:
Strahlenthema: Strahlenschutz bei Radio- und Mikrowellen, Ausgabe September 2002; online unter [http://www.bfs.de/info/themen].

Capito, Ralf / Koenig, Christian:
　　Powerline und die Anforderungen an die elektromagnetische Verträglichkeit nach europäischem Gemeinschaftsrecht, in: TMR 2002, S. 195 ff.

CETECOM:
　　Gesundheitliche Bewertung von Powerline Kommunikationssystemen, Gutachten Nr. 4-0425/01_1_1, 2001.

Comité international spécial des perturbations radio-électrique (CISPR):
　　CISPR-22:1997, Information Technology Equipment, Radio Disturbance Characteristics, Limits and Methods of Measurement; online unter [https://webstore.iec.ch].

Dauses, Manfred (Hrsg.):
　　Handbuch des EU-Wirtschaftsrechts, Bd. 1, Stand März 2002, 11. Lfg.

David, Eduard / Reißenweber, Jörg:
　　Biologische Wirkung elektrischer und magnetischer Felder, in: dialog, März/April 1994, S. 5.

Degenhart, Christoph:
　　Grundrechtsschutz ausländischer juristischer Personen bei wirtschaftlicher Betätigung im Inland, in: EuGRZ 1981, S. 161 ff.

Determann, Lothar:
　　Neue, gefahrverdächtige Technologien als Rechtsproblem, Beispiel: Mobilfunk-Sendeanlagen, Diss. Berlin 1996.

Deutsch, Christoph:
　　Elektromagnetische Strahlung und Öffentliches Recht, Diss. Marburg 1998.

Dietrich, Sascha / Longo, Fabio:
　　„Powerline Communication", Wettbewerb im Telekommunikationsmarkt?, in: KJ 2001, S. 175 ff.

Doemming, Klaus-Berto von / Füsslein, Rudolf Werner / Matz, Werner
　　Entstehungsgeschichte der Artikel des Grundgesetzes, in: JöR NF Bd. 1 (1951), S. 48 ff.

Dolzer, Rudolf / Vogel, Klaus (Hrsg.):
　　Bonner Kommentar zum Grundgesetz, Stand: 98. Lfg., Dezember 2001.
　　- Band 1, Einleitung - Art. 5
　　- Band 3, Art. 15 - 19

Dostert, Klaus:
　　Powerline Kommunikation, 2000.

Dostert, Klaus / Halldorsson, Ulfur Ron:
　　Modulation für Powerline, in: Funkschau 06/1998, S. 56 ff.

Dreier, Horst (Hrsg.):
　　Grundgesetz, Kommentar, Band I, Artikel 1 - 19, 1996.

Eckhoff, Rolf:
　　Der Grundrechtseingriff, Diss. Münster 1992.

Elze, Hans:
　　Lücken im Gesetz: Begriff und Ausfüllung, 1916.

Erbguth, Wilfried / Schink, Alexander:
Gesetz über die Umweltverträglichkeitsprüfung, Kommentar, 2. Aufl. 1996.

EU-Kommission:
Grünbuch zur Frequenzpolitik; Green Paper on Radio Spectrum Policy, Kommission vom 09.12.1998, COM(1998)596 final, [http://europa.eu.int/ISPO/spectrumgp/sgptxt/sgp.pdf].

Feychting, Maria / Ahlbom, Anders:
Magnetic Fields and Cancer in People Residing near High Voltage Power Lines, in: American Journal of Epidemiology 1993, Vol. 138, S. 467-481.

Feychting, Maria / Ahlbom, Anders:
A Pooled Analysis of Magnetic Fields and Childhood Leukaemia, in: British Journal of Cancer 2000, Vol. 83, S. 692-698.

Gallwas, Hans-Ullrich:
Faktische Beeinträchtigungen im Bereich der Grundrechte, 1970.

Geppert, Martin / Ruhle, Ernst-Olav / Schuster, Fabian:
Handbuch Recht und Praxis der Telekommunikation: EU, Deutschland, Österreich, Schweiz, 1998.

Göckel, Andreas:
Telefonieren im Internet: Das regulatorische Umfeld, in: K&R 1998, S. 250 ff.

Goerlich, Helmut / Radeck, Bernd:
Rundfunk und Empfänger - zur Mediatisierung subjektiver Rechte, in: NJW 1990, S. 302 ff.

Grabitz, Eberhard:
Freiheit und Verfassungsrecht, 1976.

Graewe, Herbert:
Atom- und Kernphysik, 4. Aufl. 1988.

Grimm, Dieter:
Die Meinungsfreiheit in der Rechtsprechung des Bundesverfassungsgerichts, in: NJW 1995, S. 1697 ff.

Hartstein, Reinhard / Ring, Wolf / Kreile, Johannes / Dörr, Dieter / Stettner, Rupert:
Rundfunkstaatsvertrag. Kommentar zum Staatsvertrag der Länder zur Neuordnung des Rundfunkwesens, Stand 09/2002.

Hecker, Damian:
Eigentum als Sachherrschaft: Zur Genese und Kritik eines besonderen Herrschaftsanspruchs, Diss. Freiburg 1988.

Hendee, William / Boteler, John:
The Question of Health Effects from Exposure to Electromagnetic Fields, in: Health Physics Februar 1994, Vol. 66, Nr. 2, S. 127 ff.

Herrmann, Günter:
Rundfunkrecht, Fernsehen und Hörfunk mit Neuen Medien, 1994.

Hildebrand, Erny:
Daten flitzen über das Stromkabel, in: Handelsblatt vom 04.09.02, S. 17.

Hines, David / Maden, Paul / Newbury, John / Rogers, Jaqueline;
PALAS - Powerline as an Alternative Local Access (IST-1999-11379); Deliverable D4: European PLC Regulatory Landscape, 1999.

Hnida, Ullrich:
Eine Datenautobahn via Stromkabel ist reizvoll, aber nicht unumstritten, in: Handelsblatt vom 31.05.2000, S. B06.

Hoffmann, Heinrich:
Die Verstaatlichung von Berufen, in: DVBl. 1964, S. 457 ff.

Hoffmann, Manfred / Gascha, Heinz / Schaschke, Horst / Gärtner, Harald:
Großes Handbuch Mathematik, Physik, Chemie, 2001.

Höfling, Oskar:
Physik, 15. Aufl. 1994.

Holznagel, Bernd:
Frequenzplanung im Telekommunikationsrecht, in: Wilfried Erbguth / Janbernd Oebbecke / Hans-Werner Rengeling / Martin Schulte (Hrsg.): Planung; Festschrift für Werner Hoppe, 2000, S. 767 ff.

Holznagel, Bernd / Enaux, Christoph / Nienhaus, Christian:
Grundzüge des Telekommunikationsrechts; Rahmenbedingungen, Regulierungsfragen, internationaler Vergleich, 2. Aufl. 2001.

Hoppe, Werner (Hrsg.):
Gesetz über die Umweltverträglichkeitsprüfung (UVPG), 1995.

Huber, Ernst-Rudolf:
Wirtschaftsverwaltungsrecht, Band 2, 2. Aufl. 1954.

ICNIRP:
Guidelines for limiting exposure to time-varying electric, magnetic, and electromagnetic fields (up to 300 GHz), in: Health Physics, April 1998, Vol. 74, Nr. 4, S. 494 ff.

International Telecommunications Union (ITU):
Access Networks - Wireless Access, Chances and Risks of Powerline Communications for First Mile Access, Document No. 2947 vom 10.02.2000.

International Telecommunications Union (ITU):
Dokument [COM15-D157]UK(Q4/15): Powerline technology (PLT) standardization in ITU-T SG15 Q.4/15 vom 07.10.2001.

Isensee, Josef / Kirchhof, Paul:
Handbuch des Staatsrechts der Bundesrepublik Deutschland,
- Band V, Allgemeine Grundrechtslehren, 2. Aufl. 2000
- Band VI, Freiheitsrechte, 2. Aufl. 2001.

Jarass, Hans / Pieroth, Bodo:
Grundgesetz für die Bundesrepublik Deutschland, 6. Aufl. 2002.

Jauernig, Othmar (Hrsg.):
Bürgerliches Gesetzbuch, 10. Aufl. 2003.

Kallenborn, Ralf / Kartes, Christoph:
Powerline im Einklang mit den Gesetzen, in: Funkschau 26/2001, S. 50 ff.

Kennedy, Charles / Pastor, Veronica:
An Introduction To International Telecommunications Law, 1996.

Kerner, Helmut:
Rechnernetze nach OSI, 3. Aufl. 1995.

Keßler, Jürgen:
Produktsicherheit im europäischen Binnenmarkt - Abstimmungskonflikte und Kollisionsprobleme im deutschen und europäischen Verbraucherrecht, in: EuZW 1993, S. 751 ff.

Kistner, Hans Peter / Pauler, Wolfgang:
Powerline auf dem Prüfstand, in: Funkschau 10/1999, S. 28 ff.

Kistner, Hans Peter / Pauler, Wolfgang:
Powerline wird konkret, in: Funkschau 17/1999, S. 74.

Klindt, Thomas:
Das novellierte Gesetz über die elektromagnetische Verträglichkeit von Geräten (EMVG), in: NJW 1999, S. 175 ff.

Klindt, Thomas:
Der „new approach" im Produktrecht des europäischen Binnenmarkts: Vermutungswirkung technischer Normung, in: EuZW 2002, S. 133 ff.

Klitzing, Leberecht von:
Elektrosmog durch Mobiltelefone - besteht hier eine gesundheitliche Gefährdung?, in: Stadt und Gemeinde 1993, S. 366 ff.

Köbele, Bernd:
Überblick über das Rechtsgebiet Amateurfunkdienst, in: Archiv PF 1989, S. 28 ff.

Koenen, Jens:
Powerline lebt als Nischenprodukt, in: Handelsblatt vom 04.04.2002, S. 15.

Kohlrausch, Friedrich / Kose, Volkmar (Hrsg.):
Praktische Physik, Bd. 2, 23. Aufl. 1985.

Kremser, Holger:
Der Rundfunkbegriff und der Amateurfunk, in: ZUM 1996, S. 503 ff.

Krieger, Stephan:
Das technische Umweltrecht der Gemeinschaft nach der „Neuen Konzeption" - Inhalte und Struktur sowie Umsetzung durch die Bundesrepublik -, in: UPR 1992, S. 401 ff.

Kuri, Jürgen:
Routing, oder: Wie die Daten im Internet ihren Weg finden, in: c't 06/1997, S. 380.

Landesanstalt für Umweltschutz Baden-Württemberg:
Elektromagnetische Felder im Alltag, 2002.

Larenz, Carl / Canaris, Claus-Wilhelm:
Methodenlehre der Rechtswissenschaft, 3. Aufl. 1995.

Laubinger, Hans-Werner:
Der öffentlich-rechtliche Unterlassungsanspruch, in: VerwArch 1989, S. 261 ff.

Leibholz, Gerhard / Rinck, Hans:
Grundgesetz für die Bundesrepublik Deutschland, 4. Aufl. 1971.

Lerche, Peter:
Rundfunkmonopol: Zur Zulassung privater Fernsehveranstaltungen, Beiträge zum Rundfunkrecht, Bd. 11, 1970.

Libertus, Michael:
Regulating and Restructuring Telecommunications for the next Millenium, in: IJCLP Nr. 4 (1999/2000); online unter [http://www.ijclp.org].

Lienemann, Gerhard:
TCP/IP Grundlagen, Protokolle und Routing, 2. Aufl. 2000.

Lübbe-Wolf, Gertrude:
Die Grundrechte als Eingriffsabwehrrechte, 1988.

Mangoldt, Hermann von / Klein, Friedrich / Starck, Christian:
Das Bonner Grundgesetz, Kommentar, Band 1: Präambel, Art. 1 - 19, 4. Aufl. 1999.

Manssen, Gerrit (Hrsg.):
Telekommunikations- und Multimediarecht; ergänzbarer Kommentar, Stand Juni 2002.

Maunz, Theodor / Dürig, Günter / Herzog, Roman / Scholz, Rupert:
Grundgesetz, Kommentar
- Band I, Art. 1 - 11, Lfg. 1 - 38, 2001
- Band II, Art. 12 - 20, Lfg. 1 -38, 2001

Mayer, Patrick:
Das Internet im öffentlichen Recht, Diss. Tübingen 1999.

Meessen, Karl Matthias:
Ausländische juristische Personen als Träger von Grundrechten, in: JZ 1970, S. 602 ff.

Mertens, Christoph:
Regulatorische Behandlung der Internet-Telefonie, in: MMR 2000, S. 77 ff.

Messerschmidt, Otfried / Olbert, Friedrich (Hrsg.):
Nichtionisierende Strahlung: Anwendung, Wirkungen, Schutzmaßnahmen - Strahlenbelastung bei speziellen diagnostischen und therapeutischen Eingriffen – Strahlenexposition bei der Computertomographie, in: Tagungsband zur 20. Jahrestagung der Vereinigung deutscher Strahlenschutzärzte, Band 20, 1979.

Moritz, Hans-Werner / Niebler, Angelika:
Internet-Telefonie im Spannungsfeld zwischen Sprachtelefondienst und Lizenzpflicht, in: CR 1997, S. 697 ff.

Müller-Terpitz, Ralf:
Internet-Telefonie, in: MMR 1998, S. 65 ff.

Münch, Ingo von / Kunig, Philip:
Grundgesetz-Kommentar, Band 1 (Präambel bis Art. 19), 5. Aufl. 2000.

Neugebauer, Eberhard:
Probleme bei einer Neuregelung des Rechts der Privatfernmeldeanlagen, in: Jahrbuch des Postwesens, 1940, S. 36 ff.

Neumann, Andreas / Müller, Björn / Helmke, Robin:
Internet-Telefonie zwischen TKG, IuKDG und Mediendienste-Staatsvertrag, in: JurPC, Web-Dok. 93/1998.

Niessen, Hermann:
Der Schutz der Grundrechte ausländischer juristischer Personen, in: NJW 1968, S. 1017 ff.

Oberhäuser, Notker:
Powerline vernetztes Haus: PLC verbindet auch Waschmaschine und TV, in: Handelsblatt vom 04.12.2000, S. N11.

Oliver, Ron:
Health physics in the use of non-ionizing radiations, in: Health Physics 1970, Vol. 18, S. 86.

Paessler, Ernst-Robert:
Rundsteuertechnik: Grundlagen, Planung, Projektierung, Probleme, Beeinflussungen, Lösungen, 1994.

Palandt, Otto:
Bürgerliches Gesetzbuch, 62. Aufl. 2003.

Pieroth, Bodo / Schlink, Bernhard:
Grundrechte, Staatsrecht II, 15. Aufl. 1999.

Podlech, Adalbert:
Eigentum - Entscheidungsstruktur der Gesellschaft, in: Der Staat 15 (1976), S. 31 ff.

Rebentisch, Manfred:
Immissionsschutzrechtliche Aspekte der Festlegung von Grenzwerten für elektromagnetische Felder, in: DVBl. 1995, S. 495 ff.

Rebmann, Bernd:
Kollidiert Powerline mit dem Amateurfunk?, in: Funkschau 04/2002, S. 56 ff.

Reuter, Alexander:
Die neue Maschinenrichtlinie: Ein europäischer Binnenmarkt im Maschinen- und Anlagenbau, in: BB 1990, S. 1213 ff.

Ritter, Ernst-Hasso:
Der Grundrechtsschutz ausländischer juristischer Personen, in: NJW 1964, S. 279 ff.

Roellecke, Gerd:
Sozialistisches Eigentum und Privateigentum, in: Staat und Recht 39 (1990), S. 778 ff.

Röll, Ludwig:
Faszination Amateurfunk, 1988.

Ronellenfitsch, Michael:
Zur Rechtsstellung des Funkamateurs, in: VerwArch 1990, S. 113 ff.

Rüfner, Wolfgang:
Unternehmen und Unternehmer in der verfassungsrechtlichen Ordnung der Wirtschaft, in: DVBl. 1976, S. 689 ff.

Sachs, Michael:
Grundgesetz, Kommentar; 2. Aufl. 1999.

Scharf, Albert:
Aufgabe und Begriff des Rundfunks, in: BayVBl. 1968, S. 337 ff.

Scherer, Joachim:
Frequenzverwaltung zwischen Bund und Ländern unter dem TKG, in: Beilage 2 zu K&R 11/1999, S. 1 ff.

Scherer, Joachim / Schimanek, Peter:
Rechtsfragen elektromagnetischer Felder („Elektrosmog"), in: Hendler, Reinhard/Marburger, Peter/Reinhardt, Michael/Schröder, Meinhard (Hrsg.), Jahrbuch des Umwelt- und Technikrechts 2002, 2002.

Scherzberg, Arno
„Objektiver" Grundrechtsschutz und subjektives Grundrecht, in: DVBl. 1989, S. 1128 ff.

Schmidt, Walther:
Grundrechte und Nationalität juristischer Personen, Diss. Heidelberg 1966.

Schmidt-Bleibtreu, Bruno / Klein, Franz:
Kommentar zum Grundgesetz, 9. Aufl. 1999.

Schroeder, Werner:
Teleshopping und Rundfunkfreiheit, Zur Anwendbarkeit rundfunkrechtlicher Normen auf Teleshopping-Kanäle, in: ZUM 1994, S. 471 ff.

Schulte, Wolfgang:
Arbeitsblatt Telecom-Normung, in: Funkschau 18/1998.

Sietmann, Richard:
Powerline für Gewerbekunden, in: Funkschau 04/1999, S. 76 ff.

Smend, Rudolf:
Das Recht der freien Meinungsäußerung, in: VVDStRL 4 (1928), S. 44 ff.

Stamm, Andreas:
Untersuchung zur Magnetfeldexposition der Bevölkerung im Niederfrequenzbereich, Diss. Braunschweig 1993.

Stamm, Peter:
Entwicklungsstand und Perspektiven von Powerline Communication, 2000 (Wissenschaftliches Institut für Kommunikationsdienste, Diskussionsbeitrag Nr. 201).

Steinbrück, Ralph:
Grundrechtsschutz ausländischer juristischer Personen, Diss. München 1981.

Stern, Klaus:
Das Staatsrecht der Bundesrepublik Deutschland, Band III
- Allgemeine Lehren der Grundrechte, 1. Halbband 1988,
- Allgemeine Lehren der Grundrechte, 2. Halbband 1994.

Stern, Klaus:
Die Begrenzung der Grundrechtsberechtigung auf inländische juristische Personen im Grundgesetz, in: Völkerrecht, Recht der Internationalen Organisationen, Weltwirtschaftsrecht; Festschrift für Ignaz Seidl-Hohenveldern, 1988, S. 587 ff.

Stock, Martin:
Meinungsvielfalt und Meinungsmacht, in: JZ 1997, S. 583 ff.

Tegge, Andreas:
Die Internationale Telekommunikations-Union, Diss. Göttingen 1994.

Tipler, Paul:
Physik, 1994.

Vesting, Thomas:
Soziale Geltungsansprüche in fragmentierten Öffentlichkeiten, Zur neueren Diskussion über das Verhältnis von Ehrenschutz und Meinungsfreiheit, in: AöR 122 (1997), S. 337 ff.

Vick, Ralf:
Störpotentiale bei Powerline Communication, in: Funkschau 25/1999, S. 70 ff.

Vogel, Klaus:
Der Verlust des Rechtsgedankens im Steuerrecht als Herausforderung im Verfassungsrecht, in: DStJG, Bd. 12 (1989), S. 123 ff.

Waldeck, Torsten:
Einzel- und Mehrträgerverfahren für die störresistente Kommunikation auf Energieverteilnetzen, Diss. Karlsruhe 1999.

Wassermann, Rudolf (Hrsg.):
Kommentar zum Grundgesetz für die Bundesrepublik Deutschland, Reihe Alternativkommentare (AK), Band 1, 1989.

Windthorst, Kay / Franke, Nicole:
Internet-Telefonie - Sprengsatz im System der Telekommunikationsregulierung?, in: CR 1999, S. 14 ff.

Zimmermann, Georg:
Strahlenschutz, 3. Aufl. 1993.

Zimmermann, Manfred / Dostert, Klaus:
Sprache über die Stromleitung, in: Funkschau 04/1998, S. 24.

Zimmermann, Manfred / Dostert, Klaus:
Die Kapazität von Powerline-Kanälen unter Berücksichtigung von Beschränkungen der Sendeleistung und der nutzbaren Frequenzbereiche, in: Kleinheubacher Berichte, Band 43, 2000, S. 58-66.

Schriften zum Internationalen und zum öffentlichen Recht

Herausgegeben von Gilbert Gornig

Band 1 Michael Waldstein: Das Asylgrundrecht im europäischen Kontext. Wege einer europäischen Harmonisierung des Asyl- und Flüchtlingsrechts. 1993.

Band 2 Axel Linneweber: Einführung in das US-amerikanische Verwaltungsrecht. Kompetenzen, Funktionen und Strukturen der "Agencies" im US-amerikanischen Verwaltungsrecht. 1994.

Band 3 Tai-Nam Chi: Das Herrschaftssystem Nordkoreas unter besonderer Berücksichtigung der Wiedervereinigungsproblematik. 1994.

Band 4 Jörg Rösing: Beamtenstatut und Europäische Gemeinschaften. Eine Untersuchung zu den gemeinschaftsrechtlichen Anforderungen an die Freizügigkeit der Arbeitnehmer im Bereich des öffentlichen Dienstes. 1994.

Band 5 Wolfgang Wegel: Presse und Rundfunk im Datenschutzrecht. Zur Regelung des journalistischen Umgangs mit personenbezogenen Daten. 1994.

Band 6 Sven Brandt: Eigentumsschutz in europäischen Völkerrechtsvereinbarungen. EMRK, Europäisches Gemeinschaftsrecht, KSZE – unter Berücksichtigung der historischen Entwicklung. 1995.

Band 7 Alejandro Alvarez: Die verfassunggebende Gewalt des Volkes unter besonderer Berücksichtigung des deutschen und chilenischen Grundgesetzes. 1995.

Band 8 Martin Thies: Zur Situation der gemeindlichen Selbstverwaltung im europäischen Einigungsprozeß. Unter besonderer Berücksichtigung der Vorschriften des EG-Vertrages über staatliche Beihilfen und der EG-Umweltpolitik. 1995.

Band 9 Rolf-Oliver Schwemer: Die Bindung des Gemeinschaftsgesetzgebers an die Grundfreiheiten. 1995.

Band 10 Holger Kremser: "Soft Law" der UNESCO und Grundgesetz. Dargestellt am Beispiel der Mediendeklaration. 1996.

Band 11 Michael Silagi: Staatsuntergang und Staatennachfolge: mit besonderer Berücksichtigung des Endes der DDR. 1996.

Band 12 Reinhard Franke: Der gerichtliche Vergleich im Verwaltungsprozeß. Auch ein Beitrag zum verwaltungsrechtlichen Vertrag. 1996.

Band 13 Christoph Eichhorn: Altlasten im Konkurs. 1996.

Band 14 Dietrich Ostertun: Gewohnheitsrecht in der Europäischen Union. Eine Untersuchung der normativen Geltung und der Funktion von Gewohnheitsrecht im Recht der Europäischen Union. 1996.

Band 15 Ulrike Pieper: Neutralität von Staaten. 1997.

Band 16 Harald Endemann: Kollektive Zwangsmaßnahmen zur Durchsetzung humanitärer Normen. Ein Beitrag zum Recht der humanitären Intervention. 1997.

Band 17 Jochen Anweiler: Die Auslegungsmethoden des Gerichtshofs der Europäischen Gemeinschaften. 1997.

Band 18 Henrik Ahlers: Grenzbereich zwischen Gefahrenabwehr und Strafverfolgung. 1998.

Band 19 Heinrich Hahn: Der italienische Verwaltungsakt im Lichte des Verwaltungsverfahrensgesetzes vom 7. August 1990 (Nr. 241/90). Eine rechtsvergleichende Darstellung. 1998.

Band 20 Christoph Deutsch: Elektromagnetische Strahlung und Öffentliches Recht. 1998.

Band 21 Cordula Fitzpatrick: Künstliche Inseln und Anlagen auf See. Der völkerrechtliche Rahmen für die Errichtung und den Betrieb künstlicher Inseln und Anlagen. 1998.

Band 22 Hans-Tjabert Conring: Korporative Religionsfreiheit in Europa. Eine rechtsvergleichende Betrachtung. Zugleich ein Beitrag zu Art. 9 EMRK. 1998.

Band 23 Jörg Karenfort: Die Hilfsorganisation im bewaffneten Konflikt. Rolle und Status unparteiischer humanitärer Organisationen im humanitären Völkerrecht. 1999.

Band 24 Matthias Schote: Die Rundfunkkompetenz des Bundes als Beispiel bundesstaatlicher Kulturkompetenz in der Bundesrepublik Deutschland. Eine Untersuchung unter besonderer Berücksichtigung natürlicher Kompetenzen und der neueren Entwicklung im Recht der Europäischen Union. 1999.

Band 25 Hermann Rothfuchs: Die traditionellen Personenverkehrsfreiheiten des EG-Vertrages und das Aufenthaltsrecht der Unionsbürger. Eine Gegenüberstellung der vertraglichen Gewährleistungen. 1999.

Band 26 Frank Alpert: Zur Beteiligung am Verwaltungsverfahren nach dem Verwaltungsverfahrensgesetz des Bundes. Die Beteiligtenstellung des § 13 Abs. 1 VwVfG. 1999.

Band 27 Matthias Reichart: Umweltschutz durch völkerrechtliches Strafrecht. 1999.

Band 28 Nikolas von Wrangell: Globalisierungstendenzen im internationalen Luftverkehr. Entwicklung der Regulierung und Liberalisierung unter Berücksichtigung strategischer Allianzen und des Code-Sharing. 1999.

Band 29 Marietta Hovehne: Ein demokratisches Verfahren für die Wahlen zum Europäischen Parlament. Legitimation gemeinschaftlicher Entscheidungsstrukturen im europäischen Integrationsprozeß. 1999.

Band 30 Nina Kaden: Der amerikanische Clean Air Act und das deutsche Luftreinhalterecht. Eine rechtsvergleichende Untersuchung. 1999.

Band 31 Brigitte Daum: Grenzverletzungen und Völkerrecht. Eine Untersuchung der Rechtsfolgen von Grenzverletzungen in der Staatenpraxis und Folgerungen für das Projekt der International Law Commission zur Kodifizierung des Rechts der Staatenverantwortlichkeit. 1999.

Band 32 Andreas Fürst: Die bildungspolitischen Kompetenzen der Europäischen Gemeinschaft. Umfang und Entwicklungsmöglichkeiten. 1999.

Band 33 Gilles Despeux: Die Anwendung des völkerrechtlichen Minderheitenrechts in Frankreich. 1999.

Band 34 Michael Reckhard: Die rechtlichen Rahmenbedingungen der Sanktionierung von Beitragsverweigerung im System der Vereinten Nationen. 1999.

Band 35 Carsten Pagels: Schutz- und förderpflichtrechtliche Aspekte der Religionsfreiheit. Zugleich ein Beitrag zur Auslegung eines speziellen Freiheitsrechts. 1999.

Band 36 Bernhard Mehner: Die grenzüberschreitende Wirkung direktempfangbaren Satellitenfernsehens aus völkerrechtlicher Sicht. 2000.

Band 37 Karl-Josef Ulmen: Pharmakologische Manipulationen (Doping) im Leistungssport der DDR. Eine juristische Untersuchung. 2000.

Band 38 Jochen Starke: Die verfassungsgerichtliche Normenkontrolle durch den Conseil constitutionnel. Zum Kompetenztitel des Art. 61 der französischen Verfassung. 2000.

Band 39 Marco Herzog: Rechtliche Probleme einer Inhaltsbeschränkung im Internet. 2000.

Band 40 Gilles Despeux: Droit de la délimitation maritime. Commentaire de quelques décisions plutoniennes. 2000.

Band 41 Christina Hackel: Der Untergang des Landes Braunschweig und der Anspruch auf Restitution nach der Wiedervereinigung Deutschlands. 2000.

Band 42 Peter Aertker: Europäisches Zulassungsrecht für Industrieanlagen. Die Richtlinie über die integrierte Vermeidung und Verminderung der Umweltverschmutzung und ihre Auswirkungen auf das Anlagenzulassungsrecht der Bundesrepublik Deutschland. 2000.

Band 43 Karsten Bertram: Die Gesetzgebung zur Neuregelung des Grundeigentums in der ersten Phase der Französischen Revolution (bis 1793) und deren Bedeutung für die deutsche Eigentumsdogmatik der Gegenwart. 2000.

Band 44 Ulrike Hartmann: Die Entwicklung im internationalen Umwelthaftungsrecht unter besonderer Berücksichtigung von *erga omnes*-Normen. 2000.

Band 45 Thomas Jesch: Die Wirtschaftsverfassung der Sonderverwaltungsregion Hongkong. Eine Darstellung vor dem Hintergrund der Wiedereingliederung in die Souveränität der Volksrepublik China. 2001.

Band 46 Sven Gottschalkson: Der Ausschluß des Zivilrechtsweges bei Eigentumsverlusten an Immobilien in der ehemaligen DDR. 2002.

Band 47 Gilbert Hanno Gornig/Gilles Despeux: Seeabgrenzungsrecht in der Ostsee. Eine Darstellung des völkerrechtlichen Seeabgrenzungsrechts unter besonderer Berücksichtigung der Praxis der Ostseestaaten. 2002.

Band 48 Andreas Zühlsdorff: Rechtsverordnungsersetzende Verträge unter besonderer Berücksichtigung des Umweltrechts. 2003.

Band 49 Katja Schmitz: Durchgriffswirkung von Maßnahmen der UN und ihrer Sonderorganisationen unter besonderer Berücksichtigung von Resolutionen des UN-Sicherheitsrates - Die Entwicklung supranationaler Strukturen. 2003.

Band 50 Stefanie Rothenberger: Die angemessene Nutzung gemeinschaftlicher Ressourcen am Beispiel von Flüssen und speziellen Ökosystemen. Eine vergleichende Betrachtung zum modernen Verständnis eines klassischen völkerrechtlichen Nutzungsprinzips. 2003.

Band 51 Christoph von Burgsdorff: Die Umsetzung der EG-Datenschutzrichtlinie im nicht-öffentlichen Bereich. Möglichkeit einer zukunftsorientierten Konzeption des Datenschutzes in der Privatwirtschaft unter besonderer Berücksichtigung des BDSG. 2003.

Band 52 Frank Reinhardt: Powerline. Verfassungs-, verwaltungs- und telekommunikationsrechtliche Probleme. 2003.

Bernd A. Marschall

Interconnection

Netzzusammenschaltungen zur Erbringung von Sprachtelefondiensten nach europäischem und deutschem Recht

Frankfurt/M., Berlin, Bern, Bruxelles, New York, Oxford, Wien, 2003.
XVI, 439 S., 2 Tab., 6 Graf.
Europäische Hochschulschriften: Reihe 2, Rechtswissenschaft. Bd. 3636
ISBN 3-631-38786-5 · br. € 65.40*

Diese Arbeit untersucht, ob die Verpflichtung zur Netzzusammenschaltung nach sektorspezifischem europäischem Telekommunikationsrecht mit der gemeinschaftsrechtlich gewährten Eigentumsfreiheit vereinbar ist. Die Untersuchung kommt zu dem Ergebnis, dass eine Verpflichtung zur Zusammenschaltung der ehemaligen staatlichen Monopolbetreiber auf Grund gesteigerter Sozialpflichtigkeit des Leitungseigentums infolge der historischen Aufgabenerfüllung im öffentlichen Interesse grundrechtlich gerechtfertigt ist. Für marktbeherrschende Unternehmen, die ihre Stellung im Wettbewerb durch eigenen Leitungsbau erlangt haben, stellt die Zusammenschaltungspflicht hingegen auf Grund verminderter Sozialpflichtigkeit des Netzeigentums einen unverhältnismäßigen Eingriff in die Eigentumsfreiheit dar. Dieser konkurrentennützige Eingriff kann grundrechtlich nur durch ein angemessenes Zusammenschaltungsentgelt kompensiert werden. Im Vergleich zur Netzzusammenschaltungspflicht nach allgemeinem primärem Wettbewerbsrecht (Art. 82 EG) zeigt sich, dass sekundäres Telekommunikations- und primäres Wettbewerbsrecht divergieren. Vorgeschlagen wird, die Divergenz durch eine auch im Rahmen von Art. 82 EG vorzunehmende umfassende Interessenabwägung aufzulösen.

Aus dem Inhalt: Grundlagen und Bedeutung der Telekommunikation · Konkurrentennützige Inanspruchnahme fremder Infrastruktur als ordnungspolitisches Regulierungskonzept für den Übergang von Monopol- zu Wettbewerbsmärkten · Konkurrentennützige Inanspruchnahme fremder Infrastruktur in der Telekommunikation · Zusammenschaltung von Telekommunikationsnetzen im Spannungsfeld zwischen europäischem Eigentumsschutz und Wettbewerbsrecht

Frankfurt/M · Berlin · Bern · Bruxelles · New York · Oxford · Wien
Auslieferung: Verlag Peter Lang AG
Moosstr. 1, CH-2542 Pieterlen
Telefax 00 41 (0) 32 / 376 17 27

*inklusive der in Deutschland gültigen Mehrwertsteuer
Preisänderungen vorbehalten

Homepage http://www.peterlang.de